国家出版基金项目
"十三五"国家重点出版物出版规划项目

近感探测
◆
与毁伤控制技术丛书

电容探测原理及应用

Principles and Applications of Capacitance Detection

邓甲昊　叶　勇　陈慧敏　著

北京理工大学出版社
BEIJING INSTITUTE OF TECHNOLOGY PRESS

内 容 简 介

电容探测体制因工作在准静电场，具有定距精度高、抗干扰及反隐身能力强等优点。电容传感器、探测器在武器系统中的典型应用是电容近炸引信。本书以电容近炸引信为依托，面向军民两大应用领域。本书基于作者多年教学、科研经验与成果，参考国内外文献和近年来国内外典型最新装备并结合其发展趋势总结、提炼加工而成。

本书基于电磁场及电动力学基本理论，阐述了电容探测器的工作机理，确定了电容引信的工作场区，推导了其在准静电场的频率工作条件，给出了其提高目标探测能力的电极设计原则。从系统角度出发，遵循镜像定律，建立了通用电容目标探测方程。分别从电极结构、静电场场强模型及目标探测方程三方面讨论了电容引信的探测方向性，给出了电容引信的方向性函数与方向性因子。建立了可涵盖所有电容探测器的灵敏度概念模型及工程模型，据此建立了电容引信通用炸高模型，靶试验证了模型的正确性。建立了目标信号识别准则，给出了其信号处理及工程实现方法。本书基于电容引信探测方向性，还讨论了其目标定方位识别方法。

平面电容传感器由于结构简单、适应性广等优点，在军民两大应用领域备受青睐。针对国内外准静电场探测领域发展前沿及装甲主动防护领域对电容引信的发展需求，本书还着力阐述了基于平面电容探测器的引信探测机理、电路设计、系统建模与仿真、工程实现方法以及基于平面电容探测器阵列的动态手势识别方法等内容。

本书不仅可作为高等院校探测、制导与控制专业或引信技术专业本科生、研究生的教学参考书，也可供探测与控制、弹药引信及相关行业的科研与工程技术人员参考。

图书在版编目（CIP）数据

电容探测原理及应用 / 邓甲昊，叶勇，陈慧敏著. —北京：北京理工大学出版社，2019.4
（近感探测与毁伤控制技术丛书）

国家出版基金项目　"十三五"国家重点出版物出版规划项目
ISBN 978-7-5682-6961-2

Ⅰ. ①电…　Ⅱ. ①邓…　②叶…　③陈…　Ⅲ. ①电引信-探测技术　Ⅳ. ①TJ430.6

中国版本图书馆 CIP 数据核字（2019）第 070707 号

出版发行 / 北京理工大学出版社有限责任公司
社　　址 / 北京市海淀区中关村南大街 5 号
邮　　编 / 100081
电　　话 / （010）68914775（总编室）
　　　　　（010）82562903（教材售后服务热线）
　　　　　（010）68948351（其他图书服务热线）
网　　址 / http://www.bitpress.com.cn
经　　销 / 全国各地新华书店
印　　刷 / 北京地大彩印有限公司
开　　本 / 787 毫米×1092 毫米　1/16
印　　张 / 17.75
字　　数 / 335 千字
版　　次 / 2019 年 4 月第 1 版　2019 年 4 月第 1 次印刷
定　　价 / 88.00 元

责任编辑 / 莫　莉
文案编辑 / 莫　莉
责任校对 / 周瑞红
责任印制 / 王美丽

近感探测与毁伤控制技术丛书

编 委 会

总序

引信是武器系统终端毁伤控制的核心装置，其性能先进性对于充分发挥武器弹药系统的作战效能，并保证战斗部对目标的高效毁伤至关重要。武器系统对作战目标的精确打击与高效毁伤，对弹药引信的目标探测与毁伤控制系统及其智能化、精确化、微小型化，抗干扰能力与实时性等性能提出了更高要求。

依据这种需求背景撰写了《近感探测与毁伤控制技术丛书》。丛书以近炸引信为主要应用对象，兼顾军民两大应用领域，以近感探测和毁伤控制为主线，重点阐述了各类近感探测体制以及近炸引信设计中的创新性基础理论和主要瓶颈技术。本套丛书共9册，包括《近感探测与毁伤控制总体技术》《无线电近感探测技术》《超宽带近感探测原理》《近感光学探测技术》《电容探测原理及应用》《静电探测原理及应用》《新型磁探测技术》《声探测原理》和《无线电引信抗干扰理论》。

丛书以北京理工大学国防科技创新团队为依托，由我国引信领域知名专家崔占忠教授领衔，联合航天802所等单位的学术带头人和一线科研骨干集体撰写，总结凝练了我国近炸引信相关高等院校、科研院所最新科研成果，评述了国外典型最新装备产品并预测了其发展趋势。丛书是展示我国引信近感探测与毁伤控制技术有明显应用特色的学术著作。丛书的出版，可为该领域一线科研人员、相关领域的研究者和高校的人才培养提供智力支持，为武器系统的信息化、智能化提供理论与技术支撑，对推动我国近炸引信行业的创新发展，促进武器弹药技术的进步具有重要意义。

值此《近感探测与毁伤控制技术丛书》付梓之际，衷心祝贺丛书的出版面世。

PREFACE

序

春夏之交，清晨，当我打开微信欲例行浏览朋友圈时，一条来自"天宫一嚎"的微信跃入眼帘："王院士，您好！还记得一年前我的邀约吧！现两本作业完毕，特此呈您，烦请百忙中拨冗斧正、作序……"

又是春夏之交。2018 年在北京理工大学开会，晚上邓甲昊教授到宾馆欣喜地告诉我："谢谢您，王院士！由您亲笔推荐的《近感探测与毁伤控制技术丛书》获批国家出版基金资助了！丛书 9 册，我有两册，来年完稿后还请您作序。""一定！"面对诚挚邀请，我愉快地接受了。邀约我无法拒绝，这不仅因为近感探测及弹药引信领域正迫切需要这样一套高水平的技术理论丛书去支持行业创新与发展，而且还因为与邓教授多年的相识之情。此刻，我主持邓教授项目定型会、靶场试验验收会及科研成果鉴定会的情景均历历在目。正是我给他推荐以 AFT-11 多用导弹作为他研制的新型磁引信载体对坦克打靶成功；我作为他科技成果鉴定委员会主任的"基于巨磁阻抗效应的新型铁磁目标探测技术"获 2018 年度工业和信息化部国防科学技术进步二等奖；如此等等。

引信是弹药的大脑，是保证弹药安全、探测并准确识别目标、基于引战配合要求实现对目标最大毁伤的信息控制系统，是使终端毁伤武器系统实现精准打击、高效毁伤的关键子系统。武器系统要实现精准打击与高效毁伤，离不开弹药的智能化，而弹药的智能化取决于引信对目标的精确探测、准确识别及实时起爆控制。目前，近炸引信在引信中占绝对主导地位。而近炸引信借助多种物理场探测目标，这就形成了不同的近炸引信探测体制（如无线电、激光、红外、电容、磁等近感探测体制）。此次出版的邓教授的两本专著正是以近炸引信为依托，面向军民两大应用领域，分别聚焦其电容、磁探测体制下的近感探测与毁伤控制技术理论与应用研究成果，汇选、凝练而成。

两本专著不仅具有鲜明的近炸引信应用特色，而且体现了理论与技术创新，具有前沿性和引领性，是近感探测与毁伤控制领域不可多得的两本学术专著。本书不仅系统深入地总结了作者团队在伴随我国第一个电容引信型号研制及首个外贸电容引信型号开发过程中所建立的电容近程探测理论体系，以及基于理论指导一举将我国电容引信作用距离提高至一倍半弹长（国外仅一倍弹长）的实践经验，而且首次将平面电容探测器用于引信，有效突破了装甲防护领域对高速动能弹的实时拦截起爆控制技术瓶颈。其姊妹篇《新型磁探测技术》跨越传统磁引信技术，首次将新一代磁传感器的 GMI（Giant Magneto-impedance，巨磁阻抗）及 TMR（Tunnel Magneto-resistance，隧道磁电阻）探测器用于磁引信，不仅丰富了磁引信的目标探测体制，而且显著提高了其探测灵敏度，并以此获国防科学技术进步奖。

当今信息时代，信息获取靠探测。信息技术走向智能世界的三要素为物联网、大数据、云计算。而物联网正是互联网与传感器或探测器、控制器及显示器等组成的物网一体的信息探测与控制系统。两本专著所聚焦的电容、磁探测理论及其工程应用技术，不仅对"兵器科学与技术"学科弹药引信技术领域的自主创新、人才培养及学术传承等方面具有重要意义，而且在导航制导、智能交通、机器人、故障检测、反恐、灾害搜救、探矿、安检及医疗器械等领域的探测与控制方面，均具有广阔的应用前景。

创新决定着民族的未来，是科技工作者永恒的主题。恭贺邓教授团队两本专著面世！寄语该团队及近感探测与弹药引信技术领域同人，以春之蓬勃之冲劲及夏之火热之热情投身至本行业科技创新中，为兵器科学技术学科创国际一流、早日把我国建成现代化军事强国再创辉煌！

前　言

　　如同女人生了一个孩子，洒满了艰辛，收获的却不仅仅是喜悦。十月怀胎，历经困挫，笔者两本关于保守物理场探测的双胞胎专著终于步入了"收获之季"。在本书携其姊妹篇《新型磁探测技术》收笔、面世之际，首先向给予其出版资助的国家出版基金规划管理办公室、出版单位北京理工大学出版社，以及给予两本书帮助的所有专家、学者及引信界同人表示诚挚的感谢！

　　《电容探测原理及应用》是《近感探测与毁伤控制技术丛书》9 分册之一。按照丛书"反映近感探测与毁伤控制领域最新研究成果，涵盖新理论、新技术和新方法，展示该领域技术发展水平的高端学术著作"的总定位，本书首先从哲学高度阐述广义目标探测的基本属性，而后纵览主要电容探测分体制。基于理论与应用有机融合原则，既立足于挖掘电容探测体制所涉准静电场的探测理论，又强调电容探测器系统（特别是电容引信系统）技术和工程应用经验的凝练与总结。

　　电容探测体制，因工作于准静电场，具有定距精度高、抗干扰及反目标隐身能力强等优点而成为近程目标探测体制中的重要部分。电容传感器、探测器在武器系统中的典型应用是电容近炸引信。本书以电容引信为依托，面向军民两大应用领域。

本书基于电磁场及电动力学基本理论，阐述了电容探测器的工作机理，确定了电容引信的工作场区，推导了其工作于准静电场的频率工作条件，给出了其提高目标探测能力的电极设计原则。从系统角度出发，遵循镜像定律，建立了通用电容目标探测方程。本书分别从电极结构、静电场场强模型及目标探测方程三方面讨论了电容引信的探测方向性，给出了电容引信的方向性函数与方向性因子。建立了可涵盖所有电容探测器的灵敏度概念模型及工程模型，据此建立了电容引信通用炸高模型，靶试验证了模型的正确性。依据电容引信遇目标信号特征，给出了其目标信号识别准则、信号处理及工程实现方法。此外，基于电容引信探测方向性还讨论了其目标定方位识别方法。

平面电容传感器由于结构简单、适应性广等优点成为电容传感器家族中的重要成员，在军民两大应用领域备受青睐。针对国内外准静电场探测领域发展前沿及装甲主动防护领域对电容引信的发展需求，本书还着力阐述了基于平面电容探测器的引信探测机理、电路设计、系统建模与仿真、工程实现方法，以及基于平面电容探测器阵列的动态手势识别方法等内容。

本书无论在阐述典型常用电容探测器还是平面电容探测器原理及应用等内容中，均不同程度涉及电容近程目标探测的目标特性、目标与环境识别、信号处理方法、系统设计、测试与仿真、典型应用实例分析等内容。

本书架构设计由邓甲昊负责。全书共 10 章，第 1～4 章及第 10 章由邓甲昊主笔，第 5～7 章由叶勇主笔，第 8、9 章由陈慧敏主笔，全书由邓甲昊统稿。

本书由南京理工大学张合教授与西安机电信息技术研究所原首席专家汪仪林研究员主审。在此十分感谢两位专家对本书的倾心审查及提出的中肯修改意见！

感谢我的学生沈三民、赵玲、樊强、段作栋、侯卓、魏晓伟、刘雨婷、杨尚贤、高丽娟等在本书资料调研与素材加工等方面所做的有益工作。

感谢莫莉编辑一丝不苟的审校与把关，她超强的责任心与辛勤付出使本书多有增色。

王兴治院士百忙中为本书作序，在此向他深表谢意！

本书基于作者多年教学、科研经验与成果，参考国内外文献和近年来国内外典型最新装备并结合其发展趋势总结、提炼加工而成，不仅可作为高等院校探测、制导与控制专业或引信技术专业本科生、研究生的教学参考书，也可供探测与控制、弹药引信及相关行业的科研与工程技术人员参考。

谨将两著献给：

——祖国 70 华诞！

——母校 80 寿辰！

——近感探测领域及引信界同人！

因水平、时间所限，疏漏、失当之处难免，敬请专家、读者不吝指正。若惠赐教，不胜感激！

邓甲昊

目 录
CONTENTS

第1章 导　　论

电容探测体制，因工作于准静电场，具有定距精度高、抗干扰及反目标隐身能力强等优点而成为近程目标探测体制中的重要成员。电容传感器、探测器在武器系统中的典型应用是电容近炸引信。本书以电容近炸引信为依托，面向军民两大应用领域，讨论电容探测体制的技术理论与工程应用。

1.1　引信及其近程目标探测

1.1.1　引信近程目标探测在引信技术中的地位

在武器系统完成对打击目标毁伤（或摧毁）的整个作用过程中，存在一个对武器系统目标毁伤效率（或摧毁概率）起着举足轻重作用的子系统——终端引爆控制系统。该子系统的核心工作单元是被称为"弹药大脑"的引信系统。人类战争的需求牵引与现代科学技术的发展推动，使得引信从早期单一功能的纯引爆执行单元发展到集感知、识别、选择、最佳实时引爆控制于一体的综合作用控制单元。确切地说，现代引信是感受并识别环境信息、目标信息（或按平台、指令信息），按预定策略在期望时空引爆或引燃弹药实现其最佳终端武器效能的控制系统。作为一个信息控制系统，引信工作的可靠性主要体现在两个主要功能上：① 准确识别发射及环境信息，确保引信安全及可靠解除保险状态转换的有效控制。② 准确识别目标信息，确保遇目标时的最佳炸点控制（基于最高引战配合效率控制引信在弹目交会最佳时空引爆战斗部，以产生对目标的最大毁伤）。有效利用环境信息和准确识别目标信息，构成引信实施目标探测的主要内容。

为准确识别目标，引信借助于某种或某几种（对复合引信而言）物理场（如碰炸引信的应力场、无线电引信的电磁场、激光引信的激光场、红外引信的热辐射场、声引信的声场、磁引信的磁场、静电引信的静电场等，见表 1–1）与目标建立以识别在该类物理场条件下的特有目标信息为目的的能量流与信息流。弹目交会时，由引信探测器接收该信息流中携带的某些信息特征量，并由信号处理器处理判别，完成对目标的识别。综观引信的发展史，引信从早期的应用应力场实现对目标的一维、零距离探测的碰炸引信，已逐步发展到利用电磁辐射场、光场等多种物理场实现对目标的三维、近程探测的近炸引信。近炸引信的诞生与发展，使引信技术领域产生了一个十分重要的分支——近炸引信的近程目标探测。本书所讨论的电容近炸引信技术正是基于该研究方向下的准静电场目标探测与识别技术。

表1-1　常用近炸引信与探测物理场

探测物理场	近炸引信
电磁场	无线电引信
激光场	激光引信
红外热辐射场	红外引信
磁场	磁引信
（准）静电场	电容引信、静电引信
声场	声引信
力场	气压、水压（值更）引信

1.1.2　目标探测的基本哲学属性

目标探测是人类现实生活中普遍存在且不可或缺的行为过程。当今信息时代，从对微观物体的显微探测到对外星的天体探测，目标探测技术为人类搭建了认识世界（乃至宇宙）和改造世界的桥梁。从称为"血管清道夫"的微型医疗机器人到天体卫星均通过探测器实现准确目标探测。现代目标探测除遵循一般目标探测的基本规律外，还具有其本身的内在规律和特殊性。探索并掌握这些基本理论和规律，不仅对现役探测器（如近炸引信）的分析研究和改进设计大有裨益，而且对新体制探测器或引信的设计研制具有重要指导意义。

作为一个行为过程，目标探测具有其基本的哲学属性。主要有以下几方面。

1. 目的性

正如"系统""控制"均具有目的性一样，目标探测也具有目的性。任何毫无目的的对客观存在物的被动"感觉"均不称为探测。作为一个特殊的信息控制系统，探测器进行目标探测的主要目的不是对其进行跟踪、监督或控制就是对其进行毁伤、摧毁或消除。

2. 客观性

目标探测的客观性主要体现在两方面：① 目标存在的客观性，即探测器所探测的目标一定是客观存在的，任何在理念上对主观臆造的"虚无目标"的"探测"是不可实现的。② 目标特征的客观性，目标因其所构成的物质成分、结构、形态、物理特性等不同而具有不同的目标特征，这些特征是客观存在的。探测装置应用不同体制的探测器来实现对具有不同目标特性目标的探测，正是基于不同目标间存在特征差异的客观性。如近炸引信用磁探测器来识别铁磁目标是因为客观上铁磁目标具有对磁场产生扰动的属性，而非铁磁目标则无此属性。

3. 相对性

目标探测的相对性是指探测器对目标认识的相对性。从理论上讲，表征目标特性的信息特征量是无限的，而某一体制的探测器对目标所能探测到的表征目标信息的特征量是有限的（有的仅有一种）。例如，无线电多普勒探测器所探测的仅是目标对电磁波的反射特性，而被动声探测器则识别目标发出的声特性。另外，即使针对某种信息特征设计的探测器，该探测器对这种信息特征的提取、判别的准确程度会因探测器性能参量、目标特征参量、探测环境状态参量，以及探测器、目标、环境三者间相关参量的不同而不同。基于该属性，雷达或近炸引信要求其信号处理电路具有抗背景干扰的能力。

4. 动态性

目标探测动态性不仅因为处于客观世界的被探测目标和由物质构成的探测器，以及二者所处的探测环境无时不处在绝对的运动状态，更要指出的是，在目标探测过程中，探测器、目标及环境之间的探测状态（相对位置、关系等）无时不在发生变化（不仅在微观上）。探测系统这种状态的动态性在卫星、制导雷达或引信的目标探测中（如弹目交会过程中）尤为突出，正是基于此属性，卫星、雷达或引信对目标探测提出了实时性要求。

1.1.3　目标探测的一般工程属性

以上是从哲学的角度来归纳目标探测的基本属性，从工程应用角度还可归纳出目标探测具有多维性和选择性等特征。

1. 多维性

多维性描述探测器对目标认识描述参量的多寡。如探测器仅能探测目标距离则可视为一维探测，而当它既能识别目标距离又能确定目标方位时则可视为二维探测。同理，若还能识别目标的特定部位（如易损部位等）则可视为三维探测。总之，目标探测具有多维性，其维数的多少随探测器对目标认识程度的不同而不同。它也受探测器战技指标要求所制约。

2. 选择性

选择性是指对确定的探测指标可选择不同的探测体制来实现。既可根据能最有利地实现这一指标的某种目标特征量选择探测器，也可根据探测器本身的体制特点选择某种或某几种探测器可辨识的目标特征量进行识别。如若要求探测器对大地目标进行近距离定距，既可根据大地对电磁波的反射特性选择无线电多普勒探测器，也可根据大地能对静电场产生扰动的特征选择电容探测器来实现。同理，对于同一个无线电多普勒探测器而言，它既可以识别大地目标，也可以识别坦克、飞机等机动目标。当然视战技指标不同究竟最终选择何种体制应遵循（包括性价比在内的）综合最优原则。需要指出的是，这种"双向选择"是基于目标特性的，即不能选择对所探测目标任何信息特征量都不能识别的探测器（如不能针对非铁磁物质目标选择磁探测器）。

1.1.4　目标探测的系统性

Bertalanffy（贝塔朗菲）在一般系统论中将系统确定为"处于一定的相互关系中并与环境发生关系的各组成部分（要素）的总体"。他在阐述整体性、有机关联性等系统特性及相互关系时指出：作为一般系统论的核心，系统的整体性是由系统的有机性，即由系统内部诸要素之间，以及系统与环境之间的有机联系来保证的。有机关联性原则概括起来包括两方面内容：一是系统内部诸要素的有机联系；二是系统同外部环境的有机联系。根据系统的整体性及目的性原则，当探测器不实施以探测目标为目的的探测行为时，探测器与目标可分为两个独立的系统。只是二者与它们各自的环境具有有机关联性。而当探测器与目标处于同一探测环境下并实施目标探测行为时，探测器与它所探测的目标则构成了一个具有相互联系的较大系统，即目标探测的行为是在由探测器、目标及环境共同构成的目标探测大系统中进行的。因此，从系统的观点出发讨论这一探测体系，探测器、目标及探测环境之间均具有有机关联性。具体来说，探测器对目标的探测能力不仅取决于探测器本身的性能参量，还应取决于目标的特征参量及探测环境的状态参量；不仅取决于三者的独立参量，还应取决于三者间的相关参量。这一点可从日常生活中最普遍的目标探测行为过程中得到说明，如当我们用眼睛探测（寻找或观察）某一目标（物体）时，我们探测到的该物体存在状态的准确度直接取决于以下几方面：① 探测器的性能参量——眼睛的视力、辨色力等。同样探测条件下，视力越好，辨色力越高，探测准确度则越高。② 目标的特征参量——体积、形状、颜色、表面反光度等。同样探测条件下，体积越大，颜色越鲜艳，反光度越高，则探测准确度越高。③ 环境状态参量（如能见度等），它取决于以下两方面：眼睛与被探测物体间介质的透光性等；探测所借用的探测物理场源——光场的强弱。相同条件下能见度越高，探测的准确度则越高。④ 探测器与目标的相关参量——眼睛离目标的距离、目标偏离眼睛视野中心的程度等。显然，同等探测条件下，眼睛与目标距离越近，目标越处于视野中心，探测的准确度越高。

因此，本书的研究工作，无论是机制分析还是理论建模，均将从系统的观点出发，以寻求探测器、目标及探测环境之间的有机联系为突破口，探讨它们主要参量间的相互关系、相互作用和相互影响。

1.1.5　引信近程目标探测技术的特殊性

由于引信作用的一次性和使用的特殊性（两重性，即对敌目标作用是正能量，若在我方阵地爆炸属负能量），引信技术中的近程目标探测技术与一般民用产品中所涉及的目标探测技术有着不同的内涵。近炸引信的近程目标探测技术，除了包含一般民用产品所涉及的某些目标探测技术的基本共性内容外，还须考虑以下几点特殊性。

1. 所探测目标的体效应性

弹目交会时引信探测器离目标很近，目标尺寸与引信作用距离可相比拟（甚至远远超出）。此时，同一时刻对应于目标体各点上的距离、相位均不一样，探测器不可视目标为点目标，而应视为分布式的体目标。

2. 所探测目标的多样性

与一般民用产品探测固定（或单一）目标不同，一种近炸引信有时要求能探测多种目标。这是由引信配用的不同弹药攻击的目标不同所决定的。引信探测的主要目标有不同类型的地面、水面及其上面的有生力量，飞机、坦克、舰船等不同装甲或机动目标等。这些目标不仅几何特征差异甚大，而且其物理、化学特征也各具特色。

3. 探测过程的瞬态性

由于一般近炸引信弹目交会所经历的时间甚微，为满足引信目标探测的实时性要求，往往要求引信从开始感受目标信息至有效识别出目标在几毫秒甚至数百微秒的时间内完成。

4. 探测器相对目标探测姿态的不确定性

这主要是由弹目相对弹道不唯一性导致的弹目交会姿态角（落角或着角）变化的任意性所致。

5. 探测器工作条件的严酷性

（1）高过载、强冲击的弹道工作环境。因为配用于不同发射载体的弹药（如导弹、火箭弹、炮弹等）上的目标探测器应经受上百至数万个 g 的冲击加速度。反机场跑道等钻地弹引信其钻地时所受过载达 $10\sim20$ 万个 g。

（2）全天候、全地域的自然工作环境及大跨度的工作环境温度。为满足军用探测器对不同季节、不同战场环境的适应能力，一般战技指标要求引信不仅能抵御各种自然干扰，而且应在 $-40℃\sim55℃$ 正常工作（空军产品低温要求为 $-55℃$）。

（3）复杂的强电磁干扰环境。这是由现代战争的信息战特征所决定的。

6. 探测器结构空间的局限性

探测器结构空间的局限性是由微小型系统或武器系统可支配给引信探测器设计空

间的有限性所决定的。由于引信探测器本身的体积极其有限，设计者必须在探测器设计中想方设法提高单位体积内的技术功能效率。

以上几方面是进行近炸引信近程目标探测技术研究及引信设计必须考虑的基本前提，也是本书开展电容近程目标探测技术理论研究的基本前提。

1.2 电容引信探测物理场及其目标探测特征

电容探测器是借助特定的物理场与目标产生信息交联的。由表 1-1 可知，电容引信工作在静电场（对直流电容引信）或准静电场（对交流电容引信）。为深入研究电容引信的探测特征，首先要了解近炸引信实现近程目标探测所利用的（准）静电场的探测特征。

利用静电场探测目标的近炸引信主要有两类：一类是被动型的静电感应引信。其工作原理是，当目标（如飞机、导弹等）高速飞行时，它与周围的空气摩擦会产生电压高达数万伏的静电场。弹目交会时，引信利用探测电极接收感应电荷，实现对目标的探测。因为该体制引信工作在静电场，抗人工电子干扰性能极强，但作为一种被动型引信，同一种目标所带静电受飞行速度及周围空气密度、湿度等因素影响较大，所以此类引信定距较难把握，炸点不易控制。另一类是主动型的电容引信，它是利用引信自身产生的静电场或交变静电场（准静电场）靠电极遇目标时产生的电容改变的信息来探测目标的。其基本原理是，引信探测器通过其探测电极在弹体周围空间建立起一（准）静电场，当目标出现在弹体附近时，该静电场便被扰动，使电荷重新分布，引起引信电极间等效电容产生相应的规律性变化。探测器提取这种变化信息，从而实现对目标的探测与定距。

对于引信近程目标探测利用的几种主要物理场（见表 1-1），按照其场中能量的发散与封闭特征可分为两大类：一类为辐射场（如无线电电磁辐射场、激光场、红外热辐射场、声场等），另一类为保守场（如磁场、静电场等）。对于广义的电磁场而言，它既包含辐射场也包含保守场。根据麦克斯韦（Maxwell）电磁方程的解，可得到电磁场的分布特点。即在工作波长 λ 一定的前提下，根据场内一点距波源距离 r 的大小，电磁场可划分为以下三个区域。

（1）远场区［满足 $r \gg \lambda/(2\pi)$］。

可以证明，在远场区其场强几乎只随距离 r 的一次方衰减。

（2）近场区［满足 $\lambda/(2\pi) < r < 5\lambda/\pi$］。

特别是当 $r = \lambda$ 时，其场强随 r 的衰减程度由 r^{-2} 项起主导作用，即在近场区场强的衰减几乎与距波源距离 r 的平方成正比。

（3）感应区［满足 $r \ll \lambda/(2\pi)$］。

其场强衰减与距离 r^3 成正比。

利用辐射场工作的近炸引信（如各种无线电引信），其工作波长最长的也仅处于米波段，而作用距离最小的也不小于 2 m，所以完全满足 $r \gg \lambda/(2\pi)$ 的条件。因此，它们的工作场区属远场区，其场强主要按照弹目距离 r^{-1} 规律衰减。而工作在准静电场内的近炸引信（如电容引信），由于其工作频率均很低（一般为几兆赫），其工作波长高达上百米，而作用距离受弹长制约一般难以超过 3 m，所以满足 $r \ll \lambda/(2\pi)$ 的条件，处于感应区。其场强主要按照 r^{-3} 规律变化。静电场场强随距离 r 的增大衰减快，因此它对距离变化敏感。图 1-1 给出了辐射场与静电场场强随距离变化的函数曲线。显然，对应于同一场强变化量 ΔE，引起距离变化量 Δr 的范围差别甚大。即撇开两种体制由信号处理电路所决定的定距性能，仅就体制本身而言，工作于辐射场的近炸引信作用距离远，但定距精度差。而工作于准静电场的引信，尽管其作用距离小，但定距精度却远远高于前者。由此可得结论，工作于准静电场内的电容近炸引信尽管炸高低但定距精度高。

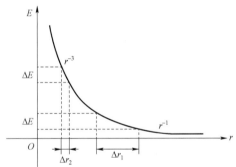

图 1-1　辐射场与静电场场强随距离变化的函数曲线

因为静电场工作频率低、不辐射能量，且场强按照 r^{-3} 规律急剧衰减，所以其场的分布范围小，从而使引信电路工作的隐蔽性好。从理论上讲，难以对工作在（准）静电场内的引信实施有效的人工干扰。（准）静电场工作的引信由于抗电子干扰强的特征，在电子对抗日益剧烈的现代信息战中意义尤为突出。

由于工作在（准）静电场内的电容近炸引信不靠反射波工作，对于涂有吸波材料的"隐身目标"而言，只相当于改变了电场中薄薄的一层介质，几乎不影响静电感应，所以该体制引信反目标隐身技术功能强。这一优点对与日俱增采用隐身材料的坦克等装甲目标而言，具有独特意义。

工作在（准）静电场内的电容近炸引信不辐射，能量不是集中在某个方向，场的方向性较均匀，基本上在电极（含弹体）周围均匀分布，因而当弹目交会姿态角（如落角）不同时，目标信号变化不大，它具有不同弹目交会条件下炸高（或作用距离）散布小的优点。

总结上述分析可得，电容近炸引信的主要优点如下：

（1）定距精度高。因为准静电场场强衰减与 r^3 成正比，所以它对目标距离变化极其敏感，对超近距离识别尤为明显。

（2）抗干扰能力强。电容近炸引信借助于准静电场，依靠遇目标时的极间电容变化量及变化率来探测目标，不涉及电磁波或光波的发射与接收，因而凡是不能引起极间电容符合一定规律的变化之干扰均可被抑制。除可抗有源干扰外，抗地面战场环境干扰能力也强。作者团队在多个电容引信型号研制的环境实验得到的结果表明，该体制可抗树枝、烟雾、雷电、200 kV 静电放电、高功率微波辐射等不同环境因素干扰。

（3）探测方向图均匀。准静电场是保守场且不辐射、探测方向图近似圆形。实验表明：该体制探测器方向图的最大椭圆长、短轴差比率小于 20%。该特性可使得当弹目交会姿态角不同时，引信探测器定距误差散布小。

（4）抗目标隐身能力强。该探测器不靠接收目标反射的电磁波工作，对于涂有吸收电磁波涂层的目标而言，其隐身功能尽失。

综上所述，仅就体制而言，如果弹药对引信的炸高（或作用距离）要求不高（如反坦克弹药、对地目标的燃烧弹、迫击炮弹及小口径杀爆弹等），但对引信定距精度有较高的要求，那么选择准静电场作为引信识别目标的物理场。该引信不但可实现高的定距精度，而且具有抗强背景及强电磁干扰，以及抗目标隐身的能力。

1.3　电容近程目标探测技术的形成与发展

如同近炸引信的产生与发展一样，电容近炸引信的产生与发展离不开需求牵引与技术推动。它诞生于第二次世界大战时期，至今经历了漫长的发展道路。随着科学技术的进步与推动，武器性能不断提高，武器系统对弹药性能提出了越来越高的要求。现代战场的强电磁环境和电子对抗水平的提升要求弹药具有很强的抗电磁干扰能力，以及一些特殊弹种对近炸引信的特殊要求等，都促使引信工作者不断探索新原理、新技术的引信以满足武器系统对引信性能的要求。电容近炸引信就是在这些需求下发展壮大起来的。

半个多世纪以来，国际上对电容近炸引信发展给予了高度重视。德国在第二次世界大战时期就开始研究电容引信，先后配用在航空炸弹、火箭弹和反坦克破甲弹上。英国马克尼空间防御系统责任有限公司（Marconi Space Defense System LC，Marconi SDSL）从 1962 年就开始研究用于导弹、炮弹和航空炸弹上的电容近炸引信。瑞典也积极发展电容近炸引信，目前已有配用在航空炸弹上的反跑道侵彻弹电容近炸引信。美国在为配有核弹头的导弹研制了贴地炸直流电容引信后，也在积极发展迫击炮弹（简称迫弹）上的电容近炸引信。我国早在 1996 年就定型了配用在 90 mm 航空火箭弹上的电容近炸引信，该引信是由作者团队与吉林江北机械厂联合研发的我国首个以近炸为主的多选择引信，具有近炸、瞬发及延期多种功能。之后相继成功移植到火箭云爆弹、迫弹、榴弹、反坦克导弹等多种弹药上。

　　引信借助静电场进行目标探测，最早可追溯到 20 世纪 40 年代中期，当时德国在积极发展无线电引信的同时，研制了世界上第一个利用静电感应原理的近炸引信——电容近炸引信。该类引信的原理框图如图 1-2 所示。

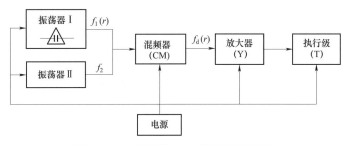

图 1-2　一种早期电容引信的原理框图

　　该电容引信利用由电子管构成的两个振荡器实施目标探测。其原理是将探测电极与弹体构成的结构电容器接入振荡器 I 的振荡回路，而振荡器 II 采用固定电容，使二者工作频率 f_1、f_2 相等并严格固定，然后将 f_1、f_2 加在混频器上。无目标时 $f_1=f_2$，其差频为零，混频器无输出信号。遇目标时，极间等效电容的改变引起振荡器 I 工作状态改变，使 f_1 下降。由于 f_1 是弹目距离 r 的函数，r 越小电容变化量 ΔC 越大，引起 f_1 下降越多，所以在混频器输出端分离出的频率为 $f_d(r)=f_1-f_2$ 的差频信号也越大。当该差频达到预定炸高的对应值时，引信输出引爆信号。该引信由于极间电容变化量所限，作用距离不到 0.3 m。因为采用频率对比手段，所以对振荡器频率稳定性要求甚高。电容变化量 ΔC 与频率变化量 Δf 之间并非具有严格的线性关系，因此振荡器频率的选择直接影响引信的探测灵敏度。该引信的探测本质是利用混频器输出的差频变化信号来反映电极间电容的变化信息，从而间接反映弹目距离信息。而当时该引信设计者认为该引信工作（起爆控制）取决于电极间动态电容的临界值 C_Σ，从而掩盖了电容变化量 ΔC 这个本质性的参量。

　　20 世纪 50 年代中期，美国为解决配有核弹头的导弹战斗部因碰炸引信所带来的碰地时发生导弹战斗部变形引起作用效果显著下降的弊端，研制了利用静电场工作的直流（DC）电容引信。该类引信的作用距离仅有数英寸[①]至一两英尺[②]，也称为"贴地炸（near-surface-burst）引信"。20 世纪 60 年代又研制了用于常规弹药上的贴地炸引信。图 1-3 为该类引信探测器原理示意图。它采用将直流电源通过串接负载电阻 R 直接施加于两个探测电极来建立外部电场。弹目交会时，目标 T 对该电场的边缘

---

　　① 1 英寸=2.54 厘米（cm）。

　　② 1 英尺=0.304 8 米（m）。

场（fringe field）产生扰动使电荷重新分布，导致串联回路产生电流，使 R 两端产生压降。弹目距离不同，扰动不同，产生电流、压降也不同。该探测器正是直接利用该串联回路中 R 上的电压变化信号探测目标。该探测器直接利用直流电源电压（仅十几伏），而不是将振荡器产生的数十伏至上百伏峰—峰值的交变电压加给电极，因而建立的静电场相对较弱。这是该类引信探测距离极为有限的根本原因。

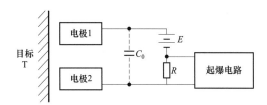

图 1-3　一种直流电容引信探测器原理

利用（准）静电场探测目标的电容近炸引信具有定距精度高、抗干扰及反隐身能力强、结构简单、经济性好等优点，20 世纪 60 至 70 年代中期，除德国、美国之外，英国、瑞典、日本等国也相继开展了相关研究。随着晶体管的普及，电容引信也告别了只能用于大口径弹药的电子管时代，进入可用于中小口径弹药的晶体管时代。英国马克尼空间防御系统责任有限公司自 1962 年研制电容近炸引信之后不断进行开发，至 70 年代中期已研制出多种导弹、航空弹药及常用军械用的一系列电容引信（如吹管单兵防空导弹、81 mm 以上通用迫弹及 MBS/1 105 mm 榴弹电容引信等）。瑞典先后研制了配用于航弹上的 FFV070，以及配用于 75 mm 以上口径的火炮和坦克炮弹上的 FFV574 和 FFV574C 等电容近炸引信。

晶体管为电容引信用于中小口径弹药创造了条件，但由于中小口径弹体小，限制了探测电极的面积，传统的探测模式不能满足引信对目标探测能力的要求。因而这一阶段在提高探测能力的探测模式上有了新进展。归纳起来主要有以下两类：

（1）鉴频式（frequency-sensitive model）电容引信，它是将探测器两个探测电极（其一为弹体）之间形成的结构电容串入振荡回路。引信遇目标时，极间等效电容增大，致使振荡频率降低。该频率的变化经鉴频器检出电压变化形式的遇目标信号，如瑞典的 FFV 系列即属此类，其原理框图如图 1-4 所示。

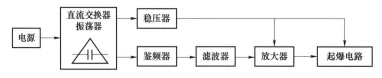

图 1-4　早期鉴频式电容引信（FFV 系列）电路原理框图

（2）幅度耦合式（amplitude-coupling model）电容引信。该模式采用三个电极形式，即利用与弹体 D 绝缘的两个电极，用振荡器在弹体 D 和电极 A 之间施加一定频率的交流电压，在弹体周围形成一交变静电场，用另一个电极 B 感受目标 T 对该电场产生的扰动。对这种电场扰动程度信息的提取主要不是通过振荡器的信号频率变化获得的，而是通过振荡器由于目标导致其等效阻抗改变引起的振荡幅度改变及由电极电容网络组成的耦合阻抗分压比改变信号的综合作用获得的。该模式以英国马克尼空间防御系统责任有限公司研制的配用于 105、155 mm 榴弹上的电容引信为代表。其电路框图及遇目标时极间电容网络分别如图 1–5（a）、（b）所示。由于随弹目距离的接近，振荡器振幅变化与电容网络耦合阻抗分压比变化具有同向性，故该探测模式较鉴频式有更强的目标探测能力及更高的探测灵敏度。

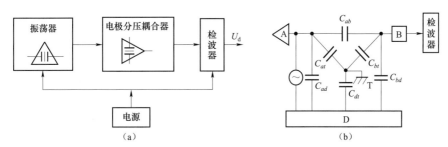

图 1–5　幅度耦合式电容引信探测电路框图及极间电容网络

（a）探测电路框图；（b）遇目标时极间电容网络

20 世纪 80 年代初我国开始研究电容引信，在借鉴国外电容引信技术的基础上，先后进行了预研及型号研制。到 90 年代中期至 21 世纪初先后将电容引信在便携式火箭弹、90 mm 航空火箭弹、122 mm 火箭云爆弹、152 mm 榴弹、两种反坦克导弹、一种对空导弹及三种迫击炮弹（配用迫弹通用电容引信）上靶试成功，多数已通过国家定型（或外贸定型）并装备部队。近年来，作者团队已开展了用于装甲主动防护起爆控制系统的电容引信技术研究，并在拦截高速（大于 1 600 m/s）穿甲弹方面靶试成功。

与此同时，国外也十分重视电容近炸引信技术的研发。随着集成电路技术的发展，先后在 155 mm 榴弹等多种电容引信信号处理电路中采用集成（或厚膜）电路。由于集成电路减少了体积，信号处理电路可以设计得更复杂，使引信具有更强的抗干扰能力和充分利用由弹目交会速度引起的极间电容变化速率信号的能力，因此这些优势不同程度地提高了电容引信对目标的综合探测能力。

1.4　电容引信探测机理及相关探测理论的研究状况

随着电容引信技术的发展，各国对电容引信探测机理及相关探测理论也进行了不同程度的研究。总结起来，主要体现在以下几方面。

1.4.1 关于电容引信探测机理

电容引信探测机理不同文献观点不同，所以表述不一。归纳起来主要有以下三类。

1. 利用电容变化量

（电容）非触发引信的近感定位原理是利用弹丸（战斗部）接近目标时引起的电容变化来实现的。进一步解释而言，其近感定位作用是利用弹目接近过程中不断地测量电容 C_Σ（极间等效电容），当 $C_\Sigma = C_0 + C_{10}C_{20} / (C_{10} + C_{20})$ 达到某一定值时（如图 1-6 所示，与作用距离有关）使引信起爆。

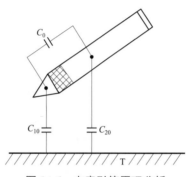

图 1-6 电容引信原理分析

2. 利用电容的变化速率

该（电容）近炸引信连续地测定并鉴别电容 C_Σ，随弹丸接近目标，电容 C_{10}、C_{20} 增大，在单位时间内，当电容 C_Σ 增至一定量时，即产生用于起爆的电脉冲，使弹丸爆炸。电容非触发引信是依据弹丸在空中降落时与靶物之间电容的不断变化，即利用电容的变化速率得到目标信息引爆电雷管。由于变化速率强调"单位时间内"使得该观点与第一种观点有了原则性的不同，即从单纯强调弹目交会的三维空间关系，变为四维的时空关系。

3. 利用目标对静电场的扰动

电容引信的基本原理是在弹丸周围空间建立一个静电场（electrostatic field），通过测量目标接近时对该场的扰动（perturbation）获得距离信息（range information）。两导体间形成电容并具有"边缘效应"（fringe efficiency），在形成电容器的两导体间，静电场主要沿边缘集中，在该边缘场中目标出现引起边缘场的介电常数变化，利用这一变化产生一个引爆信号。

尽管以上三种观点是从不同角度去阐释电容引信机理，但其实质大同小异。

1.4.2　关于极间电容变化量ΔC及炸高h的理论计算模型

电容引信是靠识别极间电容变化量或变化速率来实现对目标定距（确定炸高）的，因此不同文献中给出了不同的ΔC及h的理论计算模型（其中多半是依据某种具体引信建立的经验模型，因而其应用有较强的针对性和局限性），归纳起来有以下几类。

（1）突出目标特性的经验模型，例如：

$$\Delta C = \frac{k_1(\varepsilon-1)}{h^3(\varepsilon+1)} ; \quad h = k_2 \sqrt[3]{\frac{\varepsilon-1}{\varepsilon+1}} \tag{1-1}$$

式中　ε——目标材料的介电常数；

　　　k_1、k_2——常量。

显然，k_1的物理意义是当理想导体（如金属）目标对应引信炸高$h=1\,\text{m}$时达到的ΔC值。k_2为引信对应理想导体目标时的炸高值。

由式（1-1）可见，ΔC及h表达式的特点是突出反映了目标特性对ΔC及h的影响。而对探测器参量（如电极间距、面积等）及环境参量（如弹目间介质的介电常数ε_e、弹目交会姿态角θ等）的作用分别仅用一个综合性常数k_1、k_2来代替，显然会产生较大误差。如果该模型因引信探测器不同而用工程测试法找出不同的k_1、k_2近似值的话，那么它的适用范围无疑会大大受到限制。

（2）突出探测器结构参量的经验模型，例如：

$$\Delta C = 6.36 \left(\frac{d}{h}\right)^{4.5} \tag{1-2}$$

式中　d——电极间距。

显然，6.36 为弹目距离$h=d$时对应的ΔC值。

该模型突出反映了电极间距这一探测器结构参量对ΔC的影响，而对探测器的其他参量（如弹长等）及环境参量、目标特性参量均未体现。尽管该作者称它适用于大型弹药，但仅从ΔC随$h^{4.5}$的衰减规律可知。该模型较式（1-1），其局限性会更大。

（3）仅体现弹目相关参量的经验模型，例如：

$$\Delta C = \frac{0.133}{h^2} \tag{1-3}$$

显然，0.133 为对应单位炸高时的ΔC值，由于该模型仅体现了弹目相关参量——炸高h，不言而喻，其适用性也许仅限于本模型的研究对象。

（4）突出弹体结构参量的计算模型，例如：

$$\Delta C = \frac{2\pi\varepsilon_0 l}{\ln\left[\dfrac{h}{r_0} + \sqrt{\left(\dfrac{h}{r_0}\right)^2 - 1}\right]} \qquad (l \gg 2r_0) \qquad\qquad (1-4)$$

式中　　l——弹长；

　　　　r_0——弹半径；

　　　　ε_0——弹目间介质的介电常数。

该模型突出反映了弹体结构参量对ΔC的影响。但由于该模型建立时应有两个必要前提：① 弹体表面电荷密度为常量（电荷均匀分布）。② 弹体两端的边缘效应可忽略。而这两个前提恰好与电容引信的实际极不相符，所以该模型不具有实用性。

（5）间接体现探测器、弹目相对姿态参量的数学模型，例如：

$$\Delta f = \frac{A}{(h+B)^\alpha} \qquad\qquad (1-5)$$

式中　　A——与着角有关的参量；

　　　　B——与电极有关的参量；

　　　　α——目标特性曲线的特征参量。

该模型不是直接反映各参量对ΔC的影响关系，而是从实用出发根据Δf与ΔC的内在函数关系，直接反映各参量对Δf的影响。同样，该模型中A、B、α均为综合性参量，因引信不同而异，难以直观揭示诸主要性能参量对ΔC、h产生影响的本质特征。

（6）体现探测器、弹目相对姿态参量的模拟计算模型，例如：

$$\Delta C = 4\pi\varepsilon_0 \left(\frac{R_1 R_2}{R_1 + R_2}\right)^2 \left[\frac{1}{2h} + \frac{1}{2(h + L\cos\alpha)} - \frac{2}{\sqrt{4h^2 + L^2 + 4hL\cos\alpha}}\right] \qquad (1-6)$$

式中　　R_1、R_2——电极和弹体虚拟模拟球的等效半径；

　　　　L——两虚拟模拟球的球心距；

　　　　α——着角。

该模型虽然直接体现环境介质、弹道着角，以及用等效参量间接反映电极及弹体大小、间距对ΔC的影响，但由于该模型建立时将长度与引信炸高同量级的弹体用等效球来代替，且假定电荷在等效球面上均匀分布，这两点均与电容引信实际相距甚远。同时限定应用条件：① R_1、$R_2 \ll L$。② R_1、$R_2 \ll h$。实际电容引信中满足条件①的情况几乎不存在，而且若满足条件②，实际上意味着将该模型的适用范围限制在炸高为弹长的数倍（至少两倍）以外，因此该模型几乎不具有实用性。

（7）包含探测器、目标及弹道参量的概念模型，例如：

$$\Delta u = \frac{KVU\rho f_1(R, d_{ik}) f_2(\alpha)}{h^2} \qquad\qquad (1-7)$$

式中　　K——常数；

V——放大因子；

U——施感电极间施加的电压；

ρ——大地（目标）因子；

f_1——电极结构因子；

R——半径；

d_{ik}——间距；

f_2——弹道因子；

α——落角。

该模型的建立是基于三探测电极的电桥探测原理对地目标的火箭弹电容引信。它用电极电容网络两个输出端遇目标时的电位差Δu来间接体现极间电容变化量ΔC。

该模型只是从物理意义上阐明探测器、目标及弹道参量对检波电压变化量的影响，但未给出ρ、$f_1(R, d_{ik})$、$f_2(\alpha)$等具体函数表达式，所以它仅是一个概念模型。

1.4.3　关于电容引信探测灵敏度

探测灵敏度是衡量探测器优劣的一个重要性能指标。目前在所见到的国外电容引信文献中尚未见到有关电容引信探测灵敏度的定义与模型。国内有关文献从类比无线电引信自差机探测灵敏度的概念模型 $[S = \Delta u/(\Delta R/R)]$，以及讨论鉴频式电容探测器的鉴频输出电压变化量$\Delta u$与极间电容相对变化量$\Delta C/C$间的关系两方面入手，提出了电容引信探测灵敏度的概念模型为

$$S = \frac{\Delta u}{\Delta C / C} \tag{1-8}$$

对于概念模型的建立而言，无线电引信探测灵敏度的建立是基于自差机对目标的反应程度与目标对自差机的影响程度之比这个广义相对参量，从能量（发射与接收功率）变化的角度，根据 $S = \Delta u/(P_r/P_\Sigma)$（$P_r$为接收功率，$P_\Sigma$为发射功率）最终推导出来的。因此，对电容引信，仅从形式上与无线电引信类比是不确切的。而应从能量的观点，按照探测器对目标的反应程度与目标对探测器的影响程度之比的原则来建立，并证明它的普遍性。另外，对于工程应用而言，仅有概念模型是远远不够的，更重要更有意义的是依据不同探测模式探测器的具体信息信号转换通道建立探测灵敏度的工程模型，以便指导探测器的工程设计。

1.5　本领域存在的主要问题和需要开展研究的几个主要方面

尽管近20年来电容近炸引信技术（尤其在应用方面）发展较快，但作为一个利用（准）静电场进行近程目标探测的科技研究领域，在技术理论上主要存在以下几个问题。

（1）对电容引信探测目标的机理缺乏统一、系统的理论分析，因此就其探测机理

需做更深入的理论研究。

（2）对电容引信极间电容变化量ΔC及目标探测距离（或炸高h）的理论模型目前有多种多样，尚无既反映探测器、目标、环境介质及弹目交会姿态主要参量的影响又能揭示一般电容目标探测规律的理论模型。因此，需在全面系统地研究（准）静电场电容探测机理的基础上建立一个适应性广、相对完善的理论模型。

（3）探测方向性是引信近程目标探测的基本理论问题之一。因此，对电容引信的探测方向性特征需做深入的理论研究，以便指导探测器的工程设计，并为开展利用电容探测器进行目标定方位探测提供理论依据。

（4）灵敏度是近炸引信的另一个基本理论问题，也是探测器的重要技术指标。在电容探测引信灵敏度方面，尚需从信息与能量的角度在建立并证明具有普遍适用性概念模型的同时，建立起对探测器工程设计具有指导意义和可操作性的工程模型。

1.6　本书基本框架、主要内容及研究思路

1.5节中的四方面正是本书研究工作的主要基点。本书将以静电场及电动力学的基本理论为指导，以电容近程目标探测为重点，对工作在（准）静电场内的近炸引信——电容近炸引信的目标探测技术理论进行较为系统的研究与讨论。

电容目标探测是借助由电容探测电极所建立的物理场与目标产生信息交联的。当目标进入该物理场时，目标特性、环境介质及弹目相对位置、姿态决定了该物理场的受扰状况。探测电路通过电极感受它所建立的物理场的变化，识别弹目相对位置，从而实现目标探测。鉴于这一目标探测行为的特点与过程，本书机理分析及理论建模研究工作的基本框架如图1-7所示。其主要内容及研究思路如下：

（1）以电磁场及电动力学基本理论为指导，结合电容引信的实际分别针对导体目标和非导体目标，探讨电容引信目标探测的内在机理。即分别从多导体系统的电容关系分析，以及非导体目标介入静电场后体内场强与电极化场的特征分析入手，探讨极间等效电容的变化规律，在此基础上找出反映目标信息基本特征的信号特征量。通过对电容近炸引信赖以工作的物理场特征分析，讨论其频率工作条件。

（2）从系统角度出发，遵循镜像定律，在探讨导体目标与非导体目标镜像电荷转换关系的前提下，建立具有广泛适用性的通用电容目标探测方程。按照弹体线电荷非线性分布之假设，依据库仑定律建立弹体电荷分布的动态平衡方程，依此探讨弹体电荷分布规律。应用等效偶极子概念，采用等效偶极矩变换方法确定极间等效间距。对电容目标探测方程进行参变量的探测特性分析，在此基础上讨论目标材料、弹目交会姿态角等对电容引信作用距离的影响规律。

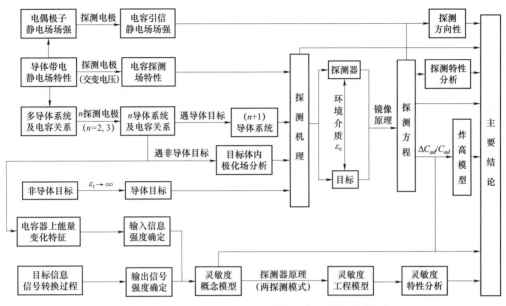

图 1-7　本书机理分析及理论建模研究工作的基本框架

（3）从探测电极结构、引信工作的静电场场强及电容目标探测方程三方面讨论电容引信的探测方向性，通过建立场强模型结合目标探测方程，找出电容引信的方向性函数与方向性因子。

（4）基于能量与信息的基本关系，从能量的角度出发，讨论电容引信遇目标时极间电容器上能量相对变化量与极间电容相对变化量的相互关系。根据电容探测器信息信号转换通路，确定探测器的输入信号强度与输出信号强度。按照探测器对目标的反应程度与目标对探测器的影响程度之比的原则，建立电容引信探测灵敏度的概念模型。针对电容引信两种主要探测模式（鉴频式与幅度耦合式）下的信息信号转换方式，分别建立起各自探测灵敏度的工程模型。在讨论这些主要相关参量对电容引信探测灵敏度、目标探测能力影响规律的基础上，寻求提高引信目标探测能力的措施和手段。

（5）以极间电容相对变化量为纽带，根据电容引信探测灵敏度的概念模型与电容目标探测方程的内在关系建立电容引信的炸高模型，并靶试验证其模型的正确性。此外，依据电容探测器遇目标信号特征建立目标信号识别准则，基于该准则给出信号处理方法及电路实现途径。

（6）平面电容传感器由于结构简单、适应性广等优点，在军民两大应用领域备受青睐。针对国内外准静电场探测领域发展前沿及装甲主动防护领域对电容引信的最新发展需求，还着力分析阐述基于平面电容器的引信探测机理、电路设计、系统建模与仿真、工程实现方法，以及基于平面电容器阵列的动态手势识别方法等内容。

本 章 小 结

在简要论述引信近程目标探测在引信技术中的地位及目标探测的基本哲学属性、一般工程属性、系统性与引信目标探测技术特殊性的基础上，阐述了引信利用（准）静电场实现近程目标探测的意义及前景。在国内外资料调研基础上，总结了电容近程目标探测技术的形成与发展；讨论了关于电容引信探测机理及相关探测理论的研究现状；指出了本领域存在的主要问题和需开展研究的几个主要方面；给出了本书理论研究的基本框架及思路。

第 2 章　电容引信探测机理

　　目前国内外尚未见到关于电容引信探测机理的理论专题性研究文章，只是在教科书和有关电容引信的技术文献中附带性地简略提到，且观点也各有所异。归纳起来，主要有以下三种观点：① 利用探测电极间的电容变化量。② 利用电极间的电容变化速率。③ 利用目标对探测器所建立的静电场的扰动。从宏观上讲，以上三种观点尽管是从不同角度来阐释电容引信的探测原理，但其观点均有其道理，问题是目标究竟是怎样引起探测电极间电容变化的；目标怎样对探测器所建立的静电场产生扰动；其更深层的机理是怎样的。这些问题均缺乏深入的研究。若要充分挖掘利用静电场探测体制进行目标探测潜能，进一步提高其探测能力，对其探测机理的深入研究是十分必要的。这也是科学设计探测电极和探测电路的必要前提。本章根据系统的关联性原则，对探测机理的研究将从探测器、目标及探测环境三方面入手。由于一般弹目交会时环境介质为空气，对极间电容影响甚微，所以不做重点讨论。

　　图 2-1 中，一般电容探测器（静态时）简化为与一交变电压源两端相连的 A、D 两个电极。由于这两个电极均为金属导体，且交变电压源的频率设置应保证在既定电极尺寸及引信作用距离指标下满足准静电场的工作条件（参见 2.1.3 节讨论），因此本章探测机理分析的理论基础是电磁场及电动力学中导体带电的静电场特性部分。基于带有异号电荷的两个导体的基本特性，当这两个导体用引信电极取代时，该静电场则成为本

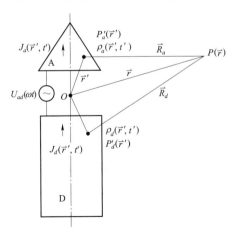

图 2-1　电容引信工作场区分析

章即将讨论的电容目标探测场。引信遇目标时，由于目标不同，存在两种情况：① 当目标 T 为导体时，电容目标探测系统内探测器 A、D 两电极形成的两导体系统变成了由 A、D、T 形成的三导体系统。② 当目标为非导体时，目标的出现改变了被目标所占据的那部分空间中原介质的介电常数。无论电容目标探测系统由两导体变为三导体，还是该系统中部分介质的介电常数发生改变，都将打破电容探测器静态时所建立的静电场的平衡。研究电容引信探测机理，正是从理论上破译该探测系统从平衡向不平衡演变的内在动因。

2.1　电容探测器的工作场区

2.1.1　电容探测场的矢势与标势

图 2-1 中，无论电容探测器采用何种探测模式大都是在它的两个施感电极 A、D 间（D 一般为弹体的导体部分）施加一交变的交流电压 $U_{ad}(\omega t)$，这个交变电压的角频率 ω 由探测器的振荡器所决定，因此，该系统中的电荷和电流均可认为是正弦规律变化。若设定 ρ_a、ρ_d 分别为辐射源（施感电极 A 与 D）上 r' 处的电荷密度，$\bar{J}_a$、$\bar{J}_d$ 分别为施感电极 A 及 D 上 r' 处的电流密度，则有

$$\rho_a(r',t') = \rho_a(r')\mathrm{e}^{-\mathrm{j}\omega t'} \tag{2-1}$$

$$\rho_d(r',t') = \rho_d(r')\mathrm{e}^{-\mathrm{j}\omega t'} \tag{2-2}$$

$$\bar{J}_a(r',t') = \bar{J}_a(r')\mathrm{e}^{-\mathrm{j}\omega t'} \tag{2-3}$$

$$\bar{J}_d(r',t') = \bar{J}_d(r')\mathrm{e}^{-\mathrm{j}\omega t'} \tag{2-4}$$

显然，该系统产生的总电场 E 包含两个方面：① 由自由电荷引起的 $\bar{E}_0$（$\bar{E}_0 = -\nabla\varphi$）。② 由时变电流引起的 $\bar{E}_1$（$\bar{E}_1 = -\partial\bar{A}/\partial t$）。其中，$\varphi$ 为该系统自由电荷产生的动态标势；$\bar{A}$ 为与该系统电流分布相联系的磁矢势。

设 r 为施感电极外任意场点 $P(\bar{r})$ 到辐射源坐标原点 O 的距离。视施感电极上点 $P'(\bar{r}')$ 上体积元 $\mathrm{d}v$ 内电荷 $\rho\mathrm{d}v$ 为点电荷，且为满足推迟条件 $t' = t - R/c'$（c' 为探测环境介质中的电磁波传播速度），而引入 δ 函数积分，则可在洛仑兹规范下解麦克斯韦方程组得：

（1）动态磁矢势。

$$\bar{A}(r,t) = \frac{\mu}{4\pi}\left[\iint_{V_a}\frac{\bar{J}_a(r',t')}{R_a}\delta(t'-t+R_a/c')\mathrm{d}t'\mathrm{d}v + \iint_{V_d}\frac{\bar{J}_d(r',t')}{R_d}\delta(t'-t+R_d/c')\mathrm{d}t'\mathrm{d}v\right]$$

$$\tag{2-5}$$

式中　μ——介质的磁导率。

令 β 为介质中的波数，则 $\beta = \omega/c' = \sqrt{\varepsilon_r}\,\omega/c$（$c$ 为自由空间中的电磁波传播速

度）。将式（2−3）、（2−4）代入式（2−5）得

$$\vec{A}(r,t) = \frac{\mu}{4\pi} \mathrm{e}^{-\mathrm{j}\omega t} \left[\int_{V_a} \frac{J_a(r')\mathrm{e}^{-\mathrm{j}\beta R_a}}{R_a} \mathrm{d}v + \int_{V_d} \frac{J_d(r')\mathrm{e}^{-\mathrm{j}\beta R_d}}{R_d} \mathrm{d}v \right] \tag{2−6}$$

令

$$\vec{A}(r,t) = \vec{A}(r)\mathrm{e}^{-\mathrm{j}\omega t} \tag{2−7}$$

则

$$\vec{A}(r) = \frac{\mu}{4\pi} \left[\int_{V_a} \frac{J_a(r')\mathrm{e}^{-\mathrm{j}\beta R_a}}{R_a} \mathrm{d}v + \int_{V_d} \frac{J_d(r')\mathrm{e}^{-\mathrm{j}\beta R_d}}{R_d} \mathrm{d}v \right] \tag{2−8}$$

故可将动态磁矢势的表达式概括为

$$\vec{A}(r) = \frac{\mu}{4\pi} \int_{V_a+V_d} \frac{J_a(r')\mathrm{e}^{-\mathrm{j}\beta R}}{R_a} \mathrm{d}v \tag{2−9}$$

其中

$$\vec{J} = \begin{cases} J_a, & V \in V_a \\ J_d, & V \in V_d \end{cases}; \quad R = \begin{cases} R_a, & V \in V_a \\ R_d, & V \in V_d \end{cases}$$

（2）动态标势。

同理，可最终推得动态标势

$$\varphi(r,t) = \varphi(r)\mathrm{e}^{\mathrm{j}\omega t} \tag{2−10}$$

$$\varphi(r) = \frac{1}{4\pi\varepsilon_e} \left[\int_{V_a} \frac{\rho_a(r')\mathrm{e}^{-\mathrm{j}\beta R_a}}{R_a} \mathrm{d}v + \int_{V_d} \frac{\rho_d(r')\mathrm{e}^{-\mathrm{j}\beta R_d}}{R_d} \mathrm{d}v \right] \tag{2−11}$$

及 $\varphi(r)$ 的一般表达式：

$$\varphi(r) = \frac{1}{4\pi\varepsilon_e} \int_{V_a+V_d} \frac{\rho(r')\mathrm{e}^{-\mathrm{j}\beta R}}{R} \mathrm{d}v \tag{2−12}$$

式中　ε_e——探测环境介质的介电常数。

2.1.2　电容探测场的场特性分析

按照电磁场理论，由式（2−7）及式（2−10）表述的探测物理场在天线尺寸满足一定条件下可分为三个区：近场区、中间场区、远场区。其中，在天线尺寸 $L \ll \lambda$ 条件下满足 $\beta R_{\max} \ll 1$ 的区域称为近场区（也称静态区）；而在 L 与 λ 同量级或在 $L > \lambda$ 条件下满足 $\beta R_{\min} \gg 1$ 的区域称为远场区（也称辐射场区）。由于 $\beta = \omega/c = 2\pi/\lambda$，近场区条件为

$$R_{\max} \ll \frac{\lambda}{2\pi} \approx 0.16\lambda \tag{2−13}$$

由此可见，对任意场点 P，若它与探测电极上离该点最远点的距离满足不大于

$16‰\lambda$，那么满足上述条件的所有点 P 组成的场区均属静态区。由于电容近炸引信探测器工作频率的选择（由于讨论交变场，故直流电容引信除外）视弹长不同一般在几千赫兹至四五兆赫兹的范围之内，往往弹长越长，炸高要求越高，选择的频率越低，且总能满足式（2-13）的条件［如 90 mm 航空火箭弹电容近炸引信的工作频率为 2.3 MHz，工作波长 $\lambda=130\,\text{m}$，而战技指标要求的作用距离为 $0.5\sim2\,\text{m}$，故 $\lambda/2\pi=20.7\gg2\,\text{m}$，满足式（2-13）的条件］，因此可以说电容引信均工作在近场区内。

由于在近场区内 $\beta R\ll1$，即 $e^{-j\beta R}\approx1$，因此式（2-9）、（2-12）可近似写为

$$\vec{A}(r)=\frac{\mu}{4\pi}\int_{V_a+V_d}\frac{\vec{J}(r')}{R}\mathrm{d}v \tag{2-14}$$

$$\varphi(r)=\frac{1}{4\pi\varepsilon_e}\int_{V_a+V_d}\frac{\rho(r')}{R}\mathrm{d}v \tag{2-15}$$

这就是泊松方程的解。由于电容引信弹长 $L\ll\lambda$，电极或弹体上各点相位差可忽略，弹体为等电位体，则式（2-14）中 $J(r')\approx0$，那么它的磁矢势 $\vec{A}_r$ 可忽略。起作用的仅是式（2-15）中的 $\varphi(r)$。因此，电容近炸引信工作区域内满足泊松方程，它具有静态场的特性。其场随距离的变化精确地依赖于场源（探测电极）的分布。它除了按 $e^{-j\omega t}$ 方式做简谐振荡外，其他性质都是静态的。由此可得结论：① 电容近炸引信工作区域内的场是准静态场。② 由于在近场区内，场的性质以电场为主，因此电容近炸引信工作区内的准静态场是以准静电场为主。

2.1.3　电容探测器满足准静电场的频率工作条件

为了使电容探测器充分发挥静电场在精确定距和抗干扰等方面的优势，对电容引信工作频率的确定应以保证在战技指标规定的最大作用距离内满足准静电场的条件。

若系统要用准静态的方法处理，载流系统的尺寸必须远小于自由空间的波长 λ。这个限制等效于不考虑由源点到所研究的靠近源点的场点的有限传播速度，相当于不考虑辐射效应。因此，若令引信战技指标中的最大作用距离为 h_{max}，令弹丸导体部分的长度（含前探测电极）为 L'，弹目交会时的落角为 θ，如图 2-2 所示。当 $L'\gg D_b$（D_b 为弹径）时有

$$R_{\text{max}}\approx R'_{\text{max}}=\sqrt{L'^2+h_{\text{max}}^2+2L'h_{\text{max}}\sin\theta} \tag{2-16}$$

则

$$\frac{\mathrm{d}R_{\text{max}}}{\mathrm{d}\theta}=\frac{L'h_{\text{max}}\cos\theta}{\sqrt{L'^2+h_{\text{max}}^2+2L'h_{\text{max}}\sin\theta}}$$

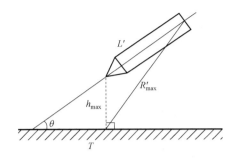

图 2-2　建立频率工作条件的辅助分析

令 $\dfrac{\mathrm{d}R_{max}}{\mathrm{d}\theta}=0$，得 $\theta=\dfrac{\pi}{2}$，此时 R_{max} 存在极大值 R_{max}^{m}，即

$$R_{max}^{m}=L'+h_{max} \qquad (2-17)$$

用 R_{max}^{m} 取代 R_{max} 代入近场区条件式（2-13），并整理得

$$\lambda \gg 2\pi(L'+h_{max}) \ \text{或} \ f=\frac{c}{\lambda}\ll \frac{c}{2\pi(L'+h_{max})} \qquad (2-18)$$

则

$$f<\frac{c}{20\pi(L'+h_{max})} \qquad (2-19)$$

式（2-19）为电容探测器工作在准静电场内的基本工作频率条件。从式（2-19）可见，弹长越长要求引信作用距离越大，工作频率应选得越低。

2.2　电容引信探测机理分析

在有关电容近炸引信的教科书、科技文献中，凡涉及电容引信基本工作原理时大都引用图 2-3 的原理说明图例，并给出引信遇目标过程中探测电极 A、D 间总等效电容，即

$$C_{\Sigma}=C_{ad}+\frac{C_{at}C_{dt}}{C_{at}+C_{dt}} \qquad (2-20)$$

式中　C_{ad}——探测电极 A、D 间的固有结构电容。

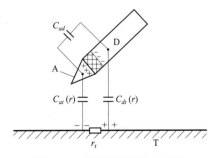

图 2-3　探测机理辅助分析 I

（1）当引信远离目标 T 时，C_{at}、C_{dt} 均可忽略，$C_{\Sigma} = C_{ad}$。

（2）弹目交会时，C_{at}、C_{dt} 不可忽略，产生 $\Delta C_{ad} = C_{at}C_{dt}/(C_{at} + C_{dt})$，且随弹目距离 r 的不断减少，ΔC_{ad} 随 C_{at}、C_{dt} 的剧增而剧增。

（3）对特定的电容探测器、目标及弹目交会状态，ΔC_{ad} 的大小反映了弹目距离。

然而，使式（2-20）成立的前提条件应满足以下两方面或至少满足其中之一：① 目标表面电阻可忽略不计。② 弹目交会过程中的任意时刻，导体目标均处于静电平衡状态（因为只有在静电平衡状态下，导体才是等电位体）。由于弹目交会时，目标表面上的电荷随弹目的高速接近，处在不断改变的状态，所以式（2-20）仅适用于目标表面电阻可忽略的理想导体目标（如金属体），并不能涵盖所有的电容引信探测。本书导论中曾指出，近炸引信的近程目标探测区别于一般民用探测器目标探测的突出特点之一就是所探测目标的多样性。电容引信不仅需要探测坦克、飞机等金属导体目标，而且需要探测水面、大地等非金属导体目标，甚至因战场环境及作战任务的不同需要其探测软雪、冰、干砂、混凝土建筑物或工事等非导体目标。即使对于金属导体目标，式（2-20）中 C_{at}、C_{dt} 的确切物理含意是什么尚无明确的说明与分析。因此，根据电容引信所探测的不同目标，对电容引信进行探测机理研究是十分必要的。下面分别按照探测导体目标和非导体目标进行讨论。

2.2.1 从探测导体目标时的极间电容关系看探测导体目标的机理

由 2.1 节分析可知，电容近炸引信正常作用距离内的场是准静态场，且以准静电场为主，同时 $\vec{A}(r)$ 可忽略。因此，分析电容引信探测电极的工作特性时可以只分析其静电场特性，而不必涉及电磁场特性。确切地说，当电容引信的探测对象为导体目标时，能确切反映该探测系统间静电感应状态的是电极间及电极与目标间的电容变化特性。无论电容引信采用哪种模式的探测器，其探测电极数量不会小于两个，在弹目交会时，电容探测系统实际上是一个由至少两个探测电极（含弹体）与导体目标形成的多导体系统。而多导体系统中导体间电容的概念已不同于两个独立导体间电容的概念，因此要分析该导体系统的电容特性，首先必须应用有关多导体系统中"部分电容"的概念。另外，由于引信的电容探测电极的结构尺寸并非远远大于其目标作用距离，相反还远远小于其目标作用距离（参看图 2-3 中的电极 A），且尽管电极 D 是弹体，其弹长尺寸可能与作用距离处于同一量级，但弹径却远远小于作用距离，因此讨论电极与目标间的电容关系用大型平板电容器的电容计算方法是不适宜的，而应从电容的基本概念入手进行讨论。

1. 多导体系统的电容参量及其相互关系

由静电场理论可知，对于一孤立导体，随着导体所带电荷 q 的增加，导体表面任意一点上的电荷密度也按照比例增大，即 $\sigma = kq$，其中 k 为该导体表面上观察点坐标的函数。在均匀的各向同性电介质中，带电导体产生的电动势为

$$\varPhi(r)=\frac{1}{4\pi\varepsilon_0\varepsilon_r}\oint_s\frac{\sigma\mathrm{d}s}{r}=\frac{q}{4\pi\varepsilon_0\varepsilon_r}\oint_s\frac{k}{r}\mathrm{d}s \tag{2-21}$$

令

$$C=\frac{q}{\varPhi(r)}=\frac{4\pi\varepsilon_0\varepsilon_r}{\oint_s\dfrac{k}{r}\mathrm{d}s} \tag{2-22}$$

式中　C——孤立导体的电容；

　　　s——孤立导体的表面积。

当电场中有其他导体存在时，式（2-22）的相关物理量则不准确，除非所有的其他导体均接地且不带电。

对于由两个导体 A、D 组成的独立系统，若在两导体间加上电压后，它们带上等量异号电荷且电位移线从一导体的电荷出发全部终止于另一导体的电荷上，那么它们就构成了一个广义电容器。电容器两导体上所带的等值异号电荷 q 与二者间相应的电位差 $(\varphi_\mathrm{A}-\varphi_\mathrm{D})$ 的比值，称为该电容器的电容，即 $C=q/(\varphi_\mathrm{A}-\varphi_\mathrm{D})$。在广义电容器电容的定义中，必须强调构成电容器两导体带有等量异号电荷的假定，否则引进电容概念则失去其应有的物理意义，应引用"部分电容"的概念。

对于由 n 个导体与大地组成的多导体系统，每一导体所带的电荷都会对所有带电导体的电位产生影响，在线性介质中根据叠加原理，空间任意位置 P 的电位 ϕ_P 为每个导体所带电荷在位置 P 所产生电位的总和，即

$$\phi_P=\sum_{i=1}^{n}\phi_{P_i} \tag{2-23}$$

因为，对于每一电位分量 ϕ_{P_i} 正比于该导体上所带电荷 q_i，则有

$$\phi_{P_i}=a_{P_i}q_i\big|_{i=1\sim n} \tag{2-24}$$

其中，a_{P_i} 为第 i 个导体的比例系数，所以

$$\phi_P=\sum_{i=1}^{n}a_{P_i}q_i \tag{2-25}$$

由式（2-25）可写出诸带电体电位表达式

$$\left.\begin{aligned}\phi_1&=\sum_{j=1}^{n}a_{1j}q_j\\ &\vdots\\ \phi_i&=\sum_{j=1}^{n}a_{ij}q_j\\ &\vdots\\ \phi_n&=\sum_{j=1}^{n}a_{nj}q_j\end{aligned}\right\}\quad\text{或}\quad\Big[\phi_i=\sum_{j=1}^{n}a_{ij}q_j\Big]_{i=1\sim n} \tag{2-26}$$

式中　a_{ij}——电位系数，$i = j$ 时为自电位系数，当 $i \neq j$ 时为互电位系数。

由式（2-26）可见，自电位系数为导体 i 带单位电荷而其余导体均不带电时导体 i 上的电位，互电位系数为上述条件下导体 j 上的电位，且互电位系数具有互易性，即 $a_{ij} = a_{ji}$。

若要根据诸导体电位求所带电荷可由式（2-26）变换得出

$$\left. \begin{array}{l} q_1 = \sum_{j=1}^{n} b_{1j}\phi_j \\ \vdots \\ q_i = \sum_{j=1}^{n} b_{ij}\phi_j \\ \vdots \\ q_n = \sum_{j=1}^{n} b_{nj}\phi_j \end{array} \right\} \quad \text{或} \quad \left[q_i = \sum_{j=1}^{n} b_{ij}\phi_j \right]_{i=1\sim n} \tag{2-27}$$

式中　b_{ij}——静电感应系数，$i = j$ 时为自感应系数，$i \neq j$ 时为互感应系数。

由式（2-27）可见，自感应系数为除导体 i 以外其余导体均为零电位（接地）时，导体 i 上的电荷与自身电位的比值。互感应系数为上述条件下，导体 j 的电荷与导体 i 的电位的比值。同样，互感应系数也具有互易性，即 $b_{ij} = b_{ji}$。

对于多导体系统，式（2-26）、（2-27）中的电位系数与静电感应系数，难以从理论上计算。且从实际应用的角度来看，各导体的电位往往难以测出，而两导体间的电压则易测出。因此，若把多导体的电位用导体间电位差来表示，令式（2-27）中 $\phi_j = U_{ii}$ 为导体 i 对零电位点的电压，即 $\phi_j = u_{ii} + u_{ij}$（u_{ij} 为导体 j 与 i 之间的电位差），则式（2-27）变换为

$$\left. \begin{array}{l} q_1 = \sum_{j=1}^{n} c_{1j}u_{1j} \\ \vdots \\ q_i = \sum_{j=1}^{n} c_{ij}u_{ij} \\ \vdots \\ q_n = \sum_{j=1}^{n} c_{nj}u_{nj} \end{array} \right\} \quad \text{或} \quad \left[q_i = \sum_{j=1}^{n} c_{ij}u_{ij} \right]_{i=1\sim n} \tag{2-28}$$

式中　c_{ij}——部分电容，$i = j$ 时为自部分电容，$i \neq j$ 时为互部分电容。

由式（2-28）可见，自部分电容为其余导体与导体 i 间的电位差均为零时（与导体 i 相连时）导体 i 的电荷与其对地电压的比值。而互部分电容为除导体 j 以外所有导体都接地时（零电位）导体 i 的电荷 q_i 与导体 i、j 间电位差的比值。可以证明，对于

有 n 个导体与大地组成的静电独立系统，共有 $n(n+1)/2$ 个部分电容。

2. 从多导体系统看电容探测器极间电容

本小节讨论的是电容引信探测导体目标时的情形，因此，对于图 2-3 的弹目交会时，该探测系统是由电极 A、D（弹体）及目标 T 组成的多导体系统。为了简化讨论，凸显 C_{at}、C_{dt} 的物理意义，现以电容近炸引信在实际应用中采用的最低维导体系统（单前电极）且目标是最为常见的导体目标——大地目标为例进行讨论。

对于图 2-3 中组成的三导体系统，由于 $n=2$，因此共有三个部分电容。由于电极 A 与 D 分别与一电压源相连，所以无目标时二者必带有等量异号电荷，则二者构成一电容器，其电容值可用电容器求电容的公式来表示。现设电极 A、D 分别带有 $+q$、$-q$ 的电荷，其电位分别为 ϕ_1 和 ϕ_2，则依据电容器求电容的公式，电极 A、D 间的总电容为

$$C = \frac{q}{\phi_1 - \phi_2} \tag{2-29}$$

下面应用部分电容的概念求解电极 A、D 间的总电容 C。

按照多导体系统中部分电容的概念，对于 $n=2$ 的三导体系统可由式（2-28）写出

$$\begin{cases} q_1 = C_{11}u_{11} + C_{12}u_{12} \\ q_2 = C_{21}u_{21} + C_{22}u_{22} \end{cases} \tag{2-30}$$

根据定义有

$$\begin{cases} q_1 = q \\ q_2 = -q \\ u_{11} = \phi_1 \\ u_{22} = \phi_2 \\ u_{12} = \phi_1 - \phi_2 \\ u_{21} = \phi_2 - \phi_1 \end{cases}$$

则可得到

$$\begin{cases} q = C_{11}\phi_1 + C_{12}(\phi_1 - \phi_2) \\ -q = C_{21}(\phi_2 - \phi_1) + C_{22}\phi_2 \end{cases} \tag{2-31}$$

因 $C_{12} = C_{21}$，将式（2-31）中两式相加得

$$C_{11}\phi_1 + C_{22}\phi_2 = 0 \tag{2-32}$$

解之得

$$\frac{C_{11}}{C_{22}} = \frac{-\phi_2}{\phi_1} \tag{2-33}$$

则由式（2-29）得

$$C = \frac{C_{11}\phi_1 + C_{12}(\phi_1 - \phi_2)}{\phi_1 - \phi_2} = C_{12} + \frac{C_{11}}{1 - \phi_2/\phi_1} \tag{2-34}$$

式（2-34）与式（2-33）联立得目标出现后电极 A、D 间总电容为

$$C = C_{12} + \frac{C_{11}}{1 + C_{11}/C_{22}} = C_{12} + \frac{C_{11}C_{22}}{C_{11} + C_{22}} \tag{2-35}$$

将式（2-35）与式（2-20）比较可见：C 与 C_Σ、C_{12} 与 C_{ad}、C_{11} 与 C_{at}、C_{22} 与 C_{dt} 分别存在一一对应关系。

由此可得结论：由式（2-20）表示的弹目交会时，组成探测电极 A、D 间总等效电容的三部分 C_{ad}、C_{at}、C_{dt} 恰好是 A、D、T 三导体系统中的三个部分电容。其中，C_{12} 为 A、D 间的互部分电容；C_{11} 为电极 A 的自部分电容；C_{22} 为电极 D 的自部分电容。确切地说，电极 A 与电极 D 间的互部分电容 C_{12} 的大小就是当电容探测器远离目标处于静态时的固有结构电容 C_{ad}，而绝非是弹目交会时电极间的总等效电容 C_Σ。C_{12} 及电极 A、D 分别相对于大地的自部分电容 C_{11}、C_{22} 仅为总等效电容的一个组成部分。

3. 反映目标信号的基本特征量

探测电极间的电容变化量、电容相对变化量及其随弹目距离变化的电容变化率、随时间变化的电容变化速率是电容引信反映目标信号的几个基本特征量。

（1）电容变化量及相对变化量。

从式（2-21）及图 2-3 可知，由于 C_{at}、C_{dt} 分别代表电极 A、D 接近目标时与目标 T 之间形成的瞬时电容，二者均为弹目接近距离 r 的函数。亦即表征探测器极间电容改变值的 ΔC_{ad} 为弹目接近距离 r 的函数，弹目间距离越小，ΔC_{ad} 就越大。因此，ΔC_{ad} 反映引信探测器与目标的距离信息。为后面讨论方便，本节将电容变化量分为绝对变化量和相对变化量。电容相对变化量定义为电容绝对变化量 ΔC_{ad} 与极间固有结构电容 C_{ad} 之间的比值，显然，电容相对变化量 $\Delta C_{ad}/C_{ad}$ 也是 r 的函数，也反映弹目距离信息。

（2）随弹目距离变化的电容变化率。

该探测器工作在准静电场，根据电磁场理论，其场强的衰减与 r^3 成正比，因此弹目交会时，电极间产生的 ΔC_{ad} 随弹目距离 r 的减少将急剧增大。令 R_r 为总等效电容 C_Σ 相对弹目距离 r 的电容变化率，则由式（2-20）求得

$$R_r = \frac{\mathrm{d}C_\Sigma}{\mathrm{d}r}$$

$$= \frac{(C_{at} + C_{dt})\left[C_{at}(\mathrm{d}C_{dt}/\mathrm{d}r) + C_{dt}(\mathrm{d}C_{at}/\mathrm{d}r)\right]}{(C_{at} + C_{dt})^2} -$$

$$\frac{C_{at}C_{dt}(\mathrm{d}C_{at}/\mathrm{d}r + \mathrm{d}C_{dt}/\mathrm{d}r)}{(C_{at} + C_{dt})^2}$$

$$= \frac{C_{at}^2(\mathrm{d}C_{dt}/\mathrm{d}r) + C_{dt}^2(\mathrm{d}C_{at}/\mathrm{d}r)}{(C_{at} + C_{dt})^2} \qquad (2-36)$$

根据静电场理论，$\mathrm{d}C_{at}/\mathrm{d}r$、$\mathrm{d}C_{dt}/\mathrm{d}r$ 均小于 0，它们随 r 减小而急剧增大，所以式（2-36）中 R_r 必小于 0，它必随 r 减小而增大。

（3）随时间变化的电容变化速率。

因为弹目距离的改变与弹目接近速度有关，所以可寻求探测器总等效电容 C_Σ 随时间 t 的变化规律。由于弹目交会过程时间很短，在此时间内弹速改变甚微，则可视此过程中弹目接近速度为恒速，设该速度为 V_r，弹轴与目标表面的夹角为 θ（如图 2-2 所示）则有

$$r = r_0 - V_r t \sin\theta \qquad (2-37)$$

$$\frac{\mathrm{d}r}{\mathrm{d}t} = -V_r \sin\theta \qquad (2-38)$$

式中　r_0——弹目交会时，电容 C_{at}、C_{dt} 达到不可忽略所对应的弹目距离。

那么，由式（2-36）得 C_Σ 的瞬时变化速率为

$$R_t = \frac{\mathrm{d}C_\Sigma}{\mathrm{d}t} = -V_r R_r \sin\theta \qquad (2-39)$$

因为 R_t 恒小于 0，则 R_r 恒大于 0，所以随时间 t 的增大（即弹目距离的接近）而增大。显然，R_r、R_t 也均是电容引信遇目标信号特征的表现形式，且对同一目标，在其他条件不变时，ΔC_{ad}、$\Delta C_{ad}/C_{ad}$、R_r、R_t 越大，该探测器的目标探测能力则越强。

4. 提高探测器探测能力的电极设计原则

以尽量小的探测电极去猎取尽量大的动态目标信号，这是电极设计的主导思想。由式（2-36）、（2-39）可见，电容探测器极间电容变化率 R_r、变化速率 R_t，均与两探测电极与目标间形成的电容密切相关，而对这些电容起决定作用的有以下几个因素：电极表面积、目标面积、电极形状、介质的介电常数。由于电极形状往往取决于弹体外形（一般为轴对称的圆环或锥环等），而介质的介电常数取决于极间绝缘材料、空气及弹目交会环境（一般为空气）。因而对于确定的弹体及目标，重要的是探讨两电极表面积间的最佳匹配关系，这两个参量也正是引信设计所易于操作的。

对于确定的弹体、目标和介质，电容与电极表面积间必存在正比关系。若令 A、D

两电极的有效设计表面积分别为 S_A、S_D，那么，当两电极所允许的设计总表面积为 S 时则有

$$S = S_A + S_D \tag{2-40}$$

为探讨本质性的规律，现以 A、D 两电极等距离接近目标的典型情况来讨论，然后将结论推之一般。又由于 A、D 两电极均轴对称于弹轴，具有形状相似性，那么，当 S 一定时，在炸高 h 处有

$$C_{at}(h) + C_{dt}(h) = C(h) \tag{2-41}$$

式中，$C(h)$ 为同形状 S 外表面积所对应的电容，在此为常量。上式两端同时微分得

$$\mathrm{d}C_{at}(h) + \mathrm{d}C_{dt}(h) = 0 \tag{2-42}$$

联立式（2-41）、（2-42）和（2-36）并以 $\mathrm{d}h$ 取代 $\mathrm{d}r$ 整理得

$$\frac{\mathrm{d}C_{\Sigma}}{\mathrm{d}h} = \frac{-C_{at}^2(h)\mathrm{d}C_{at}/\mathrm{d}h + [C(h) - C_{at}(h)]^2 \mathrm{d}C_{at}(h)/\mathrm{d}h}{C^2(h)} \tag{2-43}$$

展开整理得

$$\frac{\mathrm{d}C_{\Sigma}}{\mathrm{d}C_{at}(h)} = 1 - \frac{2C_{at}(h)}{C(h)} \tag{2-44}$$

为求极值，令式（2-44）右端为 0 可解得

$$C_{at}(h) = \frac{C(h)}{2} \tag{2-45}$$

又由式（2-44）可得

$$\frac{\mathrm{d}^2 C_{\Sigma}}{\mathrm{d}^2 C_{at}(h)} = -\frac{2}{C(h)} < 0 \tag{2-46}$$

则对于以 $C_{at}(h)$ 为单变量的函数 C_{Σ} 而言，当 $C_{at}(h) = C(h)/2 = C_{dt}(h)$ 时，C_{Σ} 存在极大值。此时，式（2-20）变为

$$C_{\Sigma\max} = C'_{ad} + \frac{C_{at}(h)}{2} \tag{2-47}$$

由于 C'_{ad} 为常量，则当 $C_{at}(h) = C_{dt}(h)$ 时，C_{Σ} 的绝对变化量 ΔC_{ad} 也达到最大，显然

$$\Delta C_{ad\max} = \frac{C_{at}(h)}{2} \tag{2-48}$$

由以上可得结论，要使电极具有高的探测能力，应使电极 A、D 在接近目标过程中与目标形成的电容变化量尽量相等。例如，当电极 A、D 与目标等距离接近时，在形状相同的前提下，其表面积设计的应尽量相等，当不等距离接近时（一般 $r_A < r_D$），则电极 D 的表面积应比电极 A 的大些。该结论即为提高其探测能力的电极设计原则。

2.2.2 探测非导体目标时的机理分析

从提高战场目标适应能力的角度来看，电容引信应能对非导体目标实施探测。当

目标为非导体时，对电容探测器极间电容的改变，显然不能用多导体系统的理论来分析。弹目交会时，由于目标 T 为非导体，因此该探测系统仍为两导体系统，如图 2-4 所示。决定两导体间电容大小的主要因素是：① 电极表面积。② 电极间距。③ 电极形状。④ 介质的介电常数 ε_e。

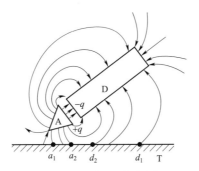

图 2-4　探测机理辅助分析 II

而由图（2-4）可见，弹目交会时上述①、②、③项均未发生改变，唯一发生改变的是电极间部分介质的物质成分，即非导体目标的作用是通过改变电极间的部分介质来改变极间电容的。下面对电容引信遇非导体目标情况下探测器极间电容的改变机理进行理论分析。

1. 静电场内非导体目标的电极化特征

与导体目标不同，在电容探测器所建立电场的作用下，非导体目标不产生明显的传导电流，而是产生电介质极化效应。即该目标体上原来受约束的正负电荷，其统计的平均平衡位置中心必产生微观位移。此位移由作用于电荷上的洛伦兹电场力所致，尽管很小，但位移粒子数量之多，可以导致其周围电场与无目标时发生显著变化。

图 2-4 显示的是由探测器电极所建立的电场（及电力线）示意图，由于电极形状和大小具有弹轴对称性，所以该电场的分布也具有绕弹轴 360° 的轴对称性。无目标时，以弹轴分界的两部分电力线完全对称，遇目标时（假定如图 2-4 所示状态），由于电力线 a_1d_1、a_2d_2 以内的介质发生改变，电场平衡必被打破。为了抓住主要矛盾，凸显目标的作用本质，现将 A、D 两电极以同样的大平板电极代替，且以均匀目标进入均匀电场（将图 2-4 中的电力线拉直并均匀分布）为例对 a_1d_1、a_2d_2 进行分析。

理想化处理后的探测系统分析如图 2-5 所示，图中 $D_i(i=1,2,3)$ 为区域标识符，显然场强 $\bar{E}_i$ 只存在于电极 A、D 之间。由于仅讨论 $x\in(x_1,x_2)$、$y\in(0,y_0)$ 区域，所以在此区域内根据对称性，$\bar{E}$ 与 x、z 无关。为了分析电通量密度 $\bar{D}$、场强 $\bar{E}$ 及电极化强度 $\bar{P}$ 在不同 $D_i(i=1,2,3)$ 区域内的变化，如图 2-5 做一矩形盒高斯闭合面 S 以包含自由电荷 q，令其底面积为 S_b。

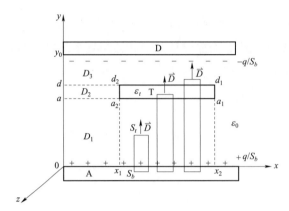

图 2-5　探测机理辅助分析Ⅲ

（1）$\vec{D}$ 通量。

由于电极体内的静态场 $\vec{E}$ 为 0，所以只有密度为常数的 $\vec{D}$ 通量从 S 顶面 S_t 穿出。依据高斯定律

$$\oint_S \vec{D}\mathrm{d}\vec{s} = \int_V \rho_V \mathrm{d}v \qquad (2-49)$$

式中　ρ_V ——单位体积的密度。

令 $\vec{a}_y$ 为 $\vec{D}$ 沿 y 轴分量 $\vec{D}_y$ 的单位矢量，则式（2-49）左端为

$$\oint_S \vec{D}\mathrm{d}\vec{s} = \int_{S_t} (\vec{a}_y D_y)\vec{a}_y \mathrm{d}s = D_y \int_{S_t} \mathrm{d}s = D_y S_b \qquad (2-50)$$

又因为 $\int_V \rho_V \mathrm{d}v = q$，与式（2-50）一同代入式（2-49）可解得 $D_y = q/S_b$

故

$$\vec{D} = \vec{a}_y D_y = \vec{a}_y \frac{q}{S_b} \qquad (2-51)$$

由于非导体的引信目标 T 无论内部还是表面均不存在自由电荷，则式（2-51）在 $D_i (i=1,2,3)$ 区域中均适用，即三域内 $\vec{D}_i$ 通量不变 [如图 2-6（a）所示]。

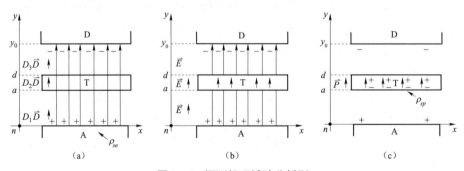

（a）　　　　　　　　　　（b）　　　　　　　　　　（c）

图 2-6　探测机理辅助分析Ⅳ

（a）$\vec{D}$ 通量；（b）$\vec{E}$ 通量；（c）$\vec{P}$ 通量

（2）$\vec{E}$ 通量。

由于 $\vec{E} = \vec{D}/\varepsilon = \vec{a}_y q/(\varepsilon S_b)$，则

$$\vec{E} = \begin{cases} \vec{a}_y \dfrac{q}{\varepsilon_t S_b}, \vec{E} \in D_2 \\[3mm] \vec{a}_y \dfrac{q}{\varepsilon_0 S_b}, \vec{E} \in D_1 \text{ 和 } D_3 \end{cases} \tag{2-52}$$

由于引信目标材料的介电常数 ε_t 必大于空气（环境）介质的介电常数 ε_0，则目标内场强必小于空气中的场强，减少的程度取决于二者的比值［如图 2-6（b）所示］。

（3）$\vec{P}$ 通量。

依据物质中 $\vec{E}$ 的散度表达式

$$\nabla \cdot (\varepsilon_0 \vec{E} + \vec{P}) = \rho_V \tag{2-53}$$

可得 $\vec{D}$、$\vec{E}$、$\vec{P}$ 三者关系为

$$\vec{D} = \varepsilon_0 \vec{E} + \vec{P} \tag{2-54}$$

所以

$$\vec{P} = \vec{D} - \varepsilon_0 \vec{E} \tag{2-55}$$

将式（2-51）、（2-52）代入式（2-55）并整理得

$$\vec{P} = \begin{cases} \vec{a}_y \dfrac{q}{S_b}\left(\dfrac{\varepsilon_t - \varepsilon_0}{\varepsilon_t}\right), \vec{P} \in D_2 \\[3mm] 0, \vec{P} \in D_1 \text{ 和 } D_3 \end{cases} \tag{2-56}$$

若令 ε_{tr} 为目标 T 的相对介电常数，则式（2-56）为

$$\vec{P} = \begin{cases} \vec{a}_y \dfrac{q}{S_b}\left(\dfrac{\varepsilon_{tr} - 1}{\varepsilon_{tr}}\right), \vec{P} \in D_2 \\[3mm] 0, \vec{P} \in D_1 \text{ 和 } D_3 \end{cases} \tag{2-57}$$

$\vec{P}$ 的方向与存在区域如图 2-6（c）所示。

由于目标的 ε_{tr} 必大于 1，则目标中的 $\vec{P}$ 为正 y 方向。又因为探测器工作于准静电场，所以 $\vec{P}$ 仅随时间缓慢变化，它对时间的变化率可以忽略，那么目标体内的极化电流密度

$$\vec{J} = \frac{\partial \vec{P}}{\partial t} \approx 0 \tag{2-58}$$

又由于电极表面上的电荷密度 $\rho_{se} = \pm q/S_b$，而 $\vec{P}$ 在整个目标体中是一恒定矢量且仅有 y 方向分量，那么目标体内极化电荷密度

$$\rho_{vp} = -\mathrm{div}\vec{P} = -\frac{\partial P_y}{\partial y} = 0 \tag{2-59}$$

由于当 $\rho_{vp}=0$ 时，停留在自由空间到介质分界面上的极化面电荷密度等于其 $\bar{P}$ 的法向分量，则目标的极化面电荷密度［如图 2-6（c）所示］。

$$\rho_{sp}=P_y=\frac{q}{S_b}\left(\frac{\varepsilon_{tr}-1}{\varepsilon_{tr}}\right) \tag{2-60}$$

由式（2-56）、（2-57）和（2-60）可见，目标材料的介电常数 ε_t 越大，其体内产生的极化场越强，目标的极化面电荷密度也越大。

2. 从目标体内的 $\bar{E}$、$\bar{P}$ 场看极间电容的改变

弹目交会时，目标进入电容探测器所建立的准静电场内，由于目标材料的介电常数 ε_t 与环境介质的介电常数 ε_0 不同，导致目标体内电场 $\bar{E}$ 及电极化场的特性不同。在此基础上，需探讨该电场及电极化场的出现是怎样改变探测电极间电容的。

（1）从目标体内的 $\bar{E}$ 场看极间电容的改变。

由图 2-6（b）可见：① 当电极 A、D 间无目标 T 存在时，极间内 E 为常数，则 A、D 间的电位差为

$$U_{ad}=\int_0^{y_0}\bar{E}\mathrm{d}l=\int_0^{y_0}\frac{q}{\varepsilon_0 S_b}\mathrm{d}y=\frac{qy_0}{\varepsilon_0 S_b} \tag{2-61}$$

② 当目标 T 出现时，由式（2-52）可得 A、D 间电位差为

$$\begin{aligned}
U'_{ad}&=\int_0^{y_0}\bar{E}\mathrm{d}l\\
&=\int_0^a\frac{q}{\varepsilon_0 S_b}\mathrm{d}y+\int_a^d\frac{q}{\varepsilon_t S_b}\mathrm{d}y+\int_d^{y_0}\frac{q}{\varepsilon_0 S_b}\mathrm{d}y\\
&=\frac{qy_0}{\varepsilon_0 S_b}-\frac{q}{\varepsilon_0 S_b}\frac{\varepsilon_t-\varepsilon_0}{\varepsilon_t}(d-a)\\
&=U_{ad}-\frac{q}{\varepsilon_0 S_b}\frac{\varepsilon_t-\varepsilon_0}{\varepsilon_t}(d-a)
\end{aligned} \tag{2-62}$$

由于 $\varepsilon_t>\varepsilon_0$，则必 $U'_{ad}<U_{ad}$。又因为 $\begin{cases}C_{ad}U_{ad}=Q\\C'_{ad}U'_{ad}=Q\end{cases}$（$Q$ 为电极面上的电荷量），则有目标时电极两端实际电容 C'_{ad} 必大于无目标时的 C_{ad}。极间电容增量

$$\Delta C_{ad}=\left(\frac{U_{ad}}{U'_{ad}}-1\right)C_{ad} \tag{2-63}$$

由式（2-62）可见：① 目标材料的 ε_t 越大，U'_{ad} 越小，引起的极间电容变化量越大。② 目标切割电力线的路程（$d-a$）越长，U'_{ad} 越小，引起的极间电容变化量越大。

（2）从目标体内的 $\bar{P}$ 场看极间电容的改变。

由图 2-6（c）可见，由于目标体内出现的电极化场 $\bar{P}$ 使目标表面产生面密度为 ρ_{sp} 的电极化电荷，这些电极化电荷，归根结底是由于电极表面的部分异性电荷之间的相互吸引所致。由式（2-60）可知，目标材料的相对介电常数 ε_{tr} 越大，其 ρ_{sp} 也越大；

在目标介入电场内的面积相同的条件下，电极表面受束缚电荷越多，电极上的自由电荷减少得越多。又因为电容探测器电极直接与振荡器的输出相连，而振荡器输出端的电位差 U_{ad} 由振荡电路振幅决定。那么，在满足准静电场的频率工作条件下，弹目交会过程中可近似为施加的 U_{ad} 不变，因此，此时振荡器必然通过 U_{ad} 向电极表面补充自由电荷产生传导电流，导致 $\dfrac{\mathrm{d}Q}{\mathrm{d}r}>0$。根据：

$$(C_{ad} + \Delta C_{ad})(U_{ad} + \Delta U_{ad}) = Q + \Delta Q \tag{2-64}$$

式中，电荷增加量 $\Delta Q = \dfrac{\mathrm{d}Q}{\mathrm{d}t}\Delta t$。

由于一般电容引信弹目交会时的 U_{ad} 在不断减少，则 $\Delta U_{ad}<0$，则必有 $\Delta C_{ad}>0$。

综上可知，弹目交会时，非导体目标进入由探测电极建立的静电场内时，目标体必产生电极化场，该电极化场使目标表面的极化电荷与电极表面的部分自由电荷相互束缚，促使振荡器给电极补充自由电荷引起传导电流，从而导致电极间的等效电容增大。

2.2.3　导体与非导体目标探测机理的同一性

由以上分析可知，弹目交会时目标无论是导体还是非导体，介入由电容探测器建立的准静电场内均引起探测电极间等效电容的增大，所不同的是增大程度的差异。那么，促使电极间等效电容增大的内在因素是什么？是目标材料本身的物质特性与探测环境介质特性的差异所致，即目标材料的介电常数与环境介质的介电常数的显著差异所致。这种差异越大引起的极间电容变化量也越大，不同目标体的 ε_{tr} 从大于 1 渐变增大至无穷大，从 ε_{tr} 的量变导致了由非导体向导体转换的质变。这决定了导体与非导体影响极间电容的本质的一致性。下面仍然从目标体内的 $\bar{E}$ 场和 $\bar{P}$ 场来讨论。

1. 从 $\bar{E}$ 场看二者的统一

参见图 2-6（b），当目标 T 进入电极 A、D 间的准静电场时，目标体内的静电场分布依赖于式（2-52）。由于导体目标的介电常数在静电场条件下一般为介质（如空气）的介电常数的上百倍（最少 50 倍，金属目标的介电常数则趋近于无穷大），则由式（2-52）可见，当 $\varepsilon_t = 100$ 时目标体内（D_2 区）的场强是空气介质中（D_1 和 D_3 区）的百分之一，相差两个数量级完全可以忽略。对金属目标 ε_t 趋于 ∞，目标体内 $\bar{E}=0$。再由式（2-62）可求得此时电极 A、D 间电位差为

$$U'_{ad} = \frac{q}{\varepsilon_0 S_b}[y_0 - (d-a)] \tag{2-65}$$

显然，当 d、a 一定时，此时 U'_{ad} 是式（2-62）的最小值。由式（2-63）可见，在相同极间固有结构电容 C_{ad} 条件下，此时极间电容增量 ΔC_{ad} 最大。

2. 从 $\bar{P}$ 场看二者的统一

参见图 2-6（c），由于导体目标体内的场强为 0，由式（2-54）可知，目标体内电极化强度 $\bar{P}$ 与电通量密度 $\bar{D}$ 必然相等。因而当 $\varepsilon_t \to \infty$ 时，由式（2-56）可求得导体目标体内的 $P_y = \dfrac{q}{S_b}$，而导体目标的极化面电荷密度可由式（2-60）求得 $\rho_{sp} = \dfrac{q}{S_b}$。

由式（2-60）可见，ρ_{sp} 达到最大且与电极表面上的电荷密度 ρ_{se} 完全相等。因而也使得该目标所对应的那部分电极表面上的受束缚电荷达到最多，从而要求振荡器输出端通过传导电流向电极表面补充的电荷达到最大，同等条件下使极间电容变化量 ΔC_{ad} 达到最大。从多导体系统来分析，导体目标表面上的所有极化电荷恰恰是多导体电荷方程表达式（2-28）中的 q_i（i 为导体目标 T 的序号），即目标本身携带的电荷。

从以上两方面分析可得结论：① 尽管导体目标与非导体目标的物质特性不同，但当它们进入电容探测器所建立的准静电场时，对静电场扰动引起极间等效电容改变机理的本质是相同的。② 目标进入探测器所建立的准静电场内必使得极间等效电容增大。同样条件下，电容增大的程度随目标材料介电常数的增大而增大。③ 导体目标（尤其是理想导体目标，如金属）是非导体目标 ε_t 趋于 ∞ 时的极限状态，其对探测器静电场的扰动程度及对极间等效电容的影响也最大。

上面对于非导体目标的分析尽管是在静电场场强线性分布且目标表面垂直于电力线介入的假设下进行的，但这并不影响对基本探测机理的分析。实际电容引信探测场强分布的非线性特征、目标形状的不规则性和介入电场位置的任意性，只改变对极间等效电容的影响程度，不改变其影响的性质。需要指出的是，在电容引信探测实际中，引起极间等效电容增加的因素，不仅取决于目标材料的介电常数、目标对电力线的截割长度、目标介入静电场的表面积、目标表面法线与电力线切线夹角等参量，还取决于目标介入探测器所形成静电场的具体部位。

本 章 小 结

本章依据电磁场基本理论及电容近炸引信的实际情况，探讨了该体制引信探测目标的工作机理。通过分析电容探测器的工作场区，得出了电容引信工作于准静态场内的结论。根据静电场工作条件，讨论了包含弹长、引信作用距离等参量在内的电容探测器满足准静电场的频率工作条件。根据引信目标材料介电常数的不同，依次对导体和非导体目标分别从多导体系统的电容关系分析及介入静电场的非导体目标体内的静电场场强及电极化场的特征分析，探讨了它们对探测器极间等效电容的影响规律，从而使电容引信对两类目标的探测机理得到了统一解释。在讨论了反映电容引信目标信号的几个基本特征量（如极间电容变化量、电容相对变化量、电容变化速率）的基础上探讨了提高电容探测能力的电极设计原则。

第 3 章　电容探测方程与探测特性

目标探测过程是探测器、目标与探测环境组成的有机探测系统间的相互作用、影响及反映的过程。本章中电容近炸引信目标探测方程的建立将从系统的角度出发，注重从探测器、目标及探测环境三方面入手，在寻求和探讨它们各自主要参量间的相互关系的基础上开展研究，实施建模。在第 2 章中讨论了电容探测器目标探测机理的本质是感受目标对探测器所建立的准静电场的扰动——即感受目标对探测器极间等效电容改变的影响程度。本章的建模将紧紧围绕极间电容绝对变化量及相对变化量这两个反映遇目标特征的状态参量。另外，根据引信所探测目标的多样性，本章建模首先从探测导体目标入手，然后探讨导体与非导体目标的物理参量转换关系，最终建立一个对导体和非导体目标均适用的通用性探测方程。

导论中阐述了多个前人建立的关于电容引信电容变化量及炸高的理论和经验模型，这些模型本质上都是一个独立简明的探测方程。因为这些模型的建立大都以某种具体引信应用为背景，所以针对性较强。若从整个电容引信探测系统来看，则具有较大的片面性。它们有的突出反映目标特征，有的突出反映探测器主要性能参量的作用，有的突出反映弹体的主要性能参量，有的注重体现探测器与弹目交会弹道的主要参量，有的由于基本假设与实际距离较远其适用范围有较大的局限性。为了借鉴前人理论建模的经验和消除其不足，克服片面性，本章将结合一般电容近炸引信的基本结构特征，在探测器、目标及探测环境三方面均突出反映其主要性能参量，忽略一般参量，以使所建立的探测方程具有通用性，以利揭示事物的主要矛盾。

3.1　建模前提及基本假设

3.1.1　有关探测器的前提及假设

（1）探测器的工作频率满足准静电场的工作条件。

（2）引信稳定工作后，探测器的两探测电极 A、D 表面所带自由电荷等量异号。

（3）一般配用电容引信，弹径 D_b 与炸高 h 的关系满足 $D_b \ll h$，且电极 A 的长度 $l_a \ll h$，为便于建模，在利用镜像原理进行建模时可视：① 引信前端的探测电极 A 上

的自由电荷 Q 全部集中于 A 的几何中心点 P_a。② 由于弹体表面的轴对称性，视弹体上所带的自由电荷全部沿弹轴非线性分布（弹体上的电荷分布规律将在 3.3.1 节中讨论）。③ 弹体的表面电阻可忽略。

（4）对沿弹轴非线性分布的电荷，可利用等效偶极矩不变的方法在弹轴上找到一等效电荷集中点 P_d，所以定义 P_a、P_d 两点间的距离为探测电极 A、D 间的等效间距 d_e。

3.1.2　有关目标的前提及假设

（1）弹目交会时，介入探测器所建立的准静电场内的目标体具有均质性，即该目标体中任意一点处的介电常数 ε_t 恒定。

（2）目标尺寸远大于探测电极（弹长）的尺寸。

（3）若定义目标体面对探测器的表面为目标探测面，则设定在引信作用距离范围内的目标探测面为平面。

3.1.3　有关探测环境及弹目相关参量的前提及假设

（1）假定弹目交会时探测器所建立的准静电场区内的弹目间介质均匀分布。

（2）弹目交会时，在电容引信作用距离内，弹目交会姿态保持不变，即弹轴与目标探测面的夹角（含落角）θ 为常量。

（3）定义瞬时弹目距离 r 为电极 A 的几何中心点 P_a 到目标探测面的垂直距离。

（4）定义炸高 h 为满足引爆条件时所对应的弹目距离 r。

3.2　探测方程建模

对于探测器极间电容的影响而言，导体与非导体目标的主要差异在于二者的介电常数不同。下面首先从易于进行镜像处理的导体目标入手，然后寻求二者介电常数间的转换关系，实现模型的统一。

3.2.1　探测导体目标时的建模

基于图 2-3 所示原理的电容探测器，由于满足准静电场的工作条件，可借用静电场的理论建模方法。现假定探测电极 A 上所带电荷 Q_a 为正电荷，则电极 D 上所带电荷 Q_d 为负电荷且与 Q_a 等值。令电极 A 的电荷为 Q，当尺寸远大于探测器的平面导体目标进入探测器所建立的准静电场时，可依据 3.1 节中的前提与假设，按照镜像法原理画出弹目交会时该探测系统的等效电荷分布图，如图 3-1 所示。其中 P_a'、P_d' 分别为 P_a、P_d 的镜像点。

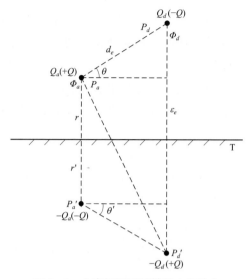

图 3-1　电容探测系统等效电荷分布

遇目标前探测器的极间固有结构电容 C_{ad} 可用在线频率测试法准确测量后换算出（具体换算方法将在 3.4 节讨论）。令振荡器输出施加于两探测电极间的电位差为 U_{ad}，则有

$$U_{ad} = Q / C_{ad} \tag{3-1}$$

令图 3-1 中探测器两电极 A、D 的电位分别为 Φ_a、Φ_d，则有

（1）无目标时。

$$U_{ad} = \Phi_a - \Phi_d \tag{3-2}$$

（2）目标出现时。

在 r 瞬时，依据镜像定律有

$$\begin{cases} r = r' \\ \theta = \theta' \\ -Q_a = -Q \\ -Q_d = +Q \end{cases} \tag{3-3}$$

那么，依据电位叠加原理可得电极 A 上的等效电位为

$$\begin{aligned}
\phi_a &= \Phi_a + \frac{Q}{4\pi\varepsilon_e \sqrt{(d_e\cos\theta)^2 + (2r + d_e\sin\theta)^2}} - \frac{Q}{4\pi\varepsilon_e \cdot 2r} \\
&= \Phi_a - \frac{Q}{4\pi\varepsilon_e}\left(\frac{1}{2r} - \frac{1}{\sqrt{4r^2 + d_e^2 + 4rd_e\sin\theta}} \right)
\end{aligned} \tag{3-4}$$

电极 D 上的等效电位为

$$\phi_d = \Phi_d + \frac{Q}{4\pi\varepsilon_e \cdot 2(r + d_e\sin\theta)} - \frac{Q}{4\pi\varepsilon_e\sqrt{(d_e\cos\theta)^2 + (2r + d_e\sin\theta)^2}}$$

$$= \Phi_d + \frac{Q}{4\pi\varepsilon_e}\left[\frac{1}{2(r + d_e\sin\theta)} - \frac{1}{\sqrt{4r^2 + d_e^2 + 4rd_e\sin\theta}}\right] \tag{3-5}$$

此时，电极 A、D 间的瞬时电位差可由式（3-4）、（3-5）推得

$$u_{ad} = \phi_a - \phi_d = \Phi_a - \Phi_d + \frac{Q}{4\pi\varepsilon_e}\left[\frac{2}{\sqrt{4r^2 + d_e^2 + 4rd_e\sin\theta}} - \frac{1}{2}\left(\frac{1}{r} + \frac{1}{r + d_e\sin\theta}\right)\right]$$

$$\tag{3-6}$$

将式（3-6）与式（3-2）联立可得此时电极两端的电压变化量为

$$\Delta U_{ad} = u_{ad} - U_{ad} = \frac{Q}{4\pi\varepsilon_e}\left[\frac{2}{\sqrt{4r^2 + d_e^2 + 4rd_e\sin\theta}} - \frac{1}{2}\left(\frac{1}{r} + \frac{1}{r + d_e\sin\theta}\right)\right] \tag{3-7}$$

将式（3-7）与式（3-1）联立可得两电极间电压相对变化量为

$$\frac{\Delta U_{ad}}{U_{ad}} = \frac{C_{ad}}{4\pi\varepsilon_e}\left[\frac{2}{\sqrt{4r^2 + d_e^2 + 4rd_e\sin\theta}} - \frac{1}{2}\left(\frac{1}{r} + \frac{1}{r + d_e\sin\theta}\right)\right] \tag{3-8}$$

对于电容引信目标探测，表征目标信息的主要状态参量是极间电容变化量 ΔC_{ad} 及极间电容相对变化量 $\Delta C_{ad}/C_{ad}$。为探讨极间电容相对变化量与电压相对变化量的关系，现假定探测器两电极为一孤立电容器，即它带上电荷后电荷量不发生改变（$\Delta Q = 0$）。极间固有结构电容及电容变化量取决于探测器电极结构、尺寸，弹目交会几何状态，弹目距离、目标尺寸及其介电常数，环境介质的介电常数等因素，与所带电荷多少、施加电压大小均无关。因此，只要严格按照这一假设寻求极间电容相对变化量与电压相对变化量的关系，那么不论这一假设正确与否，所得出的电容相对变化量的结果便是反映该探测系统客观实际的。由于

$$(C_{ad} + \Delta C_{ad}) \cdot (U_{ad} + \Delta U_{ad}) = Q + \Delta Q \tag{3-9}$$

展开式（3-9）并与式（3-1）联立消去 Q 得

$$\Delta C_{ad}U_{ad} + \Delta U_{ad}C_{ad} + \Delta C_{ad}\Delta U_{ad} = \Delta Q \tag{3-10}$$

将 $\Delta Q = 0$ 代入式（3-10），并忽略高阶差分量 $\Delta C_{ad}\Delta U_{ad}$ 解得

$$\frac{\Delta C_{ad}}{C_{ad}} = -\frac{\Delta U_{ad}}{U_{ad}} \tag{3-11}$$

由于 $\dfrac{\Delta U_{ad}}{U_{ad}}$ 表达式［式（3-8）］正是在电极所带电荷量 Q 不变（$\Delta Q = 0$）的前提下运用镜像法原理推导出来的，因此将式（3-8）代入式（3-11）并整理得

$$\frac{\Delta C_{ad}}{C_{ad}} = \frac{C_{ad}}{8\pi\varepsilon_e}\left(\frac{1}{r} + \frac{1}{r + d_e\sin\theta} - \frac{2}{\sqrt{r^2 + (d_e/2)^2 + rd_e\sin\theta}}\right) \quad (3-12)$$

或

$$\Delta C_{ad} = \frac{C_{ad}^2}{8\pi\varepsilon_e}\left(\frac{1}{r} + \frac{1}{r + d_e\sin\theta} - \frac{2}{\sqrt{r^2 + (d_e/2)^2 + rd_e\sin\theta}}\right) \quad (3-13)$$

式（3-12）、（3-13）分别为电容探测器遇导体目标时极间电容相对变化量及极间电容变化量的表达式，它们即为电容引信对导体目标的探测方程。

3.2.2　非导体与导体目标的镜像电荷转换关系

为使所建立的目标探测方程能涵盖非导体目标，现在讨论运用镜像法原理建模时非导体与导体目标的镜像电荷转换关系。图 3-2 为非导体与导体目标的镜像电荷转换关系分析图。根据镜像原理，目标存在时，若求 $y>0$ 域内任意一点电位，需在 P_a 的对称点 P_a' 处增设 Q 的镜像电荷 Q' 以代表分界面上极化电荷的作用，且整个空间介质的介电常数按 ε_e 对待。同理，若求 $y<0$ 域内任意一点电位，除考虑 Q 外，还应在 P_a 处增设 Q' 的镜像电荷，整个空间介质的介电常数按 ε_t 对待。

现以引信电极 A 上所带电荷 Q 对非导体目标 T 的镜像转换为例进行分析。如图 3-2（a），建立直角坐标系将探测电极 A 的几何中心点置于 $P_a(0,r,0)$，则其镜像点为 $P_a'(0,-r,0)$。分别令 $P_e(x,y,z)$ 为 $y \geqslant 0$ 区域内的任意场点，$P_t(x,y,z)$ 为 $y \leqslant 0$ 区域内的任意场点，令 Q' 为电极 A 所带电荷 Q 的镜像电荷，令 Q'' 代表

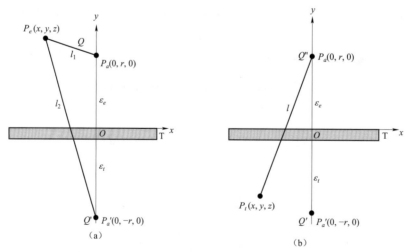

图 3-2　非导体与导体目标的镜像电荷转换关系分析

（a）非导体目标；（b）导体目标

Q 与目标和环境介质分界面上极化电荷共同作用的等效电荷（Q' 与 Q 的叠加值）。由于在两种电介质间不带电的界面上电通量密度的法向分量和场强的切向分量均具有连续性，则可得在目标与环境介质分界面（$y=0$）上的边界条件为：① 电通量密度的 y 向分量相等。② 电位 U 相等，亦即有

$$U_e(x,O,z)=U_t(x,O,z) \tag{3-14}$$

$$\varepsilon_e \frac{\partial U_e}{\partial y}|_{y=0}=\varepsilon_t \frac{\partial U_t}{\partial y}|_{y=0} \tag{3-15}$$

由图 3-2（a）、（b）分别得到每一区域中任意一点 P_e、P_t 的电位表达式为

$$U_e(x,y,z)=\frac{1}{4\pi\varepsilon_e}\left(\frac{Q}{l_1}+\frac{Q'}{l_2}\right), \quad y\geqslant 0 \tag{3-16}$$

$$U_t(x,y,z)=\frac{1}{4\pi\varepsilon_t}\frac{Q''}{l}, \quad y\leqslant 0 \tag{3-17}$$

式中
$$\begin{cases} l_1=\sqrt{x^2+(y-r)^2+z^2}, l_2=\sqrt{x^2+(y+r)^2+z^2}, \quad y\geqslant 0 \\ l=\sqrt{x^2+(y-r)^2+z^2}, \quad y\leqslant 0 \end{cases}$$

将式（3-16）、（3-17）以 $y=0$ 处理后与式（3-14）联立可解得

$$\varepsilon_t(Q+Q')=\varepsilon_e Q'' \tag{3-18}$$

分别由式（3-16）、（3-17）可得

$$\frac{\partial U_e}{\partial y}=-\frac{1}{4\pi\varepsilon_e}\left[\frac{(y-r)Q}{l_1^{5/2}}+\frac{(y+r)Q'}{l_2^{5/2}}\right] \tag{3-19}$$

$$\frac{\partial U_t}{\partial y}=-\frac{(y-r)Q''}{4\pi\varepsilon_t l^{5/2}} \tag{3-20}$$

将式（3-18）、（3-19）以 $y=0$ 处理后与式（3-15）联立可解得

$$Q-Q'=Q'' \tag{3-21}$$

将式（3-21）与式（3-18）联立最后解得

$$Q'=-\frac{\varepsilon_t-\varepsilon_e}{\varepsilon_t+\varepsilon_e}Q \tag{3-22}$$

令 $k_\varepsilon=\dfrac{\varepsilon_t-\varepsilon_e}{\varepsilon_t+\varepsilon_e}$，则

$$Q'=f(Q)=-k_\varepsilon Q \tag{3-23}$$

式中　k_ε——非导体目标的镜像电荷转换系数，显然 $k_\varepsilon<1$。

由式（3-23）可见，对于导体目标，取 ε_t 为 ∞，则 $k_\varepsilon=1$ 有 $Q'=-Q$ 完全符合镜像定律，并与图 3-1 的镜像电荷相吻合。由此可得结论：对非导体目标进行镜像法处理时，方法可与导体目标完全相同，只是镜像点的等效电荷变为导体目标时的 k_ε 倍，即为源电荷的 $-k_\varepsilon$ 倍。

3.2.3 通用电容目标探测方程的建立

依据上节讨论结果式（3−23），当电容引信探测非导体目标时，图 3−1 中的等效镜像电荷只需依次将 P'_a 点的"$-Q$"变为"$-k_\varepsilon Q$"；P'_d 点的"$+Q$"变为"$+k_\varepsilon Q$"即可。又由于在建立导体目标探测方程过程中，其 ΔU_{ad} 表达式［式（3−7）］仅直接涉及两探测电极的镜像电荷，而未直接涉及两电极所带的源电荷。因此，在推导非导体目标的 ΔU_{ad} 表达式时，只需将式（3−7）中的 Q 用 $k_\varepsilon Q$ 取代。

因此，由式（3−7）可得到

$$\Delta U_{ad} = \frac{Q}{4\pi\varepsilon_e} \frac{\varepsilon_t - \varepsilon_e}{\varepsilon_t + \varepsilon_e} \left[\frac{2}{\sqrt{4r^2 + d_e^2 + 4rd_e \sin\theta}} - \frac{1}{2}\left(\frac{1}{r} + \frac{1}{r + d_e \sin\theta} \right) \right] \quad (3-24)$$

那么，由式（3−8）得到

$$\frac{\Delta U_{ad}}{U_{ad}} = \frac{C_{ad}}{4\pi\varepsilon_e} \frac{\varepsilon_t - \varepsilon_e}{\varepsilon_t + \varepsilon_e} \left[\frac{2}{\sqrt{4r^2 + d_e^2 + 4rd_e \sin\theta}} - \frac{1}{2}\left(\frac{1}{r} + \frac{1}{r + d_e \sin\theta} \right) \right] \quad (3-25)$$

同理，相应的式（3−12）、（3−13）分别变为

$$\frac{\Delta C_{ad}}{C_{ad}} = \frac{C_{ad}}{8\pi\varepsilon_e} \frac{\varepsilon_t - \varepsilon_e}{\varepsilon_t + \varepsilon_e} \left[\frac{1}{r} + \frac{1}{r + d_e \sin\theta} - \frac{2}{\sqrt{r^2 + (d_e/2)^2 + rd_e \sin\theta}} \right] \quad (3-26)$$

$$\Delta C_{ad} = \frac{C_{ad}^2}{8\pi\varepsilon_e} \frac{\varepsilon_t - \varepsilon_e}{\varepsilon_t + \varepsilon_e} \left[\frac{1}{r} + \frac{1}{r + d_e \sin\theta} - \frac{2}{\sqrt{r^2 + (d_e/2)^2 + rd_e \sin\theta}} \right] \quad (3-27)$$

式（3−26）的极间电容相对变化量及式（3−27）的极间电容变化量即为电容引信探测非导体目标时的目标探测方程。显然由上两式可见，随目标材料 ε_t 的不同，ΔC_{ad} 及 $\Delta C_{ad}/C_{ad}$ 均不同。又由于当 ε_t 变至 ∞ 时（材料变为理想导体），式（3−26）、（3−27）分别与式（3−12）、（3−13）无异。因而式（3−26）、（3−27）则为所建立的对导体目标和非导体目标均适宜的通用目标探测方程。

3.3 弹体电荷分布规律及极间等效间距 d_e 的确定

目标探测方程的物理意义在于揭示了以目标探测为目的的探测系统主要参量之间的相互依赖关系。若应用探测方程式（3−26）、（3−27）进行目标作用距离的参量分析时，毫无疑问，式中 r 应做主变量处理。对于其他的参变量而言，ε_e、ε_t 两个介电常数当探测环境介质及目标材料确定后可知，θ 直接取决于弹目交会时的终点弹道。由式（3−26）、（3−27）可见，式中仅有探测器极间等效间距 d_e 及极间固有结构电容 C_{ad} 不能直接确定。而对于一个电容探测器一旦两探测电极的尺寸、形状、位置及介质材料确定后，d_e 必唯一。下面首先讨论极间等效间距 d_e 的确定方法。

3.3.1　电容探测器中弹体电荷分布规律

要合理确定极间等效间距 d_e，首先要弄清探测器遇目标前弹体自由电荷的分布规律。依据 3.1.1 节（3）的建模前提及假设，由于忽略弹体的表面电阻，因此原假定可看作沿弹轴非线性分布的自由电荷必呈连续分布状态。但为便于找出分布规律，且使 d_e 易于确定，采用连续电荷的离散分析方法。图 3-3 中沿弹轴等距离截取（$n-1$）段，从弹体前端开始每段端点为一集中等效电荷点（共 n 个），那么，当 n 取得足够大时，这些离散点所表征的电荷分布规律将与真实情况逼近。对于工程应用而言，既然从一般电容引信弹径与炸高的比例考虑，可以简化至忽略弹径，那么对于弹径 $D_b \ll h$ 的一般情况，只要将每一段的长度选得不大于弹径即可。

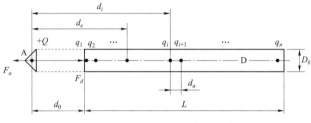

图 3-3　弹体电荷离散分布模拟

1. 电荷分布动态平衡方程组的建立

如图 3-3，令自电极 A 几何中心至弹体 D 前端的距离为 d_0，两相邻等效集中等效离散电荷点间距为 d_a，则 $d_a = L/(n-1)$。令电极 A 所带电荷仍为 $+Q$，任一集中等效离散电荷点所带电荷为 $q_i (i=1,2,\cdots,n)$，分别令电极 A 为克服电荷 Q 的溢出功而作用于 Q 上的束缚力为 F_a（方向如图 3-3 所示），弹体为克服前端电荷 q_1 的溢出功而作用于 q_1 上的束缚力为 F_d。从宏观上讲，弹体 D 与电极 A 所带电荷异号，为克服弹体末端上的电荷 q_n 的溢出功而作用于 q_n 上的束缚力较 F_a、F_d 可忽略。那么分别以 $q_i (i=1,2,\cdots,n)$ 为对象，依据库仑定律可列出一组（n 个）力平衡方程：

$$\begin{cases} \dfrac{q_1 Q}{4\pi\varepsilon_e d_0^2} - \sum_{i=2}^{n} \dfrac{q_1 q_i}{4\pi\varepsilon_e [d_a(i-1)]^2} + F_d = 0 & (1) \\[3mm] \dfrac{q_2 Q}{4\pi\varepsilon_e (d_0+d_a)^2} + \dfrac{q_2 q_1}{4\pi\varepsilon_e d_a^{\,2}} - \sum_{i=3}^{n} \dfrac{q_2 q_i}{4\pi\varepsilon_e [d_a(i-2)]^2} = 0 & (2) \\[2mm] \qquad\qquad\qquad\qquad \vdots \\[2mm] \dfrac{q_i Q}{4\pi\varepsilon_e [d_0+d_a(j-1)]^2} + \sum_{i=1}^{j-1} \dfrac{q_j q_i}{4\pi\varepsilon_e [d_a(j-i)]^2} - \sum_{i=j+1}^{n} \dfrac{q_j q_i}{4\pi\varepsilon_e [d_a(i-j)]^2} = 0 & (j) \\[2mm] \qquad\qquad\qquad\qquad \vdots \\[2mm] \dfrac{q_n Q}{4\pi\varepsilon_e (d_0+L)^2} + \sum_{i=1}^{n-1} \dfrac{q_n q_i}{4\pi\varepsilon_e [d_a(n-i)]^2} = 0 & (n) \end{cases}$$

$$(3-28)$$

以 Q 为对象另有

$$\sum_{i=1}^{n} \frac{Qq_i}{4\pi\varepsilon_e[d_0+d_a(i-1)]^2} + F_a = 0 \qquad (3-29)$$

由两探测电极所带总电荷等量异号有

$$\sum_{i=1}^{n} q_i = -Q \qquad (3-30)$$

为简化方程，分别令

$$F_d = \frac{q_1 q_d}{4\pi\varepsilon_e d_0^2} ; F_a = \frac{Q q_a}{4\pi\varepsilon_e d_0^2}$$

式中　　q_d、q_a——对应于 F_d、F_a 的等效附加束缚电荷。

将 F_d、F_a 分别代入式（3−28）、（3−29），那么整理式（3−28）、（3−29）和（3−30）并进一步简化有

$$\begin{cases} \sum_{i=2}^{n} \frac{q_i}{[d_a(i-1)]^2} - \frac{q_d}{d_0^2} = \frac{Q}{d_0^2} & (1) \\ \sum_{i=1,i\neq j}^{n} \mathrm{Sgn}(j-i) \frac{q_i}{[d_a(j-i)]^2} = \frac{-Q}{[d_0+d_a(j-1)]^2}\Big|_{j=2\sim n} & (2\sim n) \\ \sum_{i=1}^{n} \frac{q_i}{[d_0+d_a(i-1)]^2} + \frac{q_a}{d_0^2} = 0 & (n+1) \\ \sum_{i=1}^{n} q_i = -Q & (n+2) \end{cases} \qquad (3-31)$$

式中　　$d_a = L/(n-1)$。

式（3−31）则为揭示弹体上电荷分布规律的电荷动态平衡方程组，它制约和支配着弹上电荷的有序分布。因为该方程组中所含变量 $q_i(i=1,2,\cdots,n)$、q_d、q_a 均为一阶变量，所以它是一个非齐次的多元一次线性方程组。又因为当 n 确定之后，它共含（$n+2$）变量，且有（$n+2$）个方程，所以该方程组可解。

2. 离散电荷点数 n 的确定

图 3−3 中，在弹径 $D_b \ll h$ 的条件下，取 $n_{\min}-1 \approx L/D_b$，则可选

$$n_{\min} = \mathrm{INT}(L/D_b) + 1 \qquad (3-32)$$

3. 结果及分析

为突出弹体电荷基本分布规律的本质特征，采用相对量分析法，即可令图 3−3 中主要参量 L、Q 为单位弹长和单位电荷，选 $D_b = L/10$，则由式（3−32）得 $n=11$，由式（3−31）得 $d_a = L/10$。分别按：

（1）$d_0/L = 0.1$。

（2）$d_0/L = 0.5$。

（3）$d_0/L = 1$。

（4）$d_0 / L = 10$。

四种情况解电荷动态平衡方程组式（3-31）可分别得到四组不同的等效离散电荷 $q_i (i = 1 \sim 11)$（见表 3-1）。平滑连接这四组 q_i 值可分别绘出各自条件下的弹体电荷分布曲线。因为令总电荷 Q 为单位电荷，所以解出的 q_i 值实际上是 q_i 与总电荷 Q 的比值。又因为所得结果 $q_i (i = 1 \sim 11)$ 均小于 0（q_i 与 Q 异号），所以为便于分析研究，将曲线纵坐标取为 $(-q_i / Q) \times 100\%$（如图 3-4 所示）。

表 3-1　不同 d_0/L 的弹体等效离散电荷

i \ d_0/L	0.1	0.5	1	10
1	−0.258 830 5	−0.193 731 8	−0.141 210 7	−0.096 524 8
2	−0.201 977 6	−0.165 612 7	−0.127 124 4	−0.093 486 7
3	−0.145 736 2	−0.140 745 4	−0.115 402 3	−0.091 031 4
4	−0.113 066 7	−0.113 341 4	−0.104 088 2	−0.089 553 2
5	−0.077 869 4	−0.092 377 4	−0.093 575 9	−0.089 508 4
6	−0.055 122 5	−0.071 554 3	−0.085 032 4	−0.089 474 3
7	−0.041 016 6	−0.056 587 3	−0.075 168 6	−0.089 468 5
8	−0.029 712 2	−0.044 458 9	−0.067 297 8	−0.089 446 8
9	−0.022 783 4	−0.038 268 2	−0.062 210 9	−0.089 501 1
10	−0.021 863 8	−0.037 310 3	−0.061 520 2	−0.089 991 5
11	−0.032 021 2	−0.046 012 4	−0.067 368 5	−0.092 013 2

由图 3-4 可见，按照电荷动态平衡方程组式（3-31）所解结果及依此绘出的弹体电荷分布曲线具有以下几点规律性特征。

（1）弹体上各离散点的电荷 q_i 均与电极 A 上所带电荷 Q 异号，反映了弹上电荷极性宏观与微观的统一 [见式（3-30）]。

（2）无论 d_0 / L 属于哪种情况，弹体电荷自靠近电极 A 的一端至弹体尾部递减。弹末端稍有增加。

（3）由于 d_0 / L 值的不同，弹体电荷分布的衰减率不同。d_0 / L 值越小衰减率越大。亦

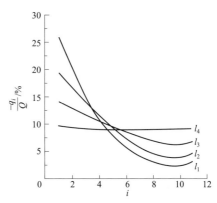

图 3-4　不同 d_0/L 时的弹体电荷分布曲线

注：$l_1 : d_0/L = 0.1$；$l_2 : d_0/L = 0.5$；
　　$l_3 : d_0/L = 1$；$l_4 : d_0/L = 10$

即电极 A（如图 3-3 所示）越靠近弹体首端，弹体首端的电荷密集度越高。

（4）当 $d_0 / L = 0.1$，即 $d_0 \approx D_b$ 时，弹体上绝大部分电荷集中于弹的首端和前半段；而当 $d_0 / L = 10$，即 $d_0 \gg L$ 时，弹上电荷从头至尾几乎呈均匀分布状。

（5）作为按照单位电荷 Q 求解的一阶线性方程组，弹上电荷的分布比例关系仅与 d_0 / L 有关，而与弹体所带总电荷 Q 的多少无关。

对于以上几点特征可从并联电容器的特性来分析。图 3-5 中，将弹体分成 n 段。由于弹体表面及体内电阻可忽略，则可将电极 A 与弹体 D 间的电容 C_{ad} 看作电极 A 与每一小段弹体电容的集合，即

$$C_{ad} = \lim_{n \to \infty} \sum_{i=1}^{n} C_i \qquad (3-33)$$

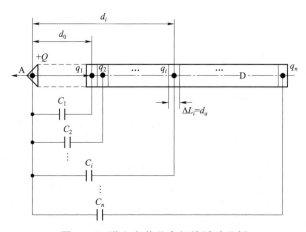

图 3-5　弹上电荷分布规律辅助分析

为易于分析弹体电荷分布规律，现仍取每段长度 $\Delta L_i = d_a \approx D_b$，则

$$C_{ad} \approx \sum_{i=1}^{n} C_i \qquad (3-34)$$

式中　C_i——以电荷 $q_i (q_i < 0)$ 在弹体 D_i 段表面上均匀分布时与电极 A 形成的"互部分电容"。

由于电极 A 与弹体 D 之间的电压 U_{ad} 一定，则电极 A 与每段弹体之间的电位差 $U_{ai} = U_{ad}$。又因为每段弹体表面积相等，而 C_i 随其表面积的增大而增大，且随该段弹体到电极 A 的距离 d_i 的增大而减小，那么，C_i 必随 i 的增大而减小。根据 $C_i U_{ai} = q_i$，故可得 q_i 必随 i 的增大而减小的结论。这充分说明了特征（2）的可信性。

又由于 A 与 D_i 组成的电容器不属于大型平板电容器，所以 q_i 随 d_i 的增大而减小的规律是非线性的。同时由式（3-31）看出：

（1）当 $d_0 \gg L$ 时，整个弹长上相临等效离散电荷点的间距 d_a 的差别几乎可以完全

忽略，导致弹体电荷基本上呈均匀分布状，从而使图 3-4 中的 l_4 曲线趋于平直。

（2）当 $d_0 \ll L$，即 $d_0/L = 0.1$ 时，电极 A 离弹体 D 很近。那么，d_i 影响的程度与其远近的平方成反比。因而导致弹体的大部分电荷向弹首及前半段聚集，从而使得图 3-4 中 l_1 曲线呈急剧衰减状态。这也进一步说明了特征（3）、（4）的正确性。

由图 3-3 可知，弹长长度的有限性以及弹上电荷的同极性，对于弹尾点电荷 q_n 而言，它的右端再无同极性离散电荷，与它左面的电荷 q_{n-1} 相比相当于少了一项来自右侧的排斥力〔由式（3-28）中的（1）～（j）、$j < n$，也可看出〕，因而使得弹尾所带电荷比它的左侧稍有增大的趋势。这导致了图 3-4 中曲线 $l_1 \sim l_4$ 均出现末端上爬现象。由于本节计算结果是在忽略弹尾点电荷 q_n 所受结构束缚力的情况下进行的，而从电荷泄漏的边缘效应来考虑，对于一个实际弹体，其弹尾分布的电荷比例可能会略高于本节的计算结果。

3.3.2　极间等效间距 d_e 的确定方法

在探讨了电容引信弹体电荷分布规律的基础上，为使电容目标探测方程式（3-26）、（3-27）具有工程实用价值，重要的是如何根据电容探测器的具体参量确定弹体总集中等效电荷点的位置。换言之，如何确定探测器极间等效间距 d_e。图 3-4 中，d_0/L 的四种不同情况，由于电容引信及其配用弹体的实际结构所限，$d_0/L = 1$ 和 10 的情况均不太可能出现，$d_0/L = 0.5$ 的情况也很少见，最具代表性的是 $d_0/L = 0.1$ 的情况或在其附近的情况。很少一部分介于 $d_0/L = 0.2 \sim 0.5$。即使达到 $d_0/L = 0.5$，从其曲线的斜率来看，弹体电荷主要集中在弹体的前半段，因而其总集中等效电荷点的位置必位于弹体的前半段之内。而因为一般电容引信感受目标时的探测距离 r_0 不小于一倍弹长，对于弹体电荷占主导部分的 q_i 必有 $(d_i/r)^3 \ll 1$，同时 $(d_e/r)^3 \ll 1$ 必然成立，所以可用等效偶极矩变换法，即将电极 A 上的电荷 Q 按照不同的 $|q_i|$ 分解为 n 个部分，每一部分分别与 q_i 对应组成一个电偶极子并产生一个小电偶极矩，弹体总等效电荷 Q_Σ 与电极 A 上电荷 Q 产生的电偶极矩应是这些小电偶极矩的叠加值。由于 $q_i < 0$，且每一小偶极矩矢量的方向相同，所以有

$$Q_\Sigma d_e = \sum_{i=1}^{n} q_i d_i \qquad (3-35)$$

将 $Q_\Sigma = -Q$ 代入式（3-35）则有

$$d_e = -\frac{1}{Q} \sum_{i=1}^{n} q_i d_i \qquad (3-36)$$

式（3-36）为确定电容探测器极间等效间距 d_e 的计算式。

对于工程应用而言，式（3-36）存在两方面缺点：① 需首先求解式（3-31）的

电荷动态平衡方程组，计算较繁。② d_e 与 L 的关系虽隐含于其中但不清晰明了。为便于工程应用，明了简洁地突出 d_e 与 L 的几何关系，应对式（3-36）进行合理简化。

参见图 3-6，将 $Q=1$ 及表 3-1 中第 1、2 列的 q_i 值分别代入式（3-36）可解得

（1）$d_0/L = 0.1$ 时，$d_e = 0.357\,32L$。

（2）$d_0/L = 0.5$ 时，$d_e = 0.826\,77L$。

说明：由于用单位弹长，则所求出的 d_e 为弹长 L 的倍数。

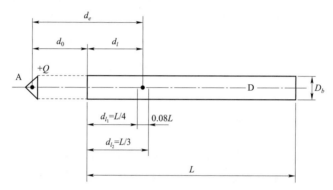

图 3-6　确定 d_e 的差值法分析

设 d_l 为弹体总集中等效电荷点距弹金属体首端之距，那么有

$$d_l = d_e - d_0 \tag{3-37}$$

将式（3-37）与式（3-36）联立，显然有

（1）$d_0/L = 0.1$ 时，$d_l = 0.257\,32L \approx L/4$（令其为 d_{l_1}）。

（2）$d_0/L = 0.5$ 时，$d_l = 0.326\,77L \approx L/3$（令其为 d_{l_2}）。

即

$$d_{l_2} - d_{l_1} = \frac{L}{3} - \frac{L}{4} = 0.08L \ll L$$

由于当 d_0/L 在 0.1～0.5 这个基本可覆盖大多数电容探测器几何特征的范围内变化时，其弹体总集中等效电荷点的变化在 $0.08L$ 的范围内，因此在 d_{l_1}、d_{l_2} 间采用插值法求解 d_e 可以满足在分析探测方程式（3-26）、（3-27）中 d_e 与 r 关系时对 d_e 的精度要求。

如图 3-6，对于 $d_0/L \in [0.1, 0.5]$ 的任意条件下，应用插值法必有

$$d_l = \frac{L}{4} + \frac{(d_0/L) - 0.1}{0.5 - 0.1}\left(\frac{1}{3} - \frac{1}{4}\right)L \tag{3-38}$$

式（3-38）化简整理得

$$d_l = \frac{10d_0 + 11L}{48} \tag{3-39}$$

那么式（3-39）与式（3-37）联立有

$$d_e = \frac{58d_0 + 11L}{48} \qquad (3-40)$$

式（3-40）为最终建立的电容探测器极间等效间距的简化表达式。

由式（3-40）得

$$\begin{cases} \dfrac{\partial d_e}{\partial d_0} \approx 1.2 \\[2mm] \dfrac{\partial d_e}{\partial L} \approx 0.23 \end{cases} \qquad (3-41)$$

显然，d_0 变化对 d_e 的影响远大于 L 变化对 d_e 的影响。

从提高电容引信电极探测能力的要求来看，一般 d_0 不能选得太小，以促使其电力线外胀而保持探测目标所需的必要场强。一般而言，d_0 / L 在 0.1 左右，即使由于特定弹体结构所限，d_0 / L 也不会小得太多。从工程应用的角度来考虑，一般情况下，对 $d_0 / L < 0.1$ 的情形，式（3-40）仍然适用。由式（3-38）可见，当 $d_0 / L < 0.1$ 时，弹体总等效电荷点离弹体首端的位置必处于 1/4 弹长之内，更靠近弹前端。

3.4 极间固有结构电容 C_{ad} 的确定方法

由式（3-26）、（3-27）可见，在应用电容目标探测方程之前，还需确定电容探测器的极间固有结构电容 C_{ad}。鉴于电容探测器的结构千差万别，而 C_{ad} 又主要取决于探测器及其电极的大小、形状、结构、绝缘材料等，且它与大型平板电容器的电容计算条件差别甚大，很难用数学计算的方法来准确确定。另外，C_{ad} 是结构电容且其量值因探测器结构不同，一般在几皮法至几十皮法的量级内，用电容测试仪直接测量误差会相当大。因此应寻求相对测量方法。

对于工作在准静电场内的电容探测器，目前应用较广泛的主要有两种探测模式，但无论哪种探测模式，它们均是靠振荡器来建立交变的准静电场，而将探测器的极间固有结构电容置入（串、并或串并入）振荡器的谐振回路网络。对于一个确定的振荡器谐振回路网络，极间固有结构电容 C_{ad} 与振荡器的谐振频率 f 之间必然有着确定的函数关系。只要严格按照弹目交会前引信的环境工作条件（在作用距离内无任何介电常数大于环境介质的介电常数 ε_e 的物质），在引信作用距离外进行工作频率 f 的非接触测量就可以准确确定 C_{ad}。

3.4.1 典型鉴频式电容探测器 C_{ad} 的确定

图 3-7（a）为典型鉴频式电容探测器（其探测电路将在 4.2.2 节中详细分析）中振荡器的交流等效电路图。振荡器是一共基极克拉泼（Clapp）振荡器，其谐振回路网络如图 3-7

（b）所示，其中 L_1 为振荡电感，C_V 为控制引信频率工作点而设置的可调电容（一般 $C_V < C_{ad}$）。

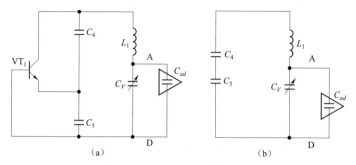

图 3-7　鉴频式电容探测器中振荡器的交流等效电路及谐振回路网络
（a）交流等效电路；（b）谐振回路网络

显然该串联谐振回路的谐振频率为

$$f = \frac{1}{2\pi\sqrt{L_1 / \left(1/C_4 + 1/C_2 + 1/(C_V + C_{ad})\right)}} \tag{3-42}$$

展开后得

$$C_{ad} = \frac{1}{4\pi^2 f^2 L_1 - (C_4 + C_5)/(C_4 C_5)} - C_V \tag{3-43}$$

式（3-43）即为鉴频式电容探测器极间固有结构电容的一般确定式。

另外，对于满足 C_4、$C_5 \gg C_V + C_{ad}$ 的情况（电容引信满足此克拉泼振荡器条件），可由式（3-42）将式（3-43）简化为

$$C_{ad} = \frac{1}{4\pi^2 f^2 L_1} - C_V \tag{3-44}$$

3.4.2　幅度耦合式电容探测器 C_{ad} 的确定

图 3-8（a）为典型幅度耦合式电容探测器（其探测电路将在 4.2.2 节中详细分析）中振荡器的交流等效电路图。该振荡器是在一共集电极克拉泼电路的基础上将探测器 C_{ad} 接于振荡电感 L_0 及地之间形成形式上的西勒电路。一般情况下，C_{ad} 比 C_5 小一个量级，因此可视该振荡器为形式上的西勒电路（因西勒电路的条件是 C_{ad} 与 C_5 同量级，所以其本质仍为一克拉泼电路）。另外与鉴频式不同的是，C_{ad} 不是纯电极 A 与弹体 D 之间的结构电容。在 A、D 间增加了一个"受感"电极 B，实际上它是 A、D 间结构电容网络的等效固有结构电容。电极 B 往往置于 A、D 间为非"施感"电极（不与振荡源相接），因此可将其视为 ε_r 为 ∞ 的极间介质。那么所测算出的 C_{ad} 则包含它的影响。

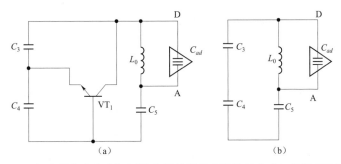

图 3-8　幅度耦合式电容探测器中振荡的交流等效电路及谐振回路网络

(a) 交流等效电路；(b) 谐振回路网络

由图 3-8（b）可知，该 LC 谐振回路的谐振频率为

$$f = \frac{1}{2\pi\sqrt{L_0\left[C_{ad} + \left(1/C_3 + 1/C_4 + 1/C_5\right)^{-1}\right]}}$$ （3-45）

展开后得

$$C_{ad} = \frac{1}{4\pi^2 f^2 L_0} - \left(\frac{1}{C_3} + \frac{1}{C_4} + \frac{1}{C_5}\right)^{-1}$$ （3-46）

式（3-46）即为幅度耦合式电容探测器施感电极间等效固有结构电容的折算式。

当 C_3、$C_4 \gg C_5$ 时（电容引信满足此克拉泼振荡器条件），式（3-46）简化为

$$C_{ad} = \frac{1}{4\pi^2 f^2 L_0} - C_5$$ （3-47）

3.5　电容目标探测方程的探测特性分析

对于电容目标探测方程式（3-26）、（3-27），二者除了对目标信号特征参量的选择不同外，其他无任何实质性差别。由于 $\Delta C_{ad}/C_{ad}$ 是表征电容探测器探测灵敏度的两大重要参量之一（见 4.2.1 节），所以本节模型讨论以式（3-26）为对象。

3.5.1　电容目标探测方程的适用性

前面已讨论过式（3-26）、（3-27）具有对导体和非导体目标的通用性。该模型的建立基于工作在（准）静电场条件下，对于电容引信工作体制而言，它不仅适用于工作在静电场的直流电容引信，而且适用于工作在准静电场的交流电容引信。下面仅需讨论对交流电容引信不同探测模式的适用性。

式（3-26）是以仅有 A、D（弹体）两个电极构成的探测器（传统称为单前电极电容探测器）为对象建立起来的。目前工作在准静电场的电容探测器，其探测电极的

模式主要有两种——单前电极电容探测器和双前电极电容探测器。双前电极电容探测器由包括弹体在内的 A、B、D 三个电极构成，如图 3-9 所示。与单前电极电容探测器将 A、D 兼顾施感与受感两种作用不同，它增加了一个以受感为主要目的的电极 B，直接感受遇目标时探测器所建立的准静电场的变化。受感电极 B 不与振荡源相连，因此它表面两端的感应电荷具有等量异号特征。一般电极 B 的尺寸与电极 A 等量级，远远小于弹长及作用距离，因此从电极 B 对 r 处于炸高 h 以远的静电场形成的贡献来看，可将其作为具有宏观中性体特性的点介质（点导体）来处理。对于工程应用而言，式（3-26）对该探测模式仍然适用。为了说明这一点，现仍然采用镜像法与单前电极电容探测器的情况进行比较。由于是定性分析，为便于分析，突显本质，假定弹轴与目标表面平行。

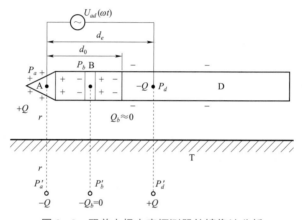

图 3-9　双前电极电容探测器的镜像法分析

如图 3-9，令点 P_b' 为电极 B 上集中等效电荷点 P_b 的镜像点，设电极 B 上分别带有正负电荷各为 q，其等效电荷为

$$Q_b = (+q) + (-q) = 0 \qquad (3-48)$$

其镜像点 P_b' 的等效电荷为 $-Q_b$ 也必为 0。此时，若电极 A 所带正电荷为 Q，那么其镜像点 P_a' 的等效电荷仍为 $-Q$。同理，点 P_d 的等效电荷为 $-Q$，其镜像点 P_d' 的等效电荷为 $+Q$。将图 3-9 与图 3-1 进行对比可发现，对于 P_b、P_b'、P_a'、P_d' 四点对 P_a、P_d 两点的电位影响而言，二者并无差别。不同的是，在 L、D_b、d_0、$U_{ad}(\omega t)$ 均相同的条件下，双前电极电容探测器由于电极 B 的存在使 A、D 间等效固有结构电容 C_{ad} 增大，致使 A、D 上所带总电荷量 Q 较单前电极电容探测器有所增大。式（3-26）是镜像电荷在 P_a、P_d 两点产生的电位叠加的基础上推导出来的，由此可说，就表达形式而言，二者的探测方程应相同。

由式（3-26）可见，该方程中不含 Q 及 $U_{ad}(\omega t)$，因此，体现二者差异的主要因素在于 C_{ad} 的不同，亦即探测器结构参量（如电极个数、面积、间距等）的不同。

综上所述可得结论：本章所建立的电容目标探测方程对直流电容引信和交流电容引信均适用；适用于导体和非导体目标；适用于单前电极电容探测器和双前电极电容探测器。总之从理论上讲，它具有较广泛的适用性。

3.5.2　电容目标探测方程的系统关联性

探测器、目标与探测环境构成了电容目标探测系统。作为电容目标探测方程应能反映整个电容引信目标探测系统中探测器、目标、探测环境间主要参量，以及它们之间的主要相关参量的相互作用和相互影响。

由式（3-26）等号左端可知，在电容目标探测中，反映探测器感知目标状态的主要参量是探测电极间的电容相对变化量，等式右端的表达式则体现了探测器、目标、探测环境主要参量，以及它们之间的主要相关参量对这一变化量的影响规律。

（1）探测环境介质的介电常数 ε_e 体现了探测环境参量对目标探测的影响。

（2）目标材料的介电常数 ε_t 体现了目标本身的特性对目标探测的影响。

（3）令 $k_\varepsilon = (\varepsilon_t - \varepsilon_e)/(\varepsilon_t + \varepsilon_e)$，那么作为目标与环境之间的相关参量 k_ε，体现了目标材料与环境介质间差异性对目标探测的影响。

（4）探测器极间固有结构电容 C_{ad}，取决于电极大小、形状，极间等效间距，极间绝缘材料性能等参量，而这些参量均由探测器本身决定，它体现了探测器主要参量对目标探测的影响。

（5）极间等效间距 d_e，由式（3-40）可见，它主要取决于探测器的 d_0、L 两个参量，它也体现了探测器参量对目标探测的影响。

（6）弹目距离 r，亦即探测器与目标距离，它是反映探测器与目标相对存在状态的一个相关参量。因此，它反映探测器与目标相关参量对目标探测的影响。

（7）弹目交会姿态角（落角）θ，亦即探测器两施感电极等效电荷点连线与目标表平面间的夹角，它也是反映探测器与目标相对存在状态的一个相关参量，它同样反映探测器与目标相关参量对目标探测的影响。

由此可见，式（3-26）表达的电容目标探测方程从数理逻辑关系上形象地体现了电容目标探测系统的相互联系——有机关联性。

3.5.3　电容目标探测方程的参量分析

上面仅从电容探测系统的相互关系上阐明了参量之间的有机联系。为进一步探讨探测器、目标、探测环境主要参量，以及它们之间主要相关参量对电容目标探测的具体影响规律，需进行模型的参量分析。由式（3-26）可见，方程中 C_{ad}、ε_t、ε_e 三个参量对电容目标探测产生影响的性质几乎一目了然（如 ε_e 越大越不利等），但 d_e、r、θ 对电容目标探测产生影响的性质却很难看出。为了突现主要参量的影响特性，加之有利于探讨它们之间的相互影响关系（如 θ 对炸高 h 的影响关系等），首先要进行模型的合理变换，即寻求一个参量关系明了的等效模型。

1. 探测方程的等效模型

令 $K_f = 1 + \dfrac{1}{1 + \dfrac{d_e}{r}\sin\theta} - \dfrac{2}{\sqrt{1 + \dfrac{1}{4}\left(\dfrac{d_e}{r}\right)^2 + \dfrac{d_e}{r}\sin\theta}}$ ，那么探测方程式（3-26）可改写为

$$\frac{\Delta C_{ad}}{C_{ad}} = \frac{C_{ad}}{8\pi\varepsilon_e}\frac{\varepsilon_t - \varepsilon_e}{\varepsilon_t + \varepsilon_e}\frac{K_f}{r} \tag{3-49}$$

显然，K_f 是 d_e/r 及 θ 的函数，亦即 $K_f = f(d_e/r, \theta)$。

当探测器确认弹目距离 r 已达到战技指标预定的炸高 h 时，电容引信即可实施引爆。随之其目标探测使命便宣告结束。因此，从工程应用的角度来看，探测方程中的参量 r 最有研究意义的区间是 $r \in [h, r_0]$。

因为前面已讨论过，一般电容引信弹体电荷主要集中在弹体的前半段，而 h 与 L 同量级，所以必满足 $0 < d_e/h < 1/2$，若令

$$\begin{cases} x = \dfrac{d_e}{r}\sin\theta \\ y = \dfrac{1}{4}\left(\dfrac{d_e}{r}\right)^2 + \dfrac{d_e}{h}\sin\theta \end{cases} \tag{3-50}$$

则必有

$$\begin{cases} 0 < x < \dfrac{1}{2} \\ 0 < y < \dfrac{1}{2} + \delta \ \left(\delta = \dfrac{1}{16}\right) \end{cases}, \quad r \in [h, r_0] \tag{3-51}$$

式（3-52）的两函数式在给定的收敛区间内可进行幂级数展开。

$$\begin{cases} f(x) = \dfrac{1}{1 + x}, |x| < 1 \\ f(y) = \dfrac{1}{\sqrt{1 + y}}, -1 < y \leqslant 1 \end{cases} \tag{3-52}$$

显然 x、y 均远远满足幂级数展开的收敛区间条件，将 $f(x)$、$f(y)$ 按幂级数展开整理后忽略 $(d_e/r)^3$ 及更高幂次项可分别得到

$$\frac{1}{1 + \dfrac{d_e}{r}\sin\theta} \approx 1 - \frac{d_e}{r}\sin\theta + \left(\frac{d_e}{r}\right)^2 \sin^2\theta \tag{3-53}$$

$$\frac{1}{\sqrt{1 + \dfrac{1}{4}\left(\dfrac{d_e}{r}\right)^2 + \dfrac{d_e}{r}\sin\theta}} \approx 1 - \frac{1}{2}\frac{d_e}{r}\sin\theta + \frac{1}{8}\left(\frac{d_e}{r}\right)^2 (3\sin^2\theta - 1) \tag{3-54}$$

将上两式分别代入式（3-49）中的 K_f 表达式后化简整理得

$$K_f' = \frac{1}{4}\left(\frac{d_e}{r}\right)^2 (1+\sin^2\theta) \qquad (3-55)$$

式中　K_f'——K_f 忽略 $\left(\dfrac{d_e}{r}\right)^3$ 及更高幂次方项的近似值。

因为 K_f 可变换为 $K_f = 1 + f(x) - 2f(y)$，且 $f(x)$ 与 $f(y)$ 的幂级数展开式中 x、y 的同次方项前的系数具有同号性，那么，K_f' 比 K_f 所忽略的仅是 x 与 y 的三次方及更高幂次项间的差值，因此 K_f' 与 K_f 具有较好的近似度。表 3-2 给出了分别对应不同 d_e/r 条件下改变 θ 时对应的 K_f' 和 K_f 的值。d_e/r 的选择区间为 $1/16 \sim 1/2$，可完全涵盖一般电容引信的实际工作区间，因此由该表数据所得结论具有一般性。

表 3-2　不同模型下 K_f 值的对比表

d_e/r　K_f (K_f,K_f')　$\theta/(°)$	1/16			1/8			1/4			1/2		
	K_f	K_f'	K_f''	K_f	K_f'	K_f''	K_f	K_f'	K_f''	K_f	K_f'	K_f''
0	0.001 0	0.001 0	0.001 0	0.003 9	0.003 9	0.003 9	0.015 4	0.015 6	0.015 6	0.059 7	0.062 5	0.062 5
15	0.001 0	0.001 1	0.001 0	0.004 0	0.004 2	0.004 1	0.015 0	0.016 7	0.016 1	0.053 5	0.066 7	0.063 0
30	0.001 2	0.001 3	0.001 2	0.004 4	0.004 9	0.004 6	0.016 2	0.019 5	0.017 5	0.054 3	0.078 1	0.066 2
45	0.001 4	0.001 5	0.001 4	0.005 2	0.005 9	0.005 3	0.018 2	0.023 4	0.019 4	0.058 1	0.093 8	0.069 9
60	0.001 6	0.001 8	0.001 6	0.005 8	0.007 3	0.006 0	0.020 2	0.027 3	0.021 3	0.062 4	0.109 4	0.073 6
75	0.001 7	0.002 0	0.001 7	0.006 4	0.007 5	0.006 5	0.021 7	0.030 2	0.022 7	0.065 5	0.120 8	0.076 3
90	0.001 8	0.002 0	0.001 8	0.006 5	0.007 8	0.006 6	0.022 0	0.031 2	0.023 2	0.066 7	0.125 0	0.077 3
最大相对变化量/%	80	100	80	66.7	100	69.2	46.7	100	48.7	24.7	100	23.7

由表 3-2 可见，当 $\theta = 0°$ 时对应不同的 d_e/r 值下 K_f' 与 K_f 的最大、最小误差率分别为

$$\delta_{\max} = \frac{K_f' - K_f}{K_f} \times 100\% = 4.7\%, \quad \frac{d_e}{r} = \frac{1}{2}$$

$$\delta_{\min} = 0, \quad \frac{d_e}{r} \in \left[\frac{1}{16}, \frac{1}{8}\right]$$

由此可得结论，在不考虑 θ 影响的前提下，两模型的近似度达 95% 以上。由式（3-55）可知，该数学表达式中所体现的 K_f' 与 $(d_e/r)^2$ 正比的关系可较好地反映 K_f 与 d_e/r 的基本函数关系。

当考虑 θ 影响时，由表 3-2 可见，θ 从 0° 变化至 90° 所引起的两模型值的最大相对变化量之差因 d_e / r 的不同而不同，即当 $d_e / r = 1/16$ 时，K'_f 与 K_f 的近似度较好，达到 80%，而当 $d_e / r = 1/2$ 时，二者则差距较大，增大 3 倍。另外，从表 3-2 中最大相对变化量一栏可见，显然 K'_f 模型夸大了 θ 改变对 K_f 的影响程度。为使等效模型能准确地体现原模型的变化规律，需对式（3-55）中含有 θ 的项进行修正，由此引入极间等效间距与弹目距离比对 θ 影响量的修正函数 $K_\theta = f(d_e / r)$，那么必有

$$K''_f = \frac{1}{4}\left(\frac{d_e}{r}\right)^2 (1 + K_\theta \sin^2 \theta) \qquad (3-56)$$

式中　K''_f——修正后的 K_f。

依据本模型修正强度应与 d_e / r 成正比的实际逻辑关系，借助计算机采用反馈法最终寻得

$$K_\theta = \left(\frac{3}{4}\right)^{10 d_e / r} \qquad (3-57)$$

那么

$$K''_f = \frac{1}{4}\left(\frac{d_e}{r}\right)^2 \left[1 + \left(\frac{3}{4}\right)^{10 d_e / r} \sin^2 \theta\right] \qquad (3-58)$$

式（3-58）为 K_f 的等效表达式。由于 $\sin \theta$ 随 θ 变化具有单调性，由表 3-2 可见，对于 θ 从 0° 变化至 90° 产生的最大相对变化量而言，K''_f 与 K_f 的误差率对应不同的 d_e / r 值下最大、最小分别为

$$\delta'_{max} = 4.3\% , \quad \frac{d_e}{r} = \frac{1}{4}$$

$$\delta'_{min} = 0 , \quad \frac{d_e}{r} = \frac{1}{16}$$

显然，对于宏观特性而言，在仅考虑 θ 影响的前提下，K''_f 与 K_f 同样具有 95% 以上的近似度。

由此可见，由 K''_f 取代 K_f 后，即使综合考虑 d_e / r 及 θ 改变所产生的影响也会保证除个别 θ 外，绝大部分情况下二者的近似度在 90% 以上。由于 K''_f 较 K_f 具有较清晰的参量影响特性的趋势，特用 K''_f 取代 K_f 组成新的等效电容目标探测方程，以便以此作为参量分析的基点。

令 $K_f = K''_f$ 联立式（3-49）、（3-58）可得新的等效电容目标探测方程为

$$\frac{\Delta C_{ad}}{C_{ad}} = \frac{C_{ad} d_e^2}{32 \pi \varepsilon_e r^3} \frac{\varepsilon_t - \varepsilon_e}{\varepsilon_t + \varepsilon_e}\left[1 + \left(\frac{3}{4}\right)^{10 d_e / r} \sin^2 \theta\right], \quad r > 2 d_e \qquad (3-59)$$

2. 参量影响特性分析

探讨参量的影响仍采用相对分析法，即在其他变量相对不变的情况下来讨论某一参量的影响特性。

直观式（3-59）可以得出。参量对电容探测器极间电容相对变化量 $\Delta C_{ad}/C_{ad}$ 的影响特性如下：

（1）$\Delta C_{ad}/C_{ad}$ 随极间固有结构电容 C_{ad} 的增大而增大。

（2）$\Delta C_{ad}/C_{ad}$ 随极间等效间距 d_e 的增大而增大，且与 d_e^2 成正比。

（3）$\Delta C_{ad}/C_{ad}$ 随弹目距离 r 的减小而增大，且与 r^3 成反比。

（4）$\Delta C_{ad}/C_{ad}$ 随探测环境介质的介电常数 ε_e 的减小而增大。

（5）$\Delta C_{ad}/C_{ad}$ 随目标材料的介电常数 ε_t 的增大而增大。

（6）$\Delta C_{ad}/C_{ad}$ 随弹目交会姿态角（落角）θ 的增大而增大，且其增量与 $\sin^2\theta$ 成正比。θ 的影响程度随 d_e/r 的增大而按指数规律衰减。

以上几点特性仅是从等效探测方程中直观得出的，C_{ad} 既是与 ε_e 相关的函数，又与 d_e 密不可分，而 d_e 又直接取决于弹长 L 及 A、D 间距 d_0（如图 3-3 所示），因此对参量的影响还需做如下几点分析说明。

（1）关于 ε_e 的影响。

由式（3-1）可写出探测器极间固有结构电容的表达式

$$C_{ad} = \frac{\varepsilon_m \int_{s_1} \vec{E}\mathrm{d}\vec{s} + \varepsilon_e \int_{s_2} \vec{E}\mathrm{d}\vec{s}}{U_{ad}} \qquad (3-60)$$

式中　s_1、s_2——通过 ε_m、ε_e 在电极上所感应的电荷对应分布的面积，s_1 为弹体前端电极面积，s_2 为弹体外表面面积；

　　　　E——准静电场场强；

　　　　ε_m——弹体上电极间绝缘材料的介电常数。

由于探测器极间绝缘材料的介电常数在均质材料假设下恒有

$$\varepsilon_m = k_c \varepsilon_e$$

式中　k_c——大于 1 的常数。

那么式（3-60）可改写为

$$C_{ad} = \frac{\left(k_c \int_{s_1} \vec{E}\mathrm{d}\vec{s} + \int_{s_2} \vec{E}\mathrm{d}\vec{s}\right)\varepsilon_e}{U_{ad}} \qquad (3-61)$$

显然该式分子上的 ε_e 可与式（3-59）右端分母上的 ε_e 抵消。因此，抛开相对量分析，对于更具实际意义的绝对量分析而言，ε_e 的影响仅体现在探测方程右端第二大项 k_ε 中。

（2）关于 d_e 的影响。

从两导体电容的定义出发还可写出

$$C_{ad} = \frac{\varepsilon_m \int_{s_1} \vec{E}d\vec{s}}{\int_{l_1} \vec{E}d\vec{l}} + \frac{\varepsilon_e \int_{s_2} \vec{E}d\vec{s}}{\int_{l_2} \vec{E}d\vec{l}} \qquad (3-62)$$

式中　　l_1、l_2——对应于 s_1、s_2 的等效电力线路径。

由图 3-5 可知，$\begin{cases} l_{1min} \approx l_{1max} \approx d_0 \\ l_{2min} \approx d_0 \end{cases}$，那么在 ε_m、ε_e、s_1、s_2 不变的情况下，C_{ad} 必随 d_0 的增大而减小。又由式（3-40）可知

$$d_e \approx 1.21d_0 + 0.23L \qquad (3-63)$$

由此可知，C_{ad} 必随 d_e 的增大而减小。

同理，参见式（3-59），d_e 对绝对量的影响程度远达不到与之平方成正比的水平。因为即使对应能满足大型平板电容器条件的探测电极（一般电容引信远远不满足这一条件）其 $C_{ad} \approx \varepsilon_e s_2 / d_e$，此时 d_e 的影响程度仅达一次方的正比水平，对于一般电容探测器的探测电极其 d_e 的影响程度必小于一次方的正比水平。但 $\Delta C_{ad} / C_{ad}$ 随 d_e 的增大而增大这一特性是无疑的。换言之，在 s_1、s_2 等参量均不变的前提下，增大 d_e（即增大 d_0），电容探测灵敏度必提高。这是由于增加 d_e 可增大电荷偶极矩的缘故。

（3）关于 D_b、L 的影响。

d_0 一定时，D_b 增大会使得 s_2 增大，由式（3-62）可知，从而使 C_{ad} 增大，电容目标探测能力提高。同理，当 d_0、D_b 一定时，L 增大会使 s_2 增大，进而引起 C_{ad} 增大，由式（3-63）可知，还会引起 d_e 的增大。再由式（3-59）可知，$\Delta C_{ad} / C_{ad}$ 与 C_{ad}、d_e 均成正比，无疑 L 增大必使探测器目标探测能力提高。该分析结论也从侧面印证了国外学者给出的电容引信作用距离与弹长有关（约一倍弹长）的结论。

本节所讨论的参量影响特性，作者团队在 90 mm 航空火箭弹电容引信、122 mm 火箭云爆弹电容引信、某反坦克导弹电容引信及某迫弹电容引信的型号研制或方案论证的相关实验中均有过类似的体验，从而反映了本模型的可信性和实用性。

3. 目标材料特性对炸高 h 的影响

为适应一切可能的作战目标，电容引信不仅应能对金属、水、农田等导体目标实现较精确的实时引爆控制，而且应能对软雪、干沙漠、厚冰、混凝土工事等非导体目标控制炸高。为此需探讨目标材料特性对炸高 h 的影响规律，以便为电容引信的炸点精确控制提供参量修正的理论依据。不同目标对电容探测器产生影响的主要因素是材料的介电常数，因此本节仅从电容目标探测方程出发，讨论不同 ε_t 对炸高 h 的影响规律。为突出事物的主要矛盾，仍假设目标材料（含混凝土目标）具有各向均质性。

将等效电容目标探测方程式（3-59）中的 r 用 h 取代后，忽略炸高变化量 Δh 对 k_θ 的影响 [因 $d_e / h \approx d_e / (h + \Delta h)$]，则有

$$h \approx \frac{1}{2}\left(\frac{C_{ad}^2 d_e^2}{4\pi\varepsilon_e \Delta C_{ad}}\right)^{1/3}\left(\frac{\varepsilon_t - \varepsilon_e}{\varepsilon_t + \varepsilon_e}\right)^{1/3}\left[1+\left(\frac{3}{4}\right)^{10d_e/h}\sin^2\theta\right]^{1/3} \tag{3-64}$$

令

$$K_{\varepsilon h} = \left(\frac{\varepsilon_t - \varepsilon_e}{\varepsilon_t + \varepsilon_e}\right)^{1/3} \tag{3-65}$$

式中　$K_{\varepsilon h}$——目标材料特性对引信炸高的影响系数。

由于式（3-64）右端仅 $K_{\varepsilon h}$ 含有 ε_t，依相对量分析法讨论 ε_t 改变对 $K_{\varepsilon h}$ 的影响规律即可反映 ε_t 对 h 的影响规律。

由于工程手册中往往给出材料的相对介电常数，故将式（3-65）改写为

$$K_{\varepsilon h} = \left(\frac{\varepsilon_{tr} - \varepsilon_{er}}{\varepsilon_{tr} + \varepsilon_{er}}\right)^{1/3} \tag{3-66}$$

式中　ε_{tr}——目标材料的相对介电常数；

　　　ε_{er}——探测环境介质的相对介电常数。

选择探测环境介质为电容引信最常见的空气，那么 $\varepsilon_{er}=1$，用计算机给出当 ε_{tr} 从 1 变化至 100 时的 $K_{\varepsilon h}$—ε_{tr} 曲线，如图 3-10 所示。该曲线反映了目标材料的相对介电常数对炸高 h 的相对影响规律。

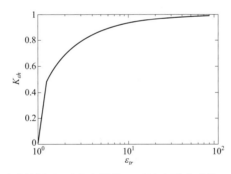

图 3-10　目标材料的相对介电常数 ε_{tr} 对炸高影响系数 $K_{\varepsilon h}$ 的影响特性

令引信对理想导体目标（金属）所对应的炸高为 h_{01}，那么式（3-66）有

$$K_{\varepsilon h}(\varepsilon_{tr}, \varepsilon_{er}) = K_{\varepsilon h}(\infty, 1) = 1 \tag{3-67}$$

再由式（3-64）得

$$h = h_0 K_{\varepsilon h} \tag{3-68}$$

即

$$K_{\varepsilon h} = h / h_{01} \tag{3-69}$$

显然，$K_{\varepsilon h}$ 指相对炸高，即相对介电常数 ε_{tr} 的目标对应的引信炸高 h，与理想导体目标（$\varepsilon_{tr} \approx \infty$ 时）对应的引信炸高 h_{01} 的比值。

表 3-3 给出了由式（3-66）算得的几种典型目标的 $K_{\varepsilon h}$。由该表可知，对于非导体目标，同一条件下从混凝土至松软的雪，其理论炸高相对于金属目标依次从 94% 降至 70%。而导体目标间的炸高散布不到 2%。

表 3-3　几种典型目标的相对炸高 $K_{\varepsilon h}$（理论值）

目标 参量	松软的雪	纯干沙	冰	干砂（含水<5%）	混凝土	农田	水	铸铁
ε_{tr}	2	3	6	8	10	40	80	≫100
$K_{\varepsilon h}$	0.693	0.794	0.894	0.920	0.935	0.983	0.992	1
$h/h_{01} \approx$	0.70	0.80	0.90	0.92	0.94	0.98	0.99	1

为了证明本节理论模型的正确性，下面给出英国马克尼空间防御系统责任有限公司用双前电极电容引信对不同目标实测得出的相对炸高与无线电引信（多普勒体制）相对炸高 $K_{\varepsilon h}$ 的比较曲线（如图 3-11 所示）。由图中电容引信曲线可知，该曲线以地面反射系数 0.5 所对应点为炸高 h_0（相对炸高 $h/h_{01}=1$），从松软的雪、冰、干砂、混凝土、农田到水，电容引信相对炸高从 $0.78\,h_{01}$ 变化到 $1.07\,h_{01}$，总变化量约为 $0.29\,h_{01}$。显然该测试结果与表 3-3 给出的理论结果十分吻合。同理，将图 3-11 中其他目标相对于水目标的变化范围与表 3-3 的理论值一一对比后可得出结论，本理论模型与实际吻合。

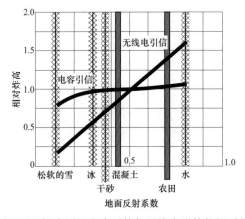

图 3-11　对不同目标实测的电容引信与无线电引信的相对炸高 $K_{\varepsilon h}$ 比较

另外，作者团队曾用 90 mm 航空火箭弹电容近炸引信对铁板、水面、大地及混凝土四种不同目标进行过同一条件下的灵敏度静态吊弹测试，其测试结果由高到低依次为铁板、水面、大地、混凝土。四种目标间的最大、最小值折合成炸高散布在 5% 左右。这一结果也从另一个侧面证明了本模型的正确性。

4. 弹目交会姿态对炸高 h 的影响

近炸引信影响炸高分布的主要因素除了目标种类、环境温度外就是遇靶姿态。由于电容引信建立的准静电场的分布区域是相对于探测器而言的，所以弹目交会姿态对 h 影响的本质是它的改变导致目标介入探测器所建立的准静电场的区域发生改变，进而导致极间电容变化量的改变。目标的多样性，决定了引信配用弹种的多样性。因为不同弹种遇目标弹道情况千差万别，所以要求电容引信应适应多种多样的弹目交会姿态。为给电容引信炸点控制工程设计提供理论依据，应从理论上讨论电容探测器遇靶姿态对其炸高的影响规律，以便寻求稳定炸高的基本技术途径。

一般电容引信探测电极具有弹轴对称性，因此表征电容探测器与目标交会姿态的物理参量就是弹轴与目标表面的夹角（对地目标为落角）θ，所以本节着重讨论不同 θ 对炸高 h 的影响。

由式（3-64）可见，令

$$K_{fh} = \left[1 + \left(\frac{3}{4} \right)^{10 d_e / h} \sin^2 \theta \right]^{1/3} \tag{3-70}$$

式中　K_{fh}——弹目交会姿态角 θ 对 h 的影响系数。

由式（3-70）可知，该系数随 θ 变化的改变量与 θ 的正弦平方成正比。另外，令 $k_\theta = (3/4)^{10 d_e / h}$，那么 θ 的影响强度，直接受加权系数 k_θ 中的 d_e / h 参量的制约。由于式（3-64）右端仅 K_{fh} 中含有 θ，所以依相对量分析法，讨论 θ 改变对 K_{fh} 的影响规律，即可反映 θ 改变对 h 的影响特性。

前面已经分析到 k_θ 是对 θ 影响程度的修正系数，它的权重直接取决于 d_e / h 参量，因此在讨论 θ 对 h 的影响时，必须同时考虑 d_e / h。

令引信在 $\theta = 0°$ 时所对应的炸高为 h_{02}，那么由式（3-70）有

$$K_{fh} \left(\theta, \frac{d_e}{h} \right) \bigg|_{\theta = 0°} = K_{fh} \left(\theta, \frac{d_e}{h_{02}} \right) = 1 \tag{3-71}$$

再由式（3-64）得

$$h = h_{02} K_{fh} \tag{3-72}$$

即

$$K_{fh} = \frac{h}{h_{02}} \tag{3-73}$$

显然，K_{fh} 指相对炸高，即当弹目交会姿态角为 θ 时所对应的炸高 h 与 $\theta = 0°$ 时所对应的炸高 h_{02} 的比值。

采用相对量分析法，取 $d_e / h = d_e / h_{02}$，因为弹的轴对称性，θ 从 $0° \sim 90°$ 可完全包含所有弹目交会姿态，所以 θ 取值范围为 $[0°，90°]$。表 3-4 给出了在四种 d_e / h_{02} 条件下，θ 从 $0°$ 变化至 $90°$ 所对应的 K_{fh}，以及不同 d_e / h_{02} 条件下 θ 变化引起的相对炸高散

布的最大百分比。图 3－12 为依据表 3－4 绘制的不同弹目交会姿态角 θ 在四种 d_e/h_{02} 条件下的相对炸高 K_{fh} 散布曲线。

表 3－4　四种 d_e/h_{02} 条件下不同 θ 值对应的相对炸高 K_{fh}（理论值）比较表

θ $\diagdown$ K_{fh} $\diagup$ d_e/h_{02}	0°	15°	30°	45°	60°	75°	90°	最大变化百分比/%
1/16	1	1.018	1.065	1.123	1.176	1.212	1.224	22.4
1/8	1	1.015	1.055	1.105	1.151	1.182	1.193	19.3
1/4	1	1.011	1.039	1.075	1.109	1.133	1.141	14.1
1/2	1	1.005	1.019	1.038	1.056	1.069	1.074	7.4

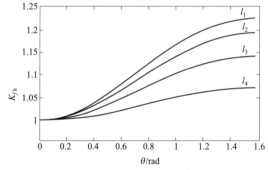

图 3－12　不同弹目交会姿态角 θ 在四种 d_e/h_{02} 条件下相对炸高 K_{fh} 散布曲线

注：$l_1: d_e/h_{02}=1/16; l_2: d_e/h_{02}=1/8; l_3: d_e/h_{02}=1/4; l_4: d_e/h_{02}=1/2$

为形象地反映 θ 在不同 d_e/h_{02} 条件下对相对炸高 K_{fh} 的影响，本节用计算机将图 3－12 中 h_{02} 以上曲线部分进行放大，并折合成相对炸高 K_{fh} 变化百分比的对应曲线（如图 3－13 所示）。

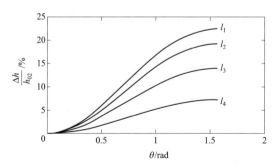

图 3－13　不同弹目交会姿态角 θ 在四种 d_e/h_{02} 条件下相对炸高 K_{fh} 变化百分比曲线

注：$l_1: d_e/h_{02}=1/16; l_2: d_e/h_{02}=1/8; l_3: d_e/h_{02}=1/4; l_4: d_e/h_{02}=1/2$

为充分揭示不同 θ 情况下，d_e/h_{02} 对相对炸高 K_{fh} 影响的加权程度，用计算机依式（3-70）模型换算出几种典型弹目交会姿态角 θ 下不同 d_e/h_{02} 的相对炸高 K_{fh} 变化百分比曲线（如图 3-14 所示）。

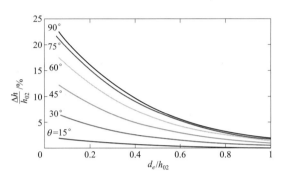

图 3-14　几种典型弹目交会姿态角 θ 下不同 d_e/h_{02} 的相对炸高 K_{fh} 的变化百分比曲线

综观表 3-4 中所列数据及图 3-12～3-14，可得如下结论。

（1）在其他条件相同情况下，引信炸高随弹目交会姿态角 θ 的增大而增大，$\theta=0°$（弹轴与目标表面平行）时炸高最低；$\theta=90°$（弹轴与目标表面垂直）时炸高最大（见表 3-4 和图 3-12）。

（2）θ 相同，d_e/h_{02} 不同时，$\theta=0°$ 时的相对炸高不同，d_e/h_{02} 越小，相对炸高 K_{fh} 变化百分比越大（炸高低时 θ 的影响大），反之则越小（见表 3-4、图 3-13 和 3-14）。

（3）比较图 3-13 中曲线斜率可知，就炸高对 θ 的敏感性而言，θ 在 [30°，60°] 区间内较 θ 在（0°，30°）和（60°，90°）两区间内高，其最高点在 $\theta=45°$。

（4）d_e/h_{02} 相同，θ 越小其相对炸高 K_{fh} 变化百分比越小，反之越大（如图 3-13 和 3-14 所示）。

以上几点结论仅是从电容目标探测方程出发，从理论的角度归纳出的定性结论。在进行理论分析时，其参量所选择的边值有的就是理论极限值（如 θ），有的已接近极限值。而一般电容引信在实际应用中，其参量边值要小于所讨论的理论极限值，因此从实用的角度出发，还应从量的角度对参量进行定量分析，以验证本模型的可行性及实用性。

由于一般电容引信的 d_e/h_{02} 不小于 0.2 [如由式（3-40）算得的 90 mm 航空火箭弹电容引信的 $d_e\approx0.31$，其 $d_e/h_{02}\approx d_e/L\approx0.31$；AFT-9 重型反坦克导弹电容引信的 $d_e\approx0.25$，其 $d_e/h_{02}\approx d_e/L\approx0.38$：HJ-73 反坦克导弹电容引信的 $d_e\approx0.22$，其 $d_e/h_{02}\approx d_e/L\approx0.34$]，即使具有特殊电极结构的电容引信其 d_e/h_{02} 值也不会小于 0.1。由图 3-14 可知，一般电容引信当其弹目交会姿态角在 [0°，90°] 变化时其相对炸高 K_{fh} 的散布范围在 15% 左右，最大也不会超过 20%。又由于一般弹种由其终点弹

道所决定的 θ 的改变量 $\Delta\theta$ 在 60° 以内，那么一般电容引信由 θ 改变引起的实际炸高散布小于 15%。

由图 3-14 可见，以上三种电容引信的 d_e / h_{02} 在 0.3～0.4，那么其理论上由 θ 改变引起的相对炸高 K_{fh} 散布显然小于 15%。而从这三种电容引信改变 θ 所测得的目标特性结果来看，其换算的相对炸高散布均在 10% 左右，说明了本模型的有效可行性和适用性。

表 3-5 给出了某多用导弹电容引信对铁板（接地）目标的目标特性（检波电压随弹目距离的变化量 ΔU_d）测试值。图 3-15 为依据该表测试数据绘出的该多用导弹引信在三种弹目交会情况下的目标特性曲线。

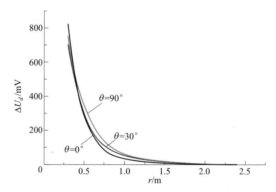

图 3-15　某多用导弹电容引信在三种弹目交会情况下的目标特性曲线

由图 3-15 可见，该引信的探测灵敏度随弹目交会姿态角 θ 的不同而不同，其中 $\theta = 90°$ 最高，$\theta = 30°$ 次之，$\theta = 0°$ 最低，这与本节得出的"炸高随 θ 增大而增大"的结论相吻合。

为验证炸高散布范围，选 $\theta = 0°$ 时对应的炸高 $h = 1$ m，由表 3-5 可见，$h_0 = 1$ m 时，$\Delta U_d \approx 40$ mV。一般电容引信信号处理电路的"低频启动灵敏度"（借用无线电引信术语，对电容引信而言即引信启动时输入给信号处理电路的检波电压变化量）选 $\Delta U_d \approx 20$ mV，考虑抗干扰等其他因素影响，将此值加倍已不成问题，选 $h_0 = 1$ m 作为相对炸高参考点是合适的。由于极间电容相对变化量 $\Delta C_{ad}/C_{ad}$ 随弹目距离 r^3 成反比[见等效电容目标探测方程式（3-59）]，而极间电压变化量 ΔU_{ad}（$\Delta U_{ad} < 0$）与 $\Delta C_{ad}/C_{ad}$ 变化成正比 [见式（3-11）]，且检波电压变化量 ΔU_d 与 ΔU_{ad} 成正比（详见第 4 章）。采用非线性差分法，可由表 3-5 中 $\theta = 30°$ 及 $\theta = 90°$ 折算得到：当 $\Delta U_d \approx 40$ mV 时，$\theta = 30°$ 时所对应的炸高 $h = h_{30} = 1.07$ m；当 $\theta = 90°$ 时所对应的炸高 $h = h_{90} = 1.13$ m。由此可见，该引信在 $h = 1$ m 时由 θ 变化引起的最大炸高变化量 $\Delta h_{max} = 13\%$。该多用导弹弹长 $L = 1.3$ m，而实验选用的铁板目标宽仅与 L 同量级。若用大目标测试其结果 Δh_{max}

会更小。这再次证明了理论模型的正确性。

表 3-5　某多用导弹电容引信对铁板（接地）目标的目标特性测试数据

θ　　　U　　h/m	0°		30°		90°	
	U_d / V	ΔU_d / mV	U_d / V	ΔU_d / mV	U_d / V	ΔU_d / mV
2.40	17.259	0	18.320	0	18.638	0
2.00	17.257	2	18.315	3	18.635	3
1.80	17.255	4	18.310	7	18.630	8
1.60	17.253	6	18.302	18	18.620	18
1.40	17.248	11	18.299	21	18.617	21
1.20	17.240	19	18.287	33	18.602	36
1.00	17.221	39	18.268	52	18.575	63
0.90	17.212	47	18.251	69	18.549	89
0.80	17.190	69	18.215	100	18.516	122
0.70	17.146	113	18.188	132	18.470	168
0.60	17.084	175	18.115	205	18.390	248
0.50	16.983	276	18.020	300	18.292	346
0.40	16.792	467	17.854	466	18.134	504
0.30	16.430	829	17.609	711	17.884	754

本 章 小 结

（1）从系统角度出发，在讨论了导体与非导体目标之间的镜像电荷转换关系的基础上，遵循镜像原理，建立了通用电容目标探测方程。该方程适用于工作于静电场的直流电容引信和工作于准静电场的交流电容引信；适用于导体和非导体目标；适用于单前电极电容探测器和双前电极电容探测器。

（2）按照弹体线电荷非线性分布之假设，依据库仑定律，建立了弹体电荷分布的动态平衡方程组，给出了不同 d_e / L 值时的弹体电荷分布曲线。采用相对分析法，讨论了弹体电荷分布规律。

（3）给出了电容目标探测方程中的主要参量极间等效间距 d_e 及两种典型电容探测器极间固有结构电容 C_{ad} 的确定方法。

（4）对电容目标探测的探测特性进行了理论分析。通过对该方程进行等效模型转换，突出了探测器、目标、探测环境三方面诸主要参量对极间电容相对变化量的作用关系。在对等效电容目标探测方程进行参量影响特性分析基础上，分别讨论了目标材料的相对介电常数 ε_{tr} 及弹目交会姿态角 θ 对电容引信炸高 h 的影响，均得出了一些与实际相吻合的结论。

第 4 章 电容引信探测方向性、灵敏度、炸高及信号处理

　　讨论任何体制的近程目标探测器，都不可避免地涉及两个表征探测器探测性能的重要指标。一是探测方向性，二是探测灵敏度。前者体现探测器探测目标的空间特征，后者则体现探测器探测目标的能量特性。由于探测器的这两个参量不仅取决于探测目标时所依赖的物理场的特性、探测器的工作机理，而且与它的目标信息传感器（如天线、电极等）的结构、性能有关。对于探测器的灵敏度而言，还取决于它的目标信息、信号转化通道，即探测器将目标信息转化为遇目标信号的方式与手段。

　　正因为这两个参量受制于上述诸多因素，所以它们与探测器的主要性能参量必存在理论上的内在联系。从理论上讨论这两个参量，研究其各自的特性，不仅是科学设计近炸引信探测器的必要前提，而且也是科学评价探测器的基本前提。本章将从电容目标探测方程及电容引信赖以工作的物理场两个方面对这两个与电容目标探测有关的基本理论问题进行讨论，之后进行炸高建模，最后讨论电容引信目标信号识别准则及信号处理方法。

4.1　电容引信探测方向性特征

　　第 3 章讨论了弹目交会姿态角 θ 改变会对引信炸高 h 产生影响，那么 θ 对 h 产生影响的根本原因是什么？这正是本节讨论电容引信目标探测方向性的主要目的。如同多普勒无线电引信的探测方向性（方向性系数和方向性函数）既取决于它赖以工作的电磁场特性又取决于天线的结构一样，电容近炸引信的探测方向性同样取决于它工作的静电场特性及探测电极的结构特征。下面从电极的结构特征，以及由这种特定结构形成的静电场场强特征和目标探测方程三方面分别讨论。

4.1.1　由电极结构看电容引信探测方向性

　　一般电容引信所配用的弹体呈圆柱状，其头部呈圆锥状或卵形。因此，电容引信前探测电极的布局大都轴对称地设置在弹的头部，加之弹体本身具有轴对称性，对于

电容探测器的探测方向性而言，均具有对称于弹轴的各向同性特征，如图 4-1 所示，在探测器中心相对于球坐标的 $P(r_0,\alpha_0,\beta)(\beta=0°\sim360°)$ 的任意一点上具有相等的探测能力。电容引信的径向探测方向图如图 4-2 所示。

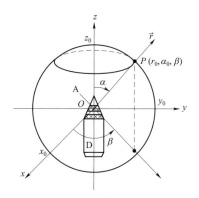

图 4-1　电容引信探测方向性

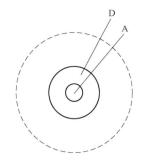

图 4-2　电容引信径向探测方向图

由此可见，电容引信的目标探测方向性具有径向同性特征，即它的径向（$z=c$ 平面，$c=$ 常数）探测方向图是一个圆。

4.1.2　由电极建立的静电场场强看电容引信探测方向性

前面曾讨论过电容近炸引信是利用其电极遇目标时产生的极间电容变化的信息来控制引信起爆的。它探测目标的基本原理是引信探测器利用一定频率的振荡器通过探测电极在其周围空间建立起一个准静电场。当引信接近目标时，该电场便产生扰动，电荷重新分布，使引信极间等效电容 C_Σ 产生相应的规律性变化。引信则利用探测器将这种变化的信息以电压变化量的信号形式提取出来，实现对目标的探测。因此从机理上讲，该探测器所建立的静电场（场强）的分布特征则先天性地决定了电容引信目标探测的方向性。

1. 电容探测器的场强

第 3 章中已讨论过，作为引信探测电极之一的弹体上的电荷主要集中在前半段。且弹体 D 与电极 A 之间的距离 d_0 越小，弹体的集中等效电荷点越靠近前端（如图 3-3 和图 3-4 所示）。加之为使电容引信工作在准静电场，其振荡器的工作频率必然很低，这决定了探测器电极上主要载流部分的尺寸远远小于自由空间的波长 λ。因此可将电容探测器从静态电偶极子的角度定性地来讨论它的场强。

图 4-3 为电容探测器场强辅助分析图，图中令 Q_a、Q_d 为电极 A、D 上所带的电荷，P_a、P_d 两点为电极 A 及弹体 D 上的集中等效电荷点，那么有 $Q_d=-Q_a$。令 P 为以弹轴上 P_a、P_d 中心点 O 为原点的球坐标系中的任意一个场点，那么该点电位表达式为

$$\phi_P = \frac{Q_a}{4\pi\varepsilon_e}\left(\frac{1}{r_a} - \frac{1}{r_d}\right) \tag{4-1}$$

根据余弦定理分别解 $\triangle PP_aO$ 及 $\triangle POP_d$ 有

$$\frac{r}{r_a} = \left[1 + \left(\frac{d_e}{2r}\right)^2 - \frac{d_e}{r}\cos\alpha\right]^{-\frac{1}{2}} \tag{4-2}$$

$$\frac{r}{r_d} = \left[1 + \left(\frac{d_e}{2r}\right)^2 + \frac{d_e}{r}\cos\alpha\right]^{-\frac{1}{2}} \tag{4-3}$$

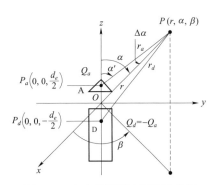

图 4-3　电容探测器场强辅助分析

由第 3 章可知，一般电容引信极间等效间距 d_e 与炸高 h 之比 $d_e/h < 1/2$，那么若令

$$x_a = \left(\frac{d_e}{2r}\right)^2 - \frac{d_e}{r}\cos\alpha \tag{4-4}$$

$$x_d = \left(\frac{d_e}{2r}\right)^2 + \frac{d_e}{r}\cos\alpha \tag{4-5}$$

显然，在 $r \geqslant h$ 的区域内必有 $|x_a| < 1$、$|x_d| < 1$。对于函数式 $f(x) = (1+x)^{-\frac{1}{2}}$ 在收敛区间 $(-1 < x \leqslant 1)$ 内可进行幂级数展开，用 x_a、x_d 取代 x 后分别将式（4-2）、（4-3）等号右端进行幂级数展开，然后各自忽略 $(d_e/r)^3$ 项及更高幂次项整理后分别得到

$$\frac{r}{r_a} = 1 + \frac{d_e}{2r}\cos\alpha + \frac{d_e^2}{8r^2}(3\cos^2\alpha - 1) \tag{4-6}$$

$$\frac{r}{r_d} = 1 - \frac{d_e}{2r}\cos\alpha + \frac{d_e^2}{8r^2}(3\cos^2\alpha - 1) \tag{4-7}$$

分别将式（4-6）、（4-7）两端同除以 r 后代入式（4-1）得

$$\phi_P = \frac{Q_a d_e \cos\alpha}{4\pi\varepsilon_e r^2} \tag{4-8}$$

令 $Q_a = Q$，且将式（4-8）与式（3-1）联立可得，引信在遇目标前（无目标时）满足 $r^3 \gg d_e^3$，即 $r > 2d_e$ 条件下的任意场点 P 的电位表达式为

$$\phi_P = \frac{C_{ad}U_{ad}d_e\cos\alpha}{4\pi\varepsilon_e r^2} \tag{4-9}$$

由于点 P 的静电场场强

$$\vec{E}_P = -\nabla \phi_P \tag{4-10}$$

而球坐标下的梯度表达式

$$\nabla \phi_P = \frac{\partial \phi_P}{\partial r}\hat{r} + \frac{1}{r}\frac{\partial \phi_P}{\partial \alpha}\hat{\alpha} + \frac{1}{r\sin\alpha}\frac{\partial \phi_P}{\partial \beta}\hat{\beta} \tag{4-11}$$

联立式（4-9）～（4-11）可得

$$\vec{E}_P = \frac{C_{ad}U_{ad}d_e}{4\pi\varepsilon_e r^3}(2\cos\alpha\hat{r} + \sin\alpha\hat{\alpha})， \quad r > 2d_e \tag{4-12}$$

式（4-12）即为所建立的引信遇目标前（无目标时）在满足 $r > 2d_e$ 条件下任意场点 P 的场强表达式。

2. 场强模型讨论

前面曾讨论过一般电容引信 $d_e < L/2$，而 h 与 L 同量级。那么在 $r \geq h$ 区域内必满足 $d_e^3 \ll r^3$ 的条件。式（4-12）描述了一般电容引信在遇目标前 $r \geq h$ 区域内的电场强度分布规律。观察式（4-12）可得以下结论。

（1）在电容引信有效工作区域内，由探测器所建立的任意场点的场强与探测器极间固有结构电容 C_{ad}、极间电位差 U_{ad} 及极间等效间距 d_e 均成正比，与探测环境介质的介电常数 ε_e 成反比，与 r^3 成反比。

（2）因为 $\dfrac{\partial \vec{E}_P}{\partial \beta} = 0$，所以当 r 与 α 一定时，其场强不随 β 改变而改变，即在垂直于弹轴的径向（$z = c$ 面）上，其场强具有相同 r 条件下的各向同性特征。本结论从另一侧面证明了 4.1.1 节中得出的电容引信的径向探测方向图是一个圆的结论。

（3）由式（4-12）得该场强 $\vec{E}_P$ 矢量的模为

$$\left|\vec{E}_P\right| = \frac{C_{ad}U_{ad}d_e}{4\pi\varepsilon_e r^3}\sqrt{3\cos^2\alpha + 1} \tag{4-13}$$

令

$$k_\alpha = \sqrt{3\cos^2\alpha + 1} \tag{4-14}$$

显然，k_α 为 α 对电容引信场强模的影响系数，则

$$k_{\alpha\min} = 1，\quad \alpha = 90°；\quad k_{\alpha\max} = 2，\quad \alpha = 0° \tag{4-15}$$

亦即在其他条件不变时，当 α 在（$0° \sim 90°$）区间内变化时，场强模由最大减少了 1/2。

（4）由式（4-12）可知，场强 $\vec{E}_P$ 含有 $\hat{r}$ 和 $\hat{\alpha}$ 两个方向的分量。尽管从结论（3）可知，当 α 从最大变化至最小，即从 $90°$ 变化到 $0°$，其场强模仅增加一倍。但由式（4-13）可知，由于 $\left|\vec{E}_P\right|$ 随 r^3 衰减，所以对同一 α，当场点距离由 r 变为 $0.8r$ 时便可使其场强

模发生增加一倍的变化。若不考虑场强方向只考虑大小，$\alpha = 0°$ 时距引信距离为 r 的场强大小相当于 $\alpha = 90°$ 时距引信距离为 $0.8r$ 时的场强。因此，从理论上分析 r 改变对场强大小的影响远远大于 α 改变对场强大小的影响。换言之，当 α 在 $0°\sim 360°$ 范围内变化时，该引信在包含 z 轴的任一平面内等场强的探测方向图是一个长短半轴仅相差 20% 的椭圆（长轴沿 z 方向）。

（5）由结论（2）、（4）可推出电容引信在其 $r \geqslant h$ 的有效工作空间内，其等场强的探测方向图是一个长短半轴仅相差 20% 的椭球（如图 4-1 所示）。

4.1.3　由电容目标探测方程看电容引信的探测方向性

由等效电容目标探测方程式（3-59）可见，反映极间电容相对变化量受目标方位制约程度的物理量是修正后的遇靶姿态对极间电容相对变化量的影响系数 K_f'' 中的 $1 + (3/4)^{10d_e/r}\sin^2\theta$ 部分。对比图 3-1 与图 4-3 可知，若忽略 $\Delta\alpha$，则弹目交会姿态角 θ 与 α 近似互为余角。因此若令

$$k(\theta) = 1 + \frac{3}{4}^{10d_e/r}\sin^2\theta \qquad (4-16)$$

那么，用 α 替代 θ 则有

$$k(\alpha) = 1 + \frac{3}{4}^{10d_e/r}\cos^2\alpha \qquad (4-17)$$

第 3 章已讨论过一般电容引信 d_e/h 在 $0.1\sim 0.4$，其 $k(\alpha)$ 值范围在

$$k_{\min}(\alpha) = 1，\quad \alpha = 90°；\quad k_{\max}(\alpha) = 1.8，\quad \alpha = 0° \qquad (4-18)$$

将式（4-18）与式（4-15）比较可知，二者具有较好的近似度。之所以不完全相等，除了忽略了 $\Delta\alpha$ 的因素之外，还因场强模型的建立是在忽略 $(d_e/r)^3$ 及更高幂次项的情况下进行的，而等效目标探测方程是忽略 $(d_e/r)^3$ 及更高幂次项条件下建立起的目标探测方程加进了 θ 项的修正系数 $k_\theta[k_\theta = (3/4)^{10d_e/r}]$。如果撇开这个修正系数，则由式（3-55）的 K_f' 可知，此时 $k(\theta) = 1 + \sin^2\theta$，亦即有

$$k(\alpha) = 1 + \cos^2\alpha \qquad (4-19)$$

为证明本节从不同角度所建立的场强模型与目标探测方程可相互印证，现讨论 $k(\alpha)$ 与 k_α 的近似度。现构建一误差函数 k_δ，令 $k_\delta = k_\alpha - k(\alpha)$，则由式（4-14）与式（4-19）可得到

$$k_\delta = \sqrt{3\cos^2\alpha + 1} - (1 + \cos^2\alpha) \qquad (4-20)$$

则

$$\frac{\mathrm{d}k_\delta}{\mathrm{d}\alpha} = \left(2 - \frac{3}{\sqrt{3\cos^2\alpha + 1}}\right)\sin\alpha\cos\alpha \qquad (4-21)$$

令 $\dfrac{\mathrm{d}k_\delta}{\mathrm{d}\alpha} = 0$，可得 k_δ 的极值点对应的 3 个 α 值。

$$\alpha = 0°, \quad k_\delta = 0 \quad （极小值点）$$
$$\alpha = 90°, \quad k_\delta = 0 \quad （极小值点）$$
$$\alpha = 50°, \quad k_\delta = 0.083 \quad （极大值点）$$

由于在 $\alpha \in [0°, 90°]$ 内 k_α 及 $k(\alpha)$ 均具有单调性，且 $k(\alpha) \leqslant k_\alpha$，则 k_α 与 $k(\alpha)$ 的最大相对误差 $\delta_{\max}$ 为

$$\delta_{\max} = \frac{k_\delta(50°)}{k(50°)} \times 100\% = 5.9\%$$

又由于 k_α 与 $k(\alpha)$ 在 $\alpha = 0°$ 及 $90°$ 点均无误差，且其最大相对误差小于 6%，这充分说明了本文从不同角度建立起来的电容目标探测方程与电容探测器的场强模型的正确性。另外，由式（3−59）及式（4−13）可见，电容目标探测方程反映的极间电容相对变化量 $\Delta C_{ad} / C_{ad}$ 及场强表达式反映的场强大小 $|\bar{E}_P|$ 均与 r^3 成反比，这进一步得到了二者之间的相互印证。

第 3 章已讨论过，加了 θ 修正系数 k_θ 的 K''_f 较未加修正系数 k_θ 的 K'_f 更符合电容引信的实际，这从反面说明了本节所建立的场强模型，由于忽略了 $(d_e / r)^3$ 及更高幂次方项，而导致场强对 α 的影响程度较实际有所夸大。换言之，实际电容引信探测方向图中椭圆的长、短半轴之差要小于 20%，这与第 3 章讨论 θ 对 h 的影响规律时得出的"由 θ 改变引起的实际炸高散布小于 15%"的结论相吻合。

作者曾对 90 mm 航空火箭弹电容近炸引信、AFT−9 重型反坦克导弹电容引信、HJ−73 反坦克导弹电容引信及 82 mm 迫弹电容引信的探测方向性进行过测试，其结果均呈近似球形的椭球。在这四种引信中，其椭球的长、短半轴之差最大不超过 15%，从而证明了本理论模型的有效可行性和适用性。

总之，因为电容引信工作在准静电场，不辐射，其能量不像无线电引信那样集中在某一特定方向上，所以场的方向性较均匀，基本上在电极周围均匀分布。当引信对目标的探测角度不同时，所获得的目标信号变化差异不大，使得电容引信具备了不同弹目交会姿态角条件下，炸高散布小的优点。

4.1.4　电容引信的方向性函数与方向性因子

与无线电引信存在一个描述其天线探测方向性的方向性函数、方向性系数一样，电容引信同样存在一个描述其探测方向性的方向性函数与方向性因子。找出这一方向

性函数及方向性因子，无论对于控制电容引信在不同方位下遇目标的炸高散布，还是对于按照特定战技指标要求突出增大某一方位范围内的目标探测能力，进行目标探测的方向性控制，均具有理论指导意义。

1. 电容引信的方向性函数

无线电引信将其天线的方向性函数 $F(\Phi)$ 定义为天线在 Φ 方向上的辐射场强与最大场强之比。类比这一定义，本节定义电容引信的方向性函数 $F_c(\alpha)$ 为探测器在沿 α 方向上的静电场场强与最大场强的比值。

那么由式（4-13）有

$$\left|\vec{E}_P\right|_{\max}(\alpha) = \frac{C_{ad}U_{ad}d_e}{2\pi\varepsilon_e r^3}, \quad \alpha = 0° \tag{4-22}$$

则

$$F_c(\alpha) = \frac{\left|\vec{E}_P\right|(\alpha)}{\left|\vec{E}_P\right|_{\max}(\alpha)} = \frac{1}{2}\sqrt{3\cos^2\alpha + 1} \tag{4-23}$$

式（4-23）即为一般电容探测器的方向性函数。前面已讨论了 $\sqrt{3\cos^2\alpha + 1}$ 与 $1 + \cos^2\alpha$ 有很好的近似性，则 $F_c(\alpha)$ 还可写为

$$F_c(\alpha) = \frac{1 + \cos^2\alpha}{2} \tag{4-24}$$

2. 电容引信的方向性因子

决定无线电引信探测方向性的因素除了天线的方向性函数外，还有天线的方向性系数 D。D 被定义为最大辐射方向与均匀辐射时的能流密度之比。D 直接反映了天线探测方向图的探测角范围及尖锐程度，它对无线电引信具有独特的意义。一般电容引信的探测方向图都近似于圆形，若用能流密度的概念来衡量，一般 D 不大于 2，且差异不大。因此对电容引信再设定方向性系数意义不大。

从无线电引信的炸高模型可见，无论对空目标，还是对地目标，式中均存在一个反映引信目标探测方向性的方向性参量积 $DF^2(\phi)$。若将这个参量积定义为探测器的方向性因子，那么该因子概括了天线的方向性系数与方向性函数对目标探测方向性的全部影响和作用。对于电容近炸引信，有意义的正是具有可涵盖综合性影响和作用的探测方向性因子。

由等效电容目标探测方程式（3-59）可见，该方程式中反映目标探测方向性的方向性参量积为 $k(\theta) = 1 + (3/4)^{10d_e/r}\sin^2\theta$，对比图 3-1 及图 4-3，忽略 $\Delta\alpha$ 及 r 起始点的差异，用 α 作为方向性因子的基本变量后有

$$k(\alpha) = 1 + \left(\frac{3}{4}\right)^{10d_e/r} \cos^2 \alpha \qquad (4-25)$$

$k(\alpha)$ 即为等效电容目标探测方程的方向性因子。

对比式（4-25）与式（4-24）可知，当 $k(\alpha)$ 不加修正系数 $(3/4)^{10d_e/r}$ 时，它正好是方向性函数 $F_c(\alpha)$ 的 2 倍。因为加修正系数后更符合电容引信实际，所以 $k(\alpha)$ 在 $F_c(\alpha)$ 的 1~2 倍之间变化。这也说明了电容引信实际的探测方向性系数 D_c 不大于 2。

由等效电容目标探测方程可知，由于 $k(\alpha)$ 正比于探测器极间电容相对变化量。故由式（4-25）可得结论：① 探测器的目标探测能力与 α 成反比。$\alpha = 0°$ 时目标探测能力最强；$\alpha = 90°$ 时最弱。② α 对目标相对探测能力的影响程度受 d_e/r 参量制约，d_e/r 越大 α 的相对影响程度越小，反之越大。

以上两点结论对电容引信电极设计的指导意义是，当需引信在不同弹目交会姿态角保持炸高稳定时，可在允许的条件下尽量增大极间等效间距 d_e（如增大弹长及 A、D 间的间距）；当需引信在落角 θ 具有更高的相对探测能力时，除了在允许条件下尽可能减小 d_e 外，还应将探测器两电极中心的连线与弹轴夹角按照 $(90° - \theta)$ 来设计。

4.2　电容引信探测灵敏度

近炸引信探测灵敏度是其探测器对目标出现反应程度的度量。研究电容引信探测灵敏度是为了探索提高电容引信目标探测能力的技术途径和电路稳定工作条件，以达到提高作用距离，控制炸高散布，减少失效概率的目的。

前人曾对电容引信探测灵敏度做过探索，无线电引信自差机灵敏度为

$$S_a = \frac{\Delta u_{\Omega m}}{\Delta \ln R_{\Sigma}} = \frac{\Delta u_{\Omega m}}{\Delta R_{\Sigma}/R_{\Sigma}} \qquad (4-26)$$

式中　$\Delta u_{\Omega m}$——检波输出电压；

R_{Σ}——天线辐射电阻；

ΔR_{Σ}——遇目标时，天线辐射电阻的变化量。

用类比此灵敏度的形式提出电容引信探测灵敏度为

$$S = \frac{\Delta u}{\Delta C/C} \qquad (4-27)$$

由于该模型仅是一个概念模型而不是一个工程模型，而且它的建立仅基于鉴频式电容探测器的工作频率 f 与极间电容 C 间，以及鉴频器输出电压变化量 Δu 与工作频率 f 间的相互依赖关系，而并未从理论上系统地分析它的适用性，以及从理论上讨论影响不同探测模式电容探测器灵敏度的主要因素。因此，本章将从理论上讨论可涵盖所有探测模式探测器灵敏度的概念模型，结合两种主要探测模式进行探测灵敏度工程模型的

建立，并就其主要影响因素进行分析。

4.2.1　电容引信探测灵敏度概念模型

无线电引信在其自差机灵敏度的理论建模时，用引信遇目标时回波信号功率与发射功率的比值 (P_r/P_Σ) 作为目标给自差机输入信息的度量，然后用输出信号（$\Delta u_{\Omega m}$）与输入信息 (P_r/P_Σ) 的比值来体现灵敏度 S_a，最终导出式（4-26）的灵敏度表达式。这种用能量的改变来体现目标对探测器影响程度的思想，对于任何体制的近程目标探测灵敏度理论建模均具有普遍指导意义。如果从信息强弱的角度来看待探测灵敏度问题，那么可以将探测器看作一个黑箱，而目标的出现可看作是探测器的输入信息，而它所输出的电压变化信号则是它的输出信号。在一定输入信息强度的条件下，输出信号越大，或在要求保证一定输出信号的情况下，所要求的输入信息强度越小，则探测器的灵敏度就越高。由此，可以从一般物理概念及信息传输两个角度来定义探测灵敏度 S_d。

（1）基于一般物理概念

$$S_d = \frac{\text{探测器对目标的反应程度}}{\text{目标对探测器的影响程度}} \tag{4-28}$$

（2）基于信息传输角度

$$S_d = \frac{\text{探测器输出信号强度}}{\text{探测器输入信息强度}} \tag{4-29}$$

对于电容引信，将探测器输出端的信号电压变化量 ΔU_d 作为探测器的输出信号强度来表征探测器对目标的反应程度（电容引信实际电路中正是用探测器输出端的信号电压变化量作为信号处理电路的输入参量）。基于申农的信息理论，由于"差异就是信息""能量的产生、变化、转换过程必然伴随着相应的信息运动"，为寻求目标对探测器的影响程度的信息表征参量，本节将从讨论遇目标时由探测器电极构成的电容器上所携带能量的相对变化量 $\Delta W/W$ 入手进行分析（从揭示事物内在联系的物质、能量、信息三要素间关系的角度看问题，用能量指标来体现多种参量的综合作用更具有客观性）。下面首先讨论探测器极间电容器上的能量变化量。

1. 遇目标时极间电容器上的能量变化量

因为无目标时，极间电容器上所携带的能量因参考变量不同有以下三种表示形式

$$W = \begin{cases} \dfrac{1}{2}QU_{ad} & （1） \\[2mm] \dfrac{1}{2}\dfrac{Q^2}{C_{ad}} & （2） \\[2mm] \dfrac{1}{2}C_{ad}U_{ad}^2 & （3） \end{cases} \tag{4-30}$$

对于 $W = f(x, y)$ 的函数，当 $\Delta x \ll x$、$\Delta y \ll y$ 时有

$$\Delta W = \frac{\partial W}{\partial x} \Delta x + \frac{\partial W}{\partial y} \Delta y \qquad (4-31)$$

由于一般电容引信正常炸高时的 ΔC_{ad} 比 C_{ad} 小近两个数量级甚至更多（如按本章模型计算的某航空火箭弹电容引信炸高 $h = 1$ m 时，$\Delta C_{ad} \approx 0.15$ pF，而 $C_{ad} = 36.6$ pF）。则遇目标时，目标对探测器作用引起 W 的改变量分别对应的三种表达式为

$$\Delta W = \begin{cases} \dfrac{1}{2} U_{ad} \Delta Q + \dfrac{1}{2} Q \Delta U_{ad} & （1） \\[3mm] \dfrac{Q}{C_{ad}} \Delta Q - \dfrac{1}{2} \left(\dfrac{Q}{C_{ad}} \right)^2 \Delta C_{ad} & （2） \\[3mm] \dfrac{1}{2} U^2_{ad} \Delta C_{ad} + C_{ad} U_{ad} \Delta U_{ad} & （3） \end{cases} \qquad (4-32)$$

分别将式（4-32）与式（4-30）中对应的表达式相除可得

$$\frac{\Delta W}{W} = \begin{cases} \dfrac{\Delta Q}{Q} + \dfrac{\Delta U_{ad}}{U_{ad}} & （1） \\[3mm] \dfrac{2\Delta Q}{Q} - \dfrac{\Delta C_{ad}}{C_{ad}} & （2） \\[3mm] \dfrac{\Delta C_{ad}}{C_{ad}} + 2\dfrac{\Delta U_{ad}}{U_{ad}} & （3） \end{cases} \qquad (4-33)$$

式（4-33）为可涵盖所有形式的电容探测器的能量相对变化量的三种不同表达形式，联立式（4-33）中（1）（2）（3）可解得

$$\frac{\Delta Q}{Q} = \frac{\Delta C_{ad}}{C_{ad}} + \frac{\Delta U_{ad}}{U_{ad}} \qquad (4-34)$$

由于电容探测器遇目标时产生 ΔC_{ad} 为必然事件，而其极间电位差 U_{ad} 是否变化、电极所带电荷是否改变，则因电容探测器的具体形式而异。共有三种情况，下面分别进行讨论。

（1）两探测电极分别与一等效恒压源两端相连（某些直流电容引信即属此类型）。因 ΔU_{ad} 近乎等于 0，则由式（4-33）中（3）可得

$$\frac{\Delta W}{W} = \frac{\Delta C_{ad}}{C_{ad}} \qquad (4-35)$$

因为遇目标时 $\Delta C_{ad} > 0$，所以此时 $\Delta W > 0$，极间电容器携能增加。这是由于恒压源向极间电容器补充了电荷的缘故。

（2）极间电容器在遇目标前充满电后变为相对孤立的电容器。

当目标出现产生 ΔC_{ad} 后，由于极间电容器上不能立即得到电荷补充，则 $\Delta Q = 0$，由式（4–33）中（2）可得

$$\frac{\Delta W}{W} = -\frac{\Delta C_{ad}}{C_{ad}} \tag{4–36}$$

显然，在该情况下遇目标 $\Delta W < 0$，极间电容器携能减少。这是由于目标与电极间形成的电容及电位差分流了极间电容器上的能量，而极间电容器又得不到电荷补充的缘故。换言之，当目标靠近电容探测电极时，探测器形成的电场力对目标做功，消耗了 ΔW 的能量。

（3）极间电容器作为探测器谐振回路的容性元件。

一般工作在准静电场的交流电容引信属于此类。为了分析探测器遇目标时 ΔU_{ad} 的变化情况。先讨论一下 ΔC_{ad} 对振荡器振幅 U_A 的影响。

由于该类电容引信一般将电极构成的结构电容器作为容性元件加入振荡器的谐振回路中。当引信遇目标时，极间产生 ΔC_{ad}，那么它必然改变其谐振回路总等效阻抗 Z_e，因对于一确定的探测器谐振回路，静态（无目标）时必有

$$Z_e = K_z \frac{L}{RC} \tag{4–37}$$

式中　K_z——常数；

　　　R、L、C——回路中的等效电阻、电感和电容。

由于遇目标时 L、R 均不改变，那么有

$$\frac{\mathrm{d}Z_e}{\mathrm{d}C} = -K_z \frac{L}{RC^2} \tag{4–38}$$

因为 $\Delta C_{ad} = \Delta C$，则由 ΔC_{ad} 引起的 Z_e 值的相对变化量为

$$\frac{\Delta Z_e}{Z_e} = -\frac{\Delta C_{ad}}{C} \tag{4–39}$$

因为 $\Delta C_{ad} > 0$，可见引信遇目标时谐振回路中的 Z_e 值下降使 $\Delta Z_e < 0$，依据振幅平衡条件

$$S_c \beta_b Z_e = 1 \tag{4–40}$$

式中　S_c——平均跨导；

　　　β_b——回路反馈系数。

则有

$$Z_e \Delta(S_c \beta_b) + S_c \beta_b \Delta Z_e = 0 \tag{4–41}$$

即

$$\frac{\Delta Z_e}{Z_e} = -\frac{\Delta(S_c \beta_b)}{S_c \beta_b} = -\frac{1}{S_c \beta_b} \frac{\partial(S_c \beta_b)}{\partial U_A}\bigg|_{U_A = U_{A0}} \Delta U_A \tag{4–42}$$

式中 U_{A0} ——静态时振荡器振幅。

亦即

$$\frac{\Delta Z_e}{Z} = -Z_{e0}U_{A0}\frac{\partial(S_c\beta_b)}{\partial U_A}\bigg|_{U_A=U_{A0}}\frac{\Delta U_A}{U_{A0}} \tag{4-43}$$

式中 Z_{e0} ——静态时谐振回路总等效阻抗。

因为静态时对于确定的振荡器，Z_{e0}、U_{A0}、$\dfrac{\partial(S_c\beta_b)}{\partial U_A}\bigg|_{U_A=U_{A0}}$ 均为常数，且依据振幅

稳定条件 $\dfrac{\partial(S_c\beta_b)}{\partial U_A}\bigg|_{U_A=U_{A0}} < 0$ ，则令 $k = \left[-Z_{e0}U_{A0}\dfrac{\partial(S_c\beta_b)}{\partial U_A}\bigg|_{U_A=U_{A0}}\right]^{-1}$。

显然 k 为大于 0 的常数，它与振荡器的稳定度成反比。那么在 $U_A=U_{A0}$ 附近有

$$\frac{\Delta U_A}{U_A} = k\frac{\Delta Z_e}{Z_e} \tag{4-44}$$

将式（4-39）代入式（4-44）有

$$\frac{\Delta U_A}{U_A} = -k\frac{\Delta C_{ad}}{C} \tag{4-45}$$

显然，引信遇目标时 $\Delta U_A < 0$，振荡器的振幅随 ΔC_{ad} 的增大而减小。

由于 $\dfrac{\Delta U_{ad}}{U_{ad}} = \dfrac{\Delta U_A}{U_A}$，则由式（4-45）得

$$\frac{\Delta U_{ad}}{U_{ad}} = -\frac{kC_{ad}}{C}\frac{\Delta C_{ad}}{C_{ad}} \tag{4-46}$$

由于 k、C_{ad}、C 均大于 0，显然 U_{ad} 随 C_{ad} 的增大而减小。

将式（4-46）代入式（4-33）中（3）有

$$\frac{\Delta W}{W} = k'\frac{\Delta C_{ad}}{C_{ad}} \tag{4-47}$$

式中 $k' = 1 - 2k\dfrac{C_{ad}}{C}$ ——常数。

综观式（4-35）、（4-36）、（4-47），如果引入极间电容器能量相对变化量特征系数 k_w，则可将能涵盖所有电容探测器遇目标时的能量相对变化量表达式概括为

$$\frac{\Delta W}{W} = k_w\frac{\Delta C_{ad}}{C_{ad}} \tag{4-48}$$

式中

$$k_w = \begin{cases} 1 & [当极间电容器与等效恒压源相连时（如直流电容引信）] \\ -1 & （当极间电容器作为孤立电容器时） \\ 1-2kC_{ad}/C & （当极间电容器作为谐振回路容性元件时） \end{cases}$$

2. 电容探测器输入信息强度的确定

（1）从能量相对变化量表达式确定。

由式（4-48）可见，对于不同形式的探测器，由于作用原理不同，遇目标时产生的 ΔW 有正有负，但从反映目标对探测器的影响程度的角度看问题，有意义的是 $\Delta W / W$ 的绝对值。对于采用恒压源的极间电容器，同样条件下 W 的相对增加量越大，目标对探测器的影响程度就越高。而对于孤立电容器，则 W 的相对减小量越大，目标对探测器的影响程度就越高。此时，k_w 的正负已毫无意义。此外，由式（4-48）可见，对于以上三类探测器而言，它们反映 $\Delta W / W$ 变化的共同点是 $\Delta C_{ad} / C_{ad}$。因此，为统一尺度来体现目标对不同探测器的影响程度，选择 $\Delta C_{ad} / C_{ad}$ 这一具有相对性特征的参量作为电容探测器的输入信息强度是合理的。

（2）从电容目标探测方程看确定 $\Delta C_{ad} / C_{ad}$ 为探测器输入信息强度的合理性。

在第 3 章中讨论了本书所建立的电容目标探测方程的广泛适用性。由等效电容目标探测方程式（3-59）可见，表征任何一种电容探测器对目标的反应程度的基本参量正是 $\Delta C_{ad} / C_{ad}$。由此可见，选 $\Delta C_{ad} / C_{ad}$ 作为电容探测器的输入信息强度具有普遍适用性。

另外，由式（3-59）可见，该式右端的 $\dfrac{1}{r^3}\dfrac{\varepsilon_t - \varepsilon_e}{\varepsilon_t + \varepsilon_e}\left[1+\left(\dfrac{3}{4}\right)^{10d_e/r}\sin^2\theta\right]$ 部分反映了不同材料特性、不同介质特性、不同弹目距离、不同弹目交会姿态下的绝对目标信息强度［反映绝对目标信息强度的参量还有目标尺寸。因为该探测方程是在目标尺寸（含表面积）远大于探测电极的假设下推导出来的，所以从方程中体现不出来，即认为当满足远大于（≫）条件时，目标尺寸的差异性可忽略］。令它为 I_a，则

$$\frac{\Delta C_{ad}}{C_{ad}} = f_r I_a \tag{4-49}$$

式中　　$f_r = \dfrac{C_{ad}d_e^{\,2}}{32\pi\varepsilon_e}$——量纲为 m^3。

第 3 章在对式（3-62）的分析时得出：决定 C_{ad} 的主要部分与 ε_e 成正比，与 s_2（弹体外表面面积）成正比，与 d_e 成反比。那么实际上 f_r 反映的是仅与 s_2 及 d_e 成比例的参量。由于 s_2、d_e 仅直接与探测器结构尺寸有关，所以 f_r 与 ε_e 及 C_{ad} 均无直接关系。因此，f_r 实质上是将绝对目标信息强度转化为相对目标信息强度的转换函数。对于同一绝对目标信息强度 I_a，不同的探测器对应不同的 f_r，从而使探测器上产生不同的 $\Delta C_{ad} / C_{ad}$，因此可得结论：选择 $\Delta C_{ad} / C_{ad}$ 作为电容探测器的输入信息强度具有相对性。

3. 电容探测器灵敏度概念模型

确定了电容探测器的输出信号强度参量及输入信息强度参量，探测灵敏度建模即

可实现。为形象地反映电容探测灵敏度 S_{dc} 在探测器将目标信息转化为遇目标信号过程中的地位和作用。图 4-4 给出了电容探测器将目标信息转换为目标信号过程的流程框图。由该图可见：当目标进入由电容探测器建立的静电场内，已客观存在的 I_a 经过 f_r 的转换在探测器电极上产生一个强度为 $\Delta C_{ad}/C_{ad}$ 的目标信息，依此作为探测器中信息处理器的输入。探测灵敏度是整个探测系统的信息、信号转化函数，撇开不同探测模式的具体信息、信号转换过程，将探测器视为一个黑箱，探测灵敏度实质上就是一个类似于系统转换函数的物理量。

图 4-4　电容探测器目标信息、信号转换框图

经过它的转换，相对目标信息强度 $\Delta C_{ad}/C_{ad}$ 变成 ΔU_d，作为探测器遇目标信号的输出。ΔU_d 的大小反映了探测器输出信号的强度。显然，对于同一目标信息强度 $\Delta C_{ad}/C_{ad}$，探测器探测灵敏度越高，其输出信号的强度越大，反之越小。那么将 $\Delta C_{ad}/C_{ad}$ 及 ΔU_d 代入式（4-29）中，即可得到电容探测器的通用探测灵敏度 S_{dc} 的表达式为

$$S_{dc} = \frac{|\Delta U_d|}{\Delta C_{ad}/C_{ad}}, \quad \Delta U_d < 0 \qquad\qquad (4-50)$$

式（4-50）为所建立的电容探测器通用探测灵敏度概念模型。式中，ΔU_d 之所以取其绝对值是因为一般电容引信的 $\Delta U_d < 0$，而 $\Delta C_{ad} > 0$。这样表示体现探测器信息、信号转换效率的灵敏度指标有利于探测器间的直观比较与分析。

由式（4-50）可见，目标信息强度 $\Delta C_{ad}/C_{ad}$ 无量纲。而 ΔU_d 的量纲为电压量纲（伏）。因此，探测灵敏度的量纲也为电压量纲（伏），从量纲上看，ΔU_d 及 S_{dc} 均为绝对量。

4.2.2　两种主要探测模式下探测灵敏度工程模型的建立与分析

对于工程应用而言，仅进行探测灵敏度的概念建模是远远不够的。由式（4-50）可见，$\Delta C_{ad}/C_{ad}$ 及 $|\Delta U_d|$ 分别是探测器系统的输入、输出参量。用这两个参量表示的 S_{dc} 仅能反映作为一个黑箱系统的结果，而不能揭示其内部因素及过程。若要探讨不同探测模式的探测器影响其探测灵敏度的主要因素，寻找提高其灵敏度的主要途径，更有意义的是打破黑箱，进行探测灵敏度的工程建模。对于借助于准静电场探测目标的电容引信而言，它是将探测器电极构成的电容器接入其振荡回路，当引信遇目标使得极间等效电容发生改变时，它对振荡器工作状态的影响主要体现在两个方面：① 工作频率 f 的改变。② 振荡幅度 U_A 的改变。电容探测器正是通过对这两个参量选择其一进行变化量的识别实现目标探测的。依据究竟基于 f 还是基于 U_A 的不同，可使目前在实际

中广泛应用的电容探测器划分为两种主要模式。一种是鉴频式（基于 f 参量），另一种是幅度耦合式（基于 U_A 参量）。本节将在分析其基本工作原理的基础上，按照各自的信息、信号转换方式与途径，分别建立基于概念模型且可指导工程设计的探测灵敏度工程模型。

1. 鉴频式电容探测器的工作原理

鉴频式电容探测器的基本工作原理是把由电极构成的极间电容直接串入振荡回路。把极间电容作为振荡回路电容的主要组成部分。引信遇目标时，极间等效电容改变引起振荡回路工作频率改变，该频率的变化经鉴频器检出电压变化形式的遇目标信号。

图 4-5 为典型鉴频式电容探测器的探测电路。由该图可见，该电路由以下几部分构成（如图 4-6 所示）：稳压电路、振荡电路、放大整形电路、频相变换网络、相位检波器。从该电路框图可见，它的遇目标信息、信号转换过程是：当引信遇目标时，极间电容器上产生电容变化量 ΔC_{ad}，ΔC_{ad} 引起振荡器工作状态改变，即引起工作频率的改变产生 $\Delta f(\Delta f < 0)$。同时伴随振荡幅度的改变产生 ΔU_A（$\Delta U_A < 0$）。因为该探测模式只选择对 f 信号进行提取、转换，所以电路中增设放大器对信号略微进行放大并整形以弥补 U_A 的下降，并突出波形的线性部分。Δf 将导致频相变换网络 C_8、C_9 两个电容两端各自电压矢量的相位发生 $\Delta \phi_d$ 的偏移，从而导致相位检波器两个检波二极管 VD_1、VD_2 的正端电压矢量 $\bar{U}_{d1}$、$\bar{U}_{d2}$ 的模与矢量角的改变，进而引起相位检波器输出信号 U_d 产生 ΔU_d（$\Delta U_A < 0$）的变化。目标距引信电极越近，ΔC_{ad} 越大，引起的 $|\Delta U_d|$ 也越大。ΔU_d 随弹目距离的变化规律即构成了电容引信遇目标信号。

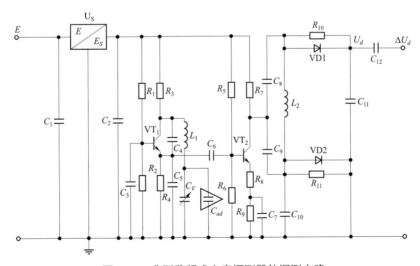

图 4-5　典型鉴频式电容探测器的探测电路

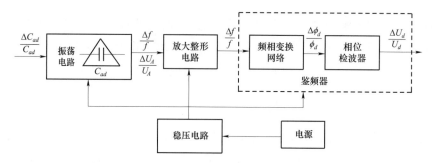

图 4-6 典型鉴频式电容探测器的探测电路原理框图

2. 鉴频式电容探测器的探测灵敏度工程模型

要建立该探测模式下的灵敏度工程模型，首先搞清楚探测器输入信息量、输出信号参量与中间信号参量的内在关系。

1）$\Delta f / f$ 与 $\Delta C_{ad} / C_{ad}$ 的关系

由图 4-5 可知，该振荡电路中共基极克拉泼振荡器的谐振回路网络如图 3-7（b）所示。由于 $C_V + C_{ad}$ 为克拉泼电容，一般满足 $C_V + C_{ad} \ll C_4$、C_5，那么有

$$f = \frac{1}{2\pi\sqrt{L_1(C_V + C_{ad})}} \quad (4-51)$$

因为弹目交会时 L_1、C_V 为常量，所以

$$\frac{\mathrm{d}f}{\mathrm{d}C_{ad}} = -\frac{f}{2(C_V + C_{ad})} \quad (4-52)$$

因为当弹目距离为炸高 h 时 $\Delta C_{ad} \ll C_{ad}$（一般约小两个量级），则有

$$\frac{\Delta f}{f} = -\frac{C_{ad}}{2(C_V + C_{ad})}\frac{\Delta C_{ad}}{C_{ad}} \quad (4-53)$$

由式（4-53）可见，遇目标时 $\Delta C_{ad} > 0$，故 $\Delta f < 0$，即 f 随 C_{ad} 的增大而降低。频率降低的相对变化量不到极间电容相对变化量的 1/2。当 C_V 较 C_{ad} 可忽略时，$|\Delta f / f| = \Delta C_{ad} / (2C_{ad})$。

2）ΔU_d 与 Δf 的关系

图 4-7 为典型电容引信鉴频器的鉴频特性曲线。由该图可见，引信静态工作频率选在 f_0，相应的静态相位检波器输出电压为 U_{d0}，位于鉴频特性曲线直线段的上方附近。令该鉴频器在 $f = f_0$ 处的鉴频灵敏度（又称鉴频跨导）为 K_d，因 $U_d = F(f)$，则有

$$\left.\frac{\mathrm{d}U_d}{\mathrm{d}f}\right|_{f=f_0} = K_d \quad (4-54)$$

对应引信炸高 h 时满足 $\Delta f \ll f_0$，则在 f_0 附近有

$$\Delta U_d = K_d \Delta f \quad (4-55)$$

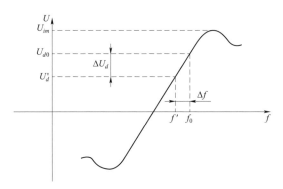

图 4-7　典型电容引信鉴频器的鉴频特性曲线

显然，对于确定的鉴频器其鉴频输出信号变化量与其工作频率变化量成正比，其比例因子正是该鉴频器的跨导。

3）工程模型

将式（4-51）与式（4-53）联立解出 Δf 并代入式（4-55），以 S_{df} 取代 S_{dc}，由式（4-50）可最终解出

$$S_{df} = \frac{C_{ad} K_d}{4\pi L_1^{1/2} (C_V + C_{ad})^{3/2}} \tag{4-56}$$

式（4-56）即为鉴频式电容探测器的探测灵敏度工程模型。

3. 模型分析

1）K_d 对 S_{df} 的影响

由式（4-56）可见，鉴频式电容探测器的探测灵敏度 S_{df} 与鉴频跨导 K_d 成正比。这是因为由式（4-55）可知，对于同样的 Δf，K_d 越大使得 U_d 变化量的绝对值 $|\Delta U_d|$ 越大。

2）L_1 对 S_{df} 的影响

振荡电感 L_1 越小，S_{df} 越高。这是因为由式（4-51）、（4-53）可知

$$|\Delta f| = \frac{C_{ad}}{4\pi L_1^{1/2} (C_V + C_{ad})^{3/2}} \frac{\Delta C_{ad}}{C_{ad}}, \quad \Delta f < 0 \tag{4-57}$$

对于同样的 $\Delta C_{ad} / C_{ad}$，L_1 越小引起的 $|\Delta f|$ 的变化量越大，从而使得 $|\Delta U_d|$ 越大（说明：该结论是以 L_1 减小的程度不会影响振荡幅度，从而不会影响 K_d 为条件的）。

3）C_V 对 S_{df} 的影响

由式（4-56）可知，C_V 越小，S_{df} 越高。因此在工程设计中，并联在探测电极两端的工作点调试电容 C_V 应在满足最大补偿要求的前提下尽量选得小些，以减小灵敏度损失。

4）C_{ad} 对 S_{df} 的影响

由式（4-56）可得

$$\frac{\partial S_{df}}{\partial C_{ad}} = \left[\frac{1}{C_{ad}} - \frac{3}{2(C_V + C_{ad})} \right] S_{df} \qquad (4-58)$$

（1）当 $C_{ad} = 2C_V$ 时，$\partial S_{df} / \partial C_{ad} = 0$，此时 C_{ad} 变化不影响 S_{df}。

（2）当 $C_{ad} < 2C_V$ 时，$\partial S_{df} / \partial C_{ad} > 0$，此时 S_{df} 随 C_{ad} 增大而提高。

（3）当 $C_{ad} > 2C_V$ 时，$\partial S_{df} / \partial C_{ad} < 0$，此时 S_{df} 随 C_{ad} 增大而降低。

因为本节已经分析了 C_V 对 S_{df} 的影响特性，所以一般引信中 C_V 选得较少，以减小灵敏度损失。那么，一般电容引信 C_{ad} 对 S_{df} 的影响特性属于第（3）种。

由于探测器的探测灵敏度是反映探测器的相对目标探测能力，它与引信的目标探测能力是两个不同的概念。讨论这几个对探测灵敏度有影响的主要参量及其对引信的目标探测能力的影响，对指导探测器的工程设计更有实际意义。为进行这种目标探测能力的横向比较，现借助无线电引信中"高频相对灵敏度""高频相对总体启动灵敏度"两个概念，移植于电容引信作为它的度量参量，则可定义：

（1）电容引信高频相对灵敏度：对应于探测灵敏度 S_{dc} 时的探测器输出信号变化量 $|\Delta U_{dm}|$。

（2）电容引信高频相对总体启动灵敏度：目标一定条件下对应于高频相对灵敏度的目标作用距离 h_m。

（3）电容引信低频启动灵敏度就等于其高频相对灵敏度。

L_1、C_v、K_d 均独立于 $\Delta C_{ad} / C_{ad}$，由式（4-50）可知，它们对 S_{df} 的影响特性无疑也是对探测器目标探测能力 $|\Delta U_{dm}|$ 的影响特性。那么需要进一步讨论的是 C_{ad} 对引信目标探测能力的影响。影响 C_{ad} 改变的主要因素有三点：极间等效间距 d_e、弹体外表面面积 s_2 和探测环境介质的介电常数 ε_e。这三点中唯有 ε_e 引信设计者难以左右，所能控制的是 d_e 和 s_2 两个探测器结构性能参量。下面分别讨论其影响特性。

（1）s_2、ε_e 不变，仅改变 d_e。

由于此时 s_2、ε_e 一定，则要使 C_{ad} 增大必使 d_e 减小。图 4-8 为 d_e 改变对引信探测灵敏度 S_{df} 及目标探测能力 $|\Delta U_{dm}|$ 影响的因果关系。由该图可见，当 d_e 减小使得 C_{ad} 增大时，因为 ΔC_{ad} 取决于目标与引信电极（含弹体）表面间的电容，所以 ΔC_{ad} 基本不变，那么必使 $\Delta C_{ad} / C_{ad}$ 减小。由式（4-57）可知，C_{ad} 的增大与 $\Delta C_{ad} / C_{ad}$ 的减小均可使 $|\Delta f|$ 下降，再由式（4-55）可知，必使 $|\Delta U_{dm}|$ 下降。因此可得结论：d_e 减小引起的 C_{ad} 增大不仅会使探测灵敏度下降，而且也会使引信的目标探测能力（高频相对灵敏度）下降。同理，当 s_2 不变时，增大 d_e 不仅可提高探测灵敏度，而且会使引信的目标探测能力提高。

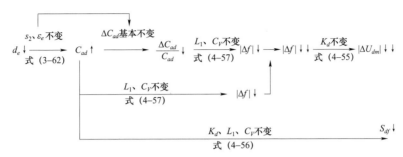

图 4-8　d_e 改变对引信探测灵敏度及目标探测能力影响的因果关系

（2）d_e 不变，改变 s_2。

此时，由于 d_e 不变，要使 C_{ad} 增大必使 s_2 增大，图 4-9 为 s_2 改变对引信探测灵敏度 S_{df} 及目标探测能力 $|\Delta U_{dm}|$ 影响的因果关系。由该图可见，当 d_e 不变而增大 s_2 时，无疑会引起 ΔC_{ad} 的增加。由探测方程式（3-27）可知，ΔC_{ad} 与 C_{ad}^2 成正比；由探测方程式（3-59）可知，$\Delta C_{ad}/C_{ad}$ 与 C_{ad} 成正比。所以增大 s_2 使得 ΔC_{ad} 及 $\Delta C_{ad}/C_{ad}$ 均增大。再由式（4-57）可知，$|\Delta f|$ 与 $\Delta C_{ad}/C_{ad}$ 成正比，而由式（4-57）可知，$|\Delta f|$ 与 ΔC_{ad}、$\Delta C_{ad}/C_{ad}$ 成正比。若将 $\Delta C_{ad}/C_{ad}$ 视为一独立变量，则 $|\Delta f|$ 近似与 $\sqrt{C_{ad}}$ 成反比。因此 C_{ad} 增大对 $|\Delta f|$ 产生的综合效应是增加不是减少。同理，此时表征该引信目标探测能力的 $|\Delta U_{dm}|$ 必有提高。这样，当探测器极间等效间距 d_e 不变而通过加大电极面积提高 C_{ad} 时，尽管其探测灵敏度降低了，但目标探测能力却提高了。

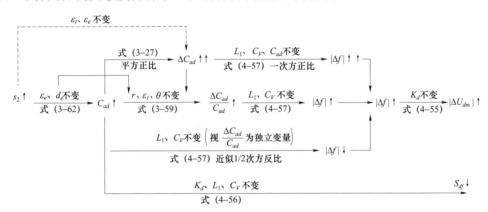

图 4-9　s_2 改变对引信探测灵敏度及目标探测能力影响的因果关系

4. 幅度耦合式电容探测器的工作原理

图 4-10 为典型幅度耦合式电容探测器的探测电路。由该图可见，该探测电路的工作原理是在共集电极克拉泼振荡器的基础上，将探测器极间固有结构电容 C_{bd} 接入振荡电感 L_0 及电路"地"间，形成形式上的西勒振荡器（因电极构成的电容远小于 C_5，不满足西勒振荡器条件，故其本质仍为一克拉泼振荡器），引信遇目标时，C_{bd} 改变，引

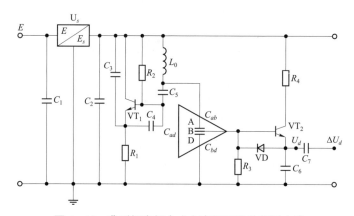

图 4-10　典型幅度耦合式电容探测器的探测电路

起交流谐振回路中的阻抗值改变，导致振荡器振幅 U_A 的改变。与此同时，由探测器受感电极 B 与两施感电极 A、D 组成的电极分压耦合器，其电极 A、B 及 B、D 间的等效电容也同时发生改变，导致耦合阻抗比 K_r 改变。而 U_A、K_r 的改变均使得检波输入电压 U_i 发生改变。U_i 经检波器直接检波即可检出电压变化形式的遇目标信号。

图 4-11 为该电路原理框图，它由以下几部分组成：稳压电路、振荡电路、电极分压耦合器、幅度检波器。从该图可见，它的遇目标信息、信号转换过程是：由引信遇目标时极间电容器上产生的电容变化量 ΔC_{ad} 引起振荡器工作状态改变，即振荡幅度改变产生 ΔU_A（$\Delta U_A < 0$），工作频率改变产生 Δf（$\Delta f < 0$）。该探测器的检波器是幅度检波器，它直接按比例提取 ΔU_A 信号，而与幅度检波器输入端相连的由电极构成的分压耦合器的阻抗比 $K_r = C_{bd}/C_{ab}$，只随电容改变而改变，不随信号变化频率的改变而改变。因此，该信号转换过程与 Δf 无直接关系，只与 ΔU_A 和 ΔK_r 相关。由于 ΔK_r 导致该分压耦合器的分压比 K_R 改变产生 ΔK_R（$\Delta K_R < 0$），以及导致幅度检波器输入端的输入信号电压幅度 U_{im} 产生 ΔU_{im}（$\Delta U_{im} < 0$），进而引起幅度检波器输出信号电压 U_d 产生 ΔU_d（$\Delta U_d < 0$）。弹目距离越近，ΔC_{ad} 越大，引起的 $|\Delta U_d|$ 也越大，ΔU_d 随弹目距离的变化规律构成了遇目标信号。

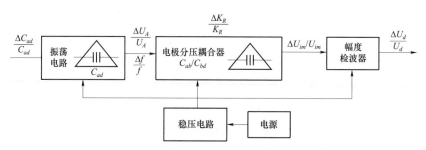

图 4-11　典型幅度耦合式电容探测器探测电路原理框图

5. 幅度耦合式电容探测器的探测灵敏度工程模型

1）U_{im} 与 U_A 的关系

图 4－12 为幅度耦合式电容探测器遇目标时的电容分布网络。振荡器的振幅 U_A 信号取自 A、D 两端，而检波输入信号 U_i 取自 B、D 两端，如果要建立 U_{im} 与 U_A 的关系，首先应从分析 A、B、D、T 间的电容分布网络入手。

图 4－12 所展示的电容目标探测系统是一个 $n=3$ 的四导体系统（见第 2 章，为做一般性讨论

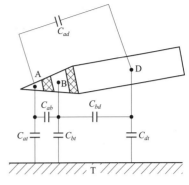

图 4－12　幅度耦合式电容探测器遇目标时的电容分布网络

仍将目标以大地为例进行讨论）。那么，依据多导体系统的电荷平衡方程式（2－28）可写出

$$\begin{cases} Q' = C_{at}U_{at}+C_{ab}U_{ab}+C_{ad}U_{ad} & （1） \\ 0 = -C_{ab}U_{ab}+C_{bt}U_{bt}+C_{bd}U_{bd} & （2） \\ -Q' = -C_{ad}U_{ad}-C_{bd}U_{bd}+C_{dt}U_{dt} & （3） \end{cases} \qquad （4-59）$$

式中　Q'、$-Q'$——遇目标时电极 A、D 上所带电荷；

C_{at}、C_{bt}、C_{dt}——A、B、D 与 T 间的瞬时电容。

当引信远离目标时，$C_{at}=C_{bt}=C_{dt}=0$，且 $Q'=Q$，则式（4－59）变为

$$\begin{cases} Q = C_{ab}U_{ab}+C_{ad}U_{ad} & （1） \\ 0 = -C_{ab}U_{ab}+C_{bd}U_{bd} & （2） \\ -Q = -C_{ad}U_{ad}-C_{bd}U_{bd} & （3） \end{cases} \qquad （4-60）$$

又因

$$Q = C_{ad_0}U_{ad} \qquad （4-61）$$

式中，$C_{ad_0}=C_{ad}+\dfrac{C_{ab}C_{bd}}{C_{ab}+C_{bd}}$。

将式（4－61）代入式（4－60）（1）后，并与 $U_{ab}=U_{ad}-U_{bd}$ 联立可最终解得

$$U_{bd} = \frac{C_{ab}}{C_{ab}+C_{bd}}U_{ad} \qquad （4-62）$$

（1）静态（无目标）时，U_{im} 与 U_A 的关系。

图 4－13 为幅度耦合式电容探测器信号转换分析图。

由图 4－13 可见，$U_A=U_{ad}$，$U_{im}=U_{bd}$。因 C_{ad} 远小于 C_{bd}，依式（4－62）有

$$U_{im} = \frac{C_{ab}}{C_{ab}+C_{bd}}U_A \qquad （4-63）$$

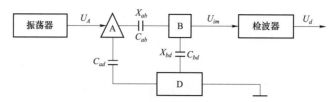

图 4-13 幅度耦合式电容探测器信号转换分析

式（4-63）为引信静态（无目标）时 U_{im} 与 U_A 的信号转换关系式。

令

$$U_{im} = K_R U_A \tag{4-64}$$

显然

$$K_R = \frac{C_{ab}}{C_{ab} + C_{bd}} = \frac{1}{1 + K_r} \tag{4-65}$$

式（4-65）反映了极间电容耦合分压比 K_R 与其阻抗比 K_r 的关系，显然 K_R 随 K_r 的增大而减小。

（2）动态（弹目交会）时，U_{im} 与 U_A 的关系。

图 4-14 为该探测器遇目标时的电容分布等效网络，依"Y-△"阻抗转换方法可求得图 4-14（b）中诸遇目标附加电容 C'_{ab}、C'_{ad}、C'_{bd} 分别为

$$\left. \begin{aligned} C'_{ab} &= \frac{C_{at}C_{bt}}{C_{at} + C_{bt} + C_{dt}} \\ C'_{ad} &= \frac{C_{at}C_{dt}}{C_{at} + C_{bt} + C_{dt}} \\ C'_{bd} &= \frac{C_{bt}C_{dt}}{C_{at} + C_{bt} + C_{dt}} \end{aligned} \right\} \tag{4-66}$$

则 A、B，B、D 间的等效电容变为

$$\begin{aligned} C_{ab} &= C_{ab} + C'_{ab} \\ C_{bd} &= C_{bd} + C'_{bd} \end{aligned} \tag{4-67}$$

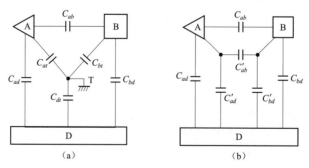

图 4-14 幅度耦合式电容探测器遇目标时的电容分布等效网络

（a）Y 型；（b）△型

此时，C_{ab} 与 C_{bd} 间的阻抗比 K_r 变为

$$K_r' = \frac{C_{bd}}{C_{ab}} = \frac{C_{bd} + C_{bd}'}{C_{ab} + C_{ab}'} \qquad (4-68)$$

将 K_r' 代入式（4-65），则可得弹目交会时 U_{im} 与 U_A 的转换关系式为

$$U_{im} = K_R' U_A \qquad (4-69)$$

式中

$$K_R' = \frac{C_{ab}}{C_{ab} + C_{bd}} = \frac{1}{1 + K_r'}$$

将式（4-64）与式（4-69）合写成一个式子，可得任一时刻 U_{im} 与 U_A 的转换关系式为

$$U_{im} = K_R U_A = \frac{1}{1 + K_r} U_A \qquad (4-70)$$

式中

$$K_r = \begin{cases} \dfrac{C_{bd}}{C_{ab}} & （静态时） \\[3mm] \dfrac{C_{bd} + C_{bd}'}{C_{ab} + C_{ab}'} & （弹目交会时） \end{cases} \qquad (4-71)$$

由式（4-66）可见，弹体 D 表面积远远大于电极 A、B 的表面积，则遇目标时必有 $C_{dt} \gg C_{at}$，因而使得 $C_{bd}' \gg C_{ab}'$。又因为 C_{bd} 既取决于电极 B 的表面积，又与弹体 D 表面积相关，是二者综合作用的结果，故引信遇目标时 C_{bd}' 与 C_{ab}' 的比值要大于静态时 C_{bd} 与 C_{ab} 的比值。这种差别随弹体表面积与电极 A、B 表面积比值的增大而增大。因此可得结论：引信遇目标时，除了振荡幅度 U_A 下降外，其耦合阻抗比 K_r 较静态时增大，且导致分压比 K_R 较静态时减小。

2）$\Delta U_{im} / U_{im}$ 与 $\Delta U_A / U_A$ 和 ΔK_r 的关系

因为 $\Delta U_A \ll U_A$ 且 $\Delta U_{im} \ll U_{im}$，则由式（4-70）有

$$\Delta U_{im} = \frac{\partial U_{im}}{\partial K_r} \Delta K_r + \frac{\partial U_{im}}{\partial U_A} \Delta U_A = U_{im} \left(\frac{\Delta U_A}{U_A} - \frac{\Delta K_r}{1 + K_r} \right) \qquad (4-72)$$

即

$$\frac{\Delta U_{im}}{U_{im}} = \frac{\Delta U_A}{U_A} - \frac{\Delta K_r}{1 + K_r} \qquad (4-73)$$

式中

$$\Delta K_r = \frac{C_{bd} + C_{bd}'}{C_{ab} + C_{ab}'} - \frac{C_{bd}}{C_{ab}} \qquad (4-74)$$

由于引信遇目标时 $\Delta U_A < 0$，而由式（4-74）可知，K_r、ΔK_r 均大于 0，则必有

$\Delta U_{im} < 0$ 且

$$\left| \frac{\Delta U_{im}}{U_{im}} \right| = \left| \frac{\Delta U_A}{U_A} \right| + \frac{\Delta K_r}{1 + K_r} \qquad (4-75)$$

显然，引信遇目标时 U_{im} 的相对变化量是在振幅相对变化量 $\dfrac{\Delta U_A}{U_A}$ 的基础上叠加了一个极间电容阻抗比的变化因子 $\dfrac{\Delta K_r}{1 + K_r}$。

3）ΔU_A 与 ΔU_{im} 的关系

由图 4-10 可知，该探测器中的检波器是对由电极 B"接收"的信号幅度进行有源三极管的直接检波。尽管静态时 U_{im} 为常数，它的输入高频信号为等幅波，但由于不是采用无源二极管检波，检波输出 U_d 不能简单看作检波输入 U_{im} 与其电压传输系数的乘积。

图 4-15 为幅度耦合式电容探测器中检波器的检波电压特性曲线。令该检波器近似线性输出段的电压传输系数为 K_{dd}，则由图 4-15 可知

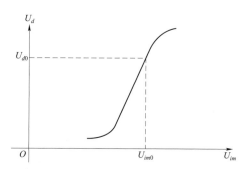

图 4-15　幅度耦合式电容探测器中检波器的检波电压特性曲线

$$U_d = K_{dd} U_{im} + U_{d0} - K_{dd} U_{im0} \qquad (4-76)$$

式中　U_{d0}、U_{im0}——检波器的静态输出电压和静态输入电压信号幅度，对同一引信为常量。

则有

$$\frac{\mathrm{d}U_d}{\mathrm{d}U_{im}} = K_{dd} \qquad (4-77)$$

因对应引信炸高 h 时的 ΔU_d 满足 $|\Delta U_d| \ll U_d$，则在 U_d 附近有

$$|\Delta U_d| = K_{dd} |\Delta U_{im}|, \quad \Delta U_d、\Delta U_{im} < 0 \qquad (4-78)$$

由式（4-78）可见，在检波特性曲线线性段，对于一个确定的检波器，其检波输出电压信号的变化量与其输入电压信号幅度的变化量成正比，其比例因子正是由该检波器本身所确定的电压传输系数。

4）探测灵敏度工程模型

将式（4-64）代入式（4-72）得

$$\Delta U_{im} = \frac{U_A}{1 + K_r} \left(\frac{\Delta U_A}{U_A} - \frac{\Delta K_r}{1 + K_r} \right) \qquad (4-79)$$

分别用 U_{ad}、ΔU_{ad} 取代 U_A、ΔU_A 后与式（4-46）联立有

$$\Delta U_{im} = -\frac{U_{ad}}{1+K_r}\left(\frac{kC_{ad}}{C}\frac{\Delta C_{ad}}{C_{ad}} + \frac{\Delta K_r}{1+K_r}\right) \tag{4-80}$$

将式（4-80）代入式（4-78）得

$$\left|\Delta U_d\right| = \frac{K_{dd}U_{ad}}{1+K_r}\left(\frac{kC_{ad}}{C}\frac{\Delta C_{ad}}{C_{ad}} + \frac{\Delta K_r}{1+K_r}\right) \tag{4-81}$$

将式（4-81）代入式（4-50），则可得幅度耦合式电容探测器的探测灵敏度 S_{da} 的工程模型为

$$S_{da} = \frac{K_{dd}U_{ad}C_{ad}}{1+K_r}\left[\frac{k}{C} + \frac{\Delta K_r}{(1+K_r)\Delta C_{ad}}\right] \tag{4-82}$$

显然，S_{da} 由两部分组成。前一部分是由振荡器振幅改变引起，后一部分由耦合分压比变化引起。

6. 模型分析

1）K_{dd} 对 S_{da} 的影响

由式（4-82）可见，幅度耦合式电容探测器的探测灵敏度 S_{da} 与检波器电压传输系数 K_{dd} 成正比。这是因为，由式（4-78）可知，对于同样的检波输入信号变化量 $\left|\Delta U_{im}\right|$，$K_{dd}$ 越大，U_d 变化量的绝对值 $\left|\Delta U_d\right|$ 越大。

2）U_{ad} 对 S_{da} 的影响

施加于电极 A、D 两端的振荡电压幅度 U_{ad} 越高，其探测灵敏度 S_{da} 越高。这是因为，由式（4-64）、（4-72）可知，对于同样的极间电容耦合阻抗比 K_r，振幅越大 U_{im} 越高，导致 $\left|\Delta U_{im}\right|$ 及 $\left|\Delta U_d\right|$ 越大。

3）k 对 S_{da} 的影响

由振荡器本身所决定的与振荡器稳定度成反比的振幅变化系数 k 越大，探测灵敏度越高，这是因为，由式（4-46）可知，对于同样的 $\Delta C_{ad}/C_{ad}$，k 越大，产生的 $\left|\Delta U_{ad}\right|/U_{ad}$ 越大。

4）C 对 S_{da} 的影响

尽管谐振回路中等效电容 C 包含 C_{ad}，但由于 C_{ad} 在其中只占一小部分，式（4-82）右端分子上的 C_{ad} 不足以与分母中的 C 相抵消。所以 S_{da} 随 C 的增大而降低。对于克拉泼振荡器决定 C 大小的主要因素是克拉泼电容 C_5（如图 4-10 所示），因此可得结论：该模式的探测灵敏度随振荡器克拉泼电容的增大而降低。换言之，在振荡电感一定的条件下（因电感改变会引起品质因数 Q 值改变），振荡频率 f 越高，其探测灵敏度越高。

由式（4-82）可知，以上所讨论的几个参变量（K_{dd}、U_{ad}、k、C、C_5）均独

立于 $\Delta C_{ad}/C_{ad}$，再由式（4-50）可知，它们对探测灵敏度 S_{da} 的影响特性也是对幅度耦合式电容探测器目标探测能力 $|\Delta U_d|$ 的影响特性。

5） C_{ad}、K_r 对 S_{da} 的影响

尽管从式（4-82）中可看出 S_{da} 与 C_{ad} 成正比，与阻抗比 K_r 成反比。但由于 C_{ad} 与 K_r 均是 C_{ab}、C_{bd} 的函数，对于工程设计而言，对式（4-82）右端的 $C_{ad}/(1+K_r)$ 因子进行综合分析更具实际意义。由于静态（无目标）时 $C_{ad}=C_{ad0}$，而灵敏度与静态时的电极固有结构相关。

依图 4-13 有

$$C_{ad0}=C_{ad}+\frac{C_{ab}C_{bd}}{C_{ab}+C_{bd}}=C_{ad}+\frac{C_{bd}}{1+K_r} \qquad (4-83)$$

则

$$\frac{C_{ad0}}{1+K_r}=\frac{C_{ad}}{1+K_r}+\frac{C_{bd}}{(1+K_r)^2} \qquad (4-84)$$

由于 $K_r=C_{bd}/C_{ab}$，由式（4-84）可知 C_{ad} 越大，S_{da} 越高。K_r 越大，即 C_{bd} 越大，C_{ab} 越小，S_{da} 越低。这一结论对电极设计（如图 4-12 所示）的指导意义在于：① 当弹体一定时，应尽量增大电极 A 的表面积，适当控制电极 B 的表面积，以提高探测灵敏度。这一结论也与在第 2 章中讨论提高引信目标探测能力的电极设计原则所证明的当电极 A 的表面积与电极 D 的表面积相等时，其目标探测能力最大的结论具有一致性。② 当电极 A、D 间距一定时，减少电极 A、B 间距，适当增大 B、D 间距有利于提高引信探测灵敏度，这一点除了从数学表达式中显见外，从电极 B、D 越靠近，电荷对地泄漏越严重的物理意义上分析，不难看出它的正确性。

6） $\Delta K_r/(1+K_r)$ 对引信目标探测能力的影响

灵敏度表达式（4-82）中右端中括号内第二项分母中之所以出现 ΔC_{ad} 是因为由灵敏度概念模型式（4-50）中分母部分的 $\Delta C_{ad}/C_{ad}$ 所致，而这一项主要反映极间电容耦合阻抗比的改变（表现为耦合分压比 K_R 改变）对引信灵敏度的贡献。由于 ΔC_{ad} 也同 ΔK_r、K_r 一样与 C_{ab}、C_{bd} 有关，讨论它们对引信探测能力的影响比讨论它们对灵敏度的影响更有实际意义。由式（4-81）可知，反映引信目标探测能力的 $|\Delta U_d|$ 随 $\Delta K_r/(1+K_r)$ 的增大而增大。

由于 $C'_{ab}\ll C_{ab}$，则由式（4-74）可知

$$\Delta K_r \approx \frac{C'_{bd}}{C_{ab}} \qquad (4-85)$$

将式（4-85）与式（4-65）联立有

$$\frac{\Delta K_r}{1+K_r} \approx \frac{C'_{bd}}{C_{ab}+C_{bd}} \qquad (4-86)$$

从式（4-66）可得

$$\frac{\partial C'_{bd}}{\partial C_{dt}} = \frac{C_{bt}(C_{at}+C_{bt})}{(C_{at}+C_{bt}+C_{dt})^2} > 0$$

$$\frac{\partial C'_{bd}}{\partial C_{bt}} = \frac{C_{dt}(C_{at}+C_{dt})}{(C_{at}+C_{bt}+C_{dt})^2} > 0 \qquad (4-87)$$

因此，C'_{bd} 随 C_{bt}、C_{dt} 的增大而增大。由此可得结论：在保持相同 C_{bd} 条件下，增加遇目标时的 C_{bt}、C_{dt} 有利于提高引信的探测灵敏度。C_{bt}、C_{dt} 主要取决于电极 B、D 的表面积，而与两者间的间距关系不大。在电极设计时可采用加大 B、D 间距，增大 B、D 表面积的方法来达到既不增大 C_{bd}，又能获得较大 C_{bt}、C_{dt} 的目的，以提高引信目标探测能力。

4.3　电容引信炸高模型

炸高是近炸引信对地目标作用距离的具体表现形式，是近炸引信最主要的战技指标之一。由于电容引信所配弹种多半针对地面目标，故建立具有普遍实用性的电容引信炸高模型是本书理论研究工作的主要目的之一。

4.3.1　炸高模型的建立

第 3 章建立的电容目标探测方程及第 4 章建立的探测灵敏度模型分别体现了极间电容相对变化量 $\Delta C_{ad}/C_{ad}$ 与弹目距离 r，以及探测灵敏度 S_{dc} 与 $\Delta C_{ad}/C_{ad}$ 的函数关系。因此，借助 $\Delta C_{ad}/C_{ad}$ 这个桥梁即可实现电容近炸引信的炸高建模。

为使所建立的炸高模型更具工程实用性，现将等效电容目标探测方程式（3-59）进行如下的参量变换。

（1）环境特性因子。因为环境介质影响电容变化的主要因素是它的介电常数，所以令环境介质的介电常数 ε_e 为环境特性因子。如果一般工程手册给出的是相对介电常数 ε_{er}，则 ε_e 变为

$$\varepsilon_e = \varepsilon_0 \varepsilon_{er} \qquad (4-88)$$

式中　ε_0——真空中的介电常数。

（2）目标特性因子。同理，令目标材料的介电常数 ε_t 为目标特性因子，那么有

$$\varepsilon_t = \varepsilon_0 \varepsilon_{tr} \qquad (4-89)$$

式中　ε_{tr}——目标材料的相对介电常数。

（3）相对目标特性因子。令目标探测方程中反映目标与环境介质的介电常数差异

特征的函数因子为相对目标特性因子 $F_\varepsilon(\varepsilon_t,\varepsilon_e)$，那么有

$$F_\varepsilon(\varepsilon_t,\varepsilon_e)=\frac{\varepsilon_t-\varepsilon_e}{\varepsilon_t+\varepsilon_e}=\frac{\varepsilon_{tr}-\varepsilon_{er}}{\varepsilon_{tr}+\varepsilon_{er}} \tag{4-90}$$

（4）弹目交会方向性因子。令目标探测方程式中反应弹目交会方向性特征的函数因子为弹目交会方向性因子，那么该方向性因子可有两种表达形式：① 基于落角 θ 的表达形式 $F_\theta(\theta,d_e/r)$。② 基于着角 φ 的表达形式 $F_\varphi(\varphi,d_e/r)$。

前面已讨论过等效目标探测方程中主要体现 $\Delta C_{ad}/C_{ad}$ 与 r 关系特性的是方程式（3-59）右端分母中的 r^3，而 d_e/r 参量仅对 θ 或 φ 的影响程度起加权调整作用。因此对于一种引信，当战技指标中炸高 h 确定为 h_0 时，d_e/r 参量可近似用 d_e/h_0 取代，视为一固定参量。另外，一般电容引信要求炸高 h 与弹长 L 大体相近，在炸高的战技指标尚未确定的论证阶段可近似使用 d_e/L 代替 d_e/r。这样方向性因子有两种等效形式。

① h_0 已知时，

$$F_\theta\left(\theta,\frac{d_e}{h_0}\right)=1+\left(\frac{3}{4}\right)^{10d_e/h_0}\sin^2\theta \tag{4-91}$$

h_0 未知时，

$$F_\theta\left(\theta,\frac{d_e}{L}\right)=1+\left(\frac{3}{4}\right)^{10d_e/L}\sin^2\theta \tag{4-92}$$

② h_0 已知时，

$$F_\varphi\left(\varphi,\frac{d_e}{h_0}\right)=1+\left(\frac{3}{4}\right)^{10d_e/h_0}\cos^2\varphi \tag{4-93}$$

h_0 未知时，

$$F_\varphi\left(\varphi,\frac{d_e}{L}\right)=1+\left(\frac{3}{4}\right)^{10d_e/L}\cos^2\varphi \tag{4-94}$$

将式（4-88）～（4-94）所定义的因子与等效电容目标探测方程式（3-59）中参量进行对应置换，并用炸高 h 取代弹目距离 r。然后与探测灵敏度概念模型式（4-50）联立，可得电容引信通用炸高模型为

$$h=\frac{1}{2}\sqrt[3]{\frac{S_{dc}C_{ad}d_e^2 F_\varepsilon F_\Phi}{4\pi\varepsilon_0\varepsilon_{er}|\Delta U_{dm}|}} \tag{4-95}$$

式中：

① 探测灵敏度 S_{dc}。

$$S_{dc}=\begin{cases} S_{df} & [\text{鉴频式电容探测器，当}\ \Delta C_{ad}/C_{ad}\ \text{可知时，由式（4-50）确定，否则由}\\ & \text{式（4-56）确定}] \\ \\ S_{da} & [\text{幅度耦合式电容探测器，当}\ \Delta C_{ad}/C_{ad}\ \text{可知时，由式（4-50）确定，否}\\ & \text{则由式（4-82）确定}] \end{cases}$$

② 极间（等效）固有结构电容 C_{ad}。

鉴频式电容探测器：由式（3–43）确定。当 $C_V + C_{ad} \ll C_4$、C_5 时，由式（3–44）确定。

幅度耦合式电容探测器：由式（3–46）确定。当 $C_5 \ll C_3$、C_4 时，由式（3–47）确定。

③ 极间（A、D）等效间距 d_e 由式（3–40）确定。

④ 相对目标特性因子 F_ε 由式（4–90）确定。

⑤ 弹目交会方向性因子 F_Φ。

$$F_\Phi = \begin{cases} F_\theta & [\text{基于落角}\ \theta：\text{当}\ h_0\ \text{已知，由式（4–91）确定，}h_0\ \text{未知时，由式（4–92）} \\ & \text{近似确定}] \\ F_\varphi & [\text{基于着角}\ \varphi：\text{当}\ h_0\ \text{已知，由式（4–93）确定，}h_0\ \text{未知时，由式（4–94）} \\ & \text{近似确定}] \end{cases}$$

⑥ 引爆时的探测器输出信号电压变化量。

$$|\Delta U_{dm}| = \begin{cases} |\Delta U_{dfm}| & \text{（鉴频式电容探测器，引爆时鉴频器输出信号电压变化量）} \\ |\Delta U_{ddm}| & \text{（幅度耦合式电容探测器，引爆时检波器输出信号电压变化量）} \end{cases}$$

$|\Delta U_{dm}|$ 的选取应以满足电容引信工作可靠性（安全性和作用有效性）为前提，根据引信的目标特性、弹道环境、干扰信号特征及引信信号处理电路的抗干扰性能综合考虑合理确定。一般电容引信视具体情况不同将 $|\Delta U_{dm}|$ 选定在 20～50 mV（90 mm 航空火箭弹电容引信选定的 $|\Delta U_{dm}|$ 平均阀值为 35 mV）。当然，若战技指标对引信炸高要求不高时，增大 $|\Delta U_{dm}|$ 更有利于引信抗干扰及控制炸高精度。

4.3.2　炸高模型实例验证

现以作者团队先后研制定型的 90 mm 航空火箭弹电容近炸引信和 122 mm 火箭云爆弹电容近炸引信为对象，对炸高模型进行实例验证。

1. 90 mm 航空火箭弹电容近炸引信的验证

图 4–16 为 90 mm 航空火箭弹电容近炸引信及主要部件实物。该引信为我国自主研发的第一个定型并装备部队的以电容近炸为主的多选择（多功能）引信，具有近炸、触发、延期三种功能。作者有幸作为主要研发人员参加了该引信的研制工作，是该引信电容探测电路的设计者。该引信设计定型试验在白城兵器试验中心靶场进行。

已知该引信探测电路的探测模式为幅度耦合式，其探测器基本结构参量数据为：$L = 1.00$ m，$D_b = 0.09$ m，$d_0 = 0.065$ m；探测器基本电路参量数据为：$f = 2.3$ MHz，$L_0 = 47$ μH，$C_3 = 470$ pF，$C_4 = 1\,000$ pF，$C_5 = 82$ pF，$\Delta U_{ddm} = -35$ mV；目标及环境

基本参量数据为：$\varepsilon_{tr}=40$（农田），$\varepsilon_{er}=1$（空气），$\varepsilon_0=8.85\,\text{pF/m}$；弹目交会姿态角（落角）$\theta\in[15°,55°]$。

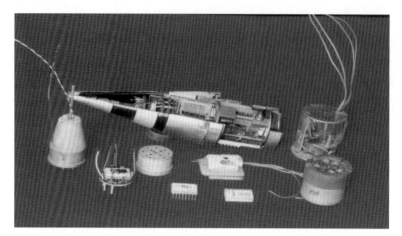

图 4-16　90 mm 航空火箭弹电容近炸引信及主要部件实物

因为 $D_b\ll L$，所以该引信满足炸高模型的应用条件。

由式（3-40）有

$$d_e=\frac{58\times0.065+11\times1.00}{48}=0.31\,(\text{m})$$

由式（3-46）有

$$\begin{aligned}C_{ad}&=\frac{1}{4\pi^2(2.3\times10^6)^2\times47\times10^{-6}}-\left(\frac{1}{470\times10^{-12}}+\frac{1}{1\,000\times10^{-12}}+\frac{1}{82\times10^{-12}}\right)^{-1}\\&=36.62\,(\text{pF})\end{aligned}$$

由式（4-90）有

$$F_\varepsilon=\frac{40-1}{40+1}=0.95$$

因为 $\theta\in[15°,55°]$，所以取其平均值 $\theta=\theta_a=35°$。该引信炸高战技指标为 $h=0.5\sim2\,\text{m}$，其平均值 $H_a=1.25\,\text{m}$。弹爆心至引信前端之距 $l_1=0.28\,\text{m}$，则有

$$h_0=H_a-l_1\sin\theta=1.25-0.28\times\sin35°=1.09\,(\text{m})$$

则由式（4-91）有

$$F_\theta=1+\left(\frac{3}{4}\right)^{10\times0.31/1.09}\sin^2 35°=1.15$$

因为 $F_\Phi=F_\theta$，所以至此，式（4-95）的炸高公式中仅 S_{dc} 未确定。由于式（4-82）中 K_{dd}、k、K_r 需通过一系列精确电路测试才可得出，现在借助可等效反映式（4-82）的灵敏度概念模型。将 h_0 替代 r 由式（3-27）可得

$$\Delta C_{ad} = \frac{(36.62\times10^{-12})^2}{8\pi\times8.85\times10^{-12}}\frac{40-1}{40+1}\left(\frac{1}{1.09}+\frac{1}{1.09+0.31\times\sin35°}-\right.$$

$$\left.\frac{2}{\sqrt{1.09^2+(0.31/2)^2+1.09\times0.31\times\sin35°}}\right)$$

$$=0.11\,(\text{pF})$$

则由式（4−50）有

$$S_{dc}=\frac{35\times10^{-3}}{0.11/36.62}=11.65\,(\text{V})$$

因采用幅度耦合式，故用 $|\Delta U_{ddm}|$ 取代 $|\Delta U_{dm}|$，而该引信 $|\Delta U_{ddm}|$ 的平均阈值为 35 mV。

令 $F_\Phi=F_\theta$，将以上参量代入式（4−95）可得该引信平均炸高为

$$h=\frac{1}{2}\sqrt[3]{\frac{11.65\times36.62\times10^{-12}\times0.31^2\times0.95\times1.15}{4\pi\times8.85\times10^{-12}\times1\times35\times10^{-3}}}=1.13\,(\text{m})$$

该引信设计定型靶场试验时由白城兵器试验中心用 CCD 测试的 71 发样本算出的平均炸高为 1.21 m，除去爆心与弹体前端作为炸高参照点的差异 $\Delta h=0.28\times\sin35°=0.16\,(\text{m})$，则实测平均炸高折算为以弹体前端作为参照点的炸高 h 为 1.05 m，尽管实测的平均炸高与本节理论计算在 $\theta=35°$ 下的平均炸高无严格逻辑对应关系。但仅从二者差异相对量小于 10% 的结果来看，本模型与实际具有较高的相符性。这不但说明本模型的正确性，也说明了它的实用性。

2. 122 mm 火箭云爆弹电容近炸引信的验证

按照相同的方法，对另一种对地电容近炸引信——122 mm 火箭云爆弹电容近炸引信进行了炸高模型与靶试结果的对比验证工作。

图 4−17 为 122 mm 火箭云爆弹电容近炸引信实物，该引信同 90 mm 航空火箭弹电容近炸引信一样，也是我国自主研发的，它是国内第一个云爆弹近炸引信。作为军

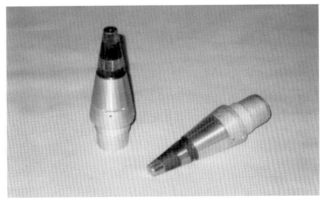

图 4−17　122 mm 火箭云爆弹电容近炸引信实物

用外贸产品，每年出口上万发，深受中东及海湾国家的青睐。作为该引信型号研制的负责人和副总设计师，作者有幸参与了该引信型号研制的全过程，是该电容引信总体及电路的设计者。该引信定型后不久还被移植到另一种储运发一体的 122 mm 火箭弹电容引信上（射程 40 km）并顺利定型。

122 mm 火箭云爆弹电容近炸引信的炸高模型与靶试结果的对比验证工作，步骤同上，其详细过程不再赘述。其结果是计算炸高 2.68 m，而产品外贸定型验收试验的靶试平均炸高（折合到弹尖处）为 2.47 m，其相对误差为 8.5%，由此可见，本理论模型与试验数据基本吻合。

90 mm 航空火箭弹电容近炸引信所配弹弹长约为 1 m，而 122 mm 火箭云爆弹电容近炸引信所配弹弹长约为 2.8 m，上述两种引信所配弹弹长后者是前者的 2.8 倍，也从另一方面证明了本书理论模型的正确性及实用性。

另外需要指出的是，无论是 90 mm 航空火箭弹电容近炸引信还是 122 mm 火箭云爆弹电容近炸引信，二者的电路及电极设计均是在本书理论模型指导下进行的。这两个电容引信的设计受益于本书中提高电容引信探测灵敏度技术理论的启迪，加之采用优化设计方法，使得我国电容引信探测灵敏度的设计水平超越了国外先进水平。国外电容引信的炸高或作用距离均未超过一倍弹长，而我国达到了一倍半弹长。例如，90 mm 航空火箭弹电容近炸引信配用的弹长约 1 m，打靶打出了 1.5 m 以上的炸高（只是考虑大批生产要求不出现早炸而人为提高信噪比压低了炸高）；再如，122 mm 火箭云爆弹电容近炸引信，配用的弹长 2.8 m，打出了 3.5 m 的炸高（同理，实际定型时有意压低了炸高，因为试验表明炸高太高云爆弹云爆效果不好）。

4.4 电容引信信号处理

信号处理单元是电容近炸引信进行环境与目标信息识别、抗干扰、实现精确起爆控制的关键子系统。本节首先基于电容引信遇目标信号特性曲线，建立其目标信号识别准则，继而基于该准则设计其信号处理电路框图，进而讨论具体电路设计方法。

4.4.1 信号识别准则的建立及信号处理电路框图

电容近炸引信遇目标时，随着弹目距离的接近，一般电容探测器输出的检波电压变化曲线如图 4-18 所示。若 t_0 时刻探测器刚开始检测目标（检波电压开始变化），则其后检波电压随之急速下降。

对该检波信号先进行隔直处理以滤去遇目标前的直流部分，再进行反向放大，得到的检波电压变化量波形如图 4-19 所示。由该图可见，该信号波形为一上凹的二阶函数曲线，该曲线随时间增长（即随弹目距离减小），不仅斜率逐渐增大，而且其二阶导数（即斜率变化率）也大于 0，且逐渐增大。此外，为了抗环境及噪声干扰，对遇目标信号的幅度识别应使其信噪比不小于 4。又由于弹目交会时信号必然连续，即其信号幅度持续增大（而干扰信号一般呈单脉冲或断续特征）。综上分析，本文建立了电容引信遇目标信号识别准则，即联立以下四方面的融合识别准则。

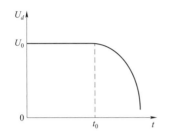

图 4－18　弹目接近时探测器输出的
　　　　　检波电压变化曲线

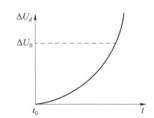

图 4－19　遇目标时检波电压变化量曲线

根据信号预处理后的检波电压变化量信号波形特征，将电容引信遇目标信号识别准则归纳为：

（1）幅度识别：$\Delta u_0 > \Delta U_0$。

（2）斜率识别：$k_1 > K_1$。

（3）二阶导数识别：$k' > K'$。

（4）信号持续时间识别：$\tau > \Delta t$。

因电容近炸引信信号处理电路的主要功能为：

（1）目标信号识别。

（2）干扰信号抑制。

（3）交会条件识别。

（4）在预定弹目距离输出启爆信号。

综合考虑上述四个功能，结合上面建立的目标信号识别准则，本文所设计的电容引信信号处理电路框图如图 4－20 所示。该图中，大信号闭锁用来抗干扰，斜率及斜率变化率识别分别用不同时间常数的微分电路实现，而信号持续时间识别则由积分电路完成。

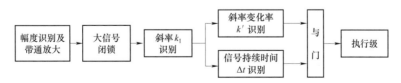

图 4－20　电容引信信号处理电路框图

基于所设计的信号处理电路框图，下面分别从模拟电路和数字电路两方面介绍电容引信信号处理的电路实现。

4.4.2 模拟电路信号处理器

基于图 4-20 信号处理电路框图所设计的模拟电路信号处理器电路如图 4-21 所示。该电路的主体器件为一个四运放，其中 A_1 起放大器功能，$A_2 \sim A_4$ 起比较器功能。下面对图 4-21 电路从左至右依次给予简单分析。

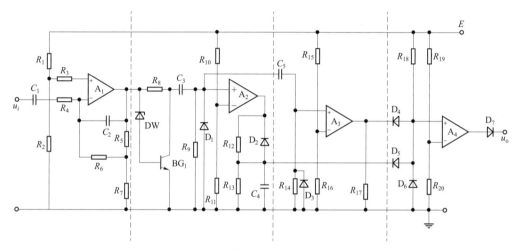

图 4-21　模拟电路信号处理器电路

运算放大器 A_1 构成反相放大器，对探测器的检波输出信号 u_d（即 u_i）经 C_1 隔直变成 Δu_d（即 Δu_i）后加以放大。其电压放大倍数

$$K_V = 1 + \frac{R_5(R_6+1)}{R_7(R_4+1)} \tag{4-96}$$

本放大器的特点是设计成零偏置，使负信号被抑制，并且根据弹目相对速度调整其通频带。

瞬变二极管 DW（又称瞬态抑制二极管，一种特殊稳压管）与开关三极管 BG_1 构成大信号闭锁电路。其作用是把幅度较大的信号变成窄脉冲信号，以便利用窄脉冲抑制电路消除这些干扰信号。其工作原理可用图 4-22 的响应波形来说明。

在图 4-22 波形中，A 为目标信号，B 为幅度较大的干扰信号，这两个信号经过大信号闭锁电路后，大于 U_W 的部分被抑制掉，钳位在 BG_1 饱和电压 0.3 V。其原理是：当信号幅度小于 DW 的稳压电平 U_W 时，DW 工作在反偏状态，

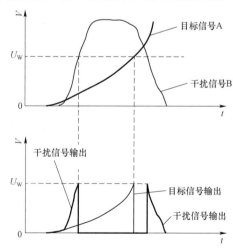

图 4-22　大信号闭锁电路响应波形

相当于开路，此时信号经 R_8、C_3 正常传至 A_2 正端及 C_5。当干扰信号幅度大于 U_W 时，DW 瞬时击穿，电流增大，使 BG_1 饱和。假定 DW 的稳压电平 U_W 为 6 V，那么目标信号小于 6 V 的部分仍能通过此电路而传递到下一级电路；而干扰大信号则变为持续时间比较短的两个尖脉冲信号传递到下一级电路中。而下一级电路具有这样的功能：从信号电平达到 0.3 V 开始计时，信号幅度不断增加且持续时间大于 T（目标信号持续周期）才能通过。那么目标信号可以通过，而窄脉冲信号被抑制。

C_3、R_9 构成一阶微分电路，它们与 A_2 构成微分比较器和窄脉冲抑制电路。本部分电路首先对 A_1 放大后的信号进行微分。理论上讲，经微分电路后，凡是线性、上凸、下降形式的信号都不可能达到比较器的比较电平，因此这样的信号将被抑制。当微分信号超过比较电平后，比较器输出近似电源电压的正信号，并且由 R_{12}、R_{13}、C_4 构成的积分电路开始计时。若信号为遇目标信号，信号必将持续，计时电容 C_4 两端电压必然持续上升。若信号是干扰脉冲信号，那么脉冲结束时 A_2 反向偏置，处于截止状态，其输出为低电位，将导致 C_4 通过 D_2 瞬间放完电，起到抗干扰作用。

C_5、R_{14} 构成第二级微分电路，它们与 A_3 构成第 2 个微分比较器，对一阶微分电路输出信号进行再微分，亦即对 A_1 放大后的信号进行 2 次微分。当微分信号超过比较电平时，A_3 输出幅度近似电源电压的正信号。

A_4 构成与门电路。当比较器 A_3 和时间积分电路输出都达到比较门限时，A_4 输出启动信号。

否则无论哪路输出电平未达到该比较门限，A_4 正端都将被钳位二极管 D_4（或 D_5）钳住不能翻转，不启动。

3 个反向偏置的二极管 D_1、D_3、D_6 对运放起保护作用，可有效抑制大负脉冲对电路及器件的冲击。

如果从计时开始到时间 T 这一段时间 A_3 输出正信号，那么窄脉冲信号不可能与 A_3 输出正信号的时间重叠，因此 A_4 不会输出启动信号。只有在正常目标信号的条件下，A_3 与时间电路同时存在大于比较电平的正信号输出，A_4 输出启动信号。

此信号处理器的特点是：可以抑制大信号、窄脉冲信号，以及三角波、正弦波和其他类型的杂散脉冲。即电路具有很强的抗干扰能力，且可以控制有较精确的炸点。

该信号处理电路各级波形时序如图 4-23 所示。

4.4.3　数字电路信号处理器

随着单片机、DSP、FPGA 等数字器件的发展，引信中所用的比例越来越大。在引信信号处理中可以充分利用上述器件的运算、存储等功能来抑制干扰、识别目标、识别交会条件。这将使信号处理电路的功能得到显著改善，为智能信息处理打下良好的基础。

图4-24为AFT-9重型反坦克导弹电容近炸引信对坦克不同着角时的目标特性曲线。基于该曲线变化特征,利用前文所述的电容引信目标识别准则对此目标信号进行识别和判定。其数字信号处理电路框图如图4-25所示。下面简述各部分工作原理。

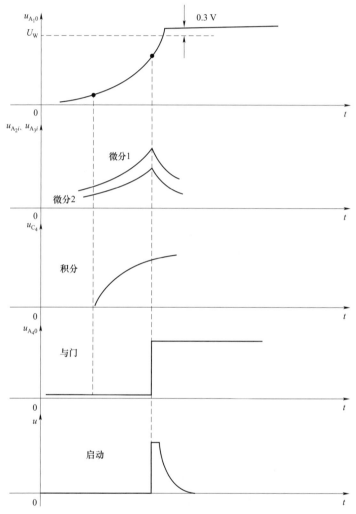

图4-23 电容引信信号处理电路各级波形时序

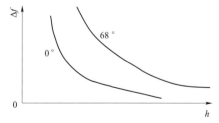

图4-24 AFT-9重型反坦克导弹电容引信对坦克不同着角时的目标特性

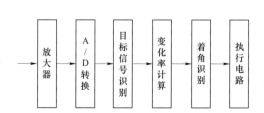

图4-25 数字信号处理电路框图

放大器是把探测器的输出信号放大，它不但使通带以外的信号得到抑制，同时又可使一批产品的放大器输出信号一致，便于把控产品性能的一致性。

A/D 每隔一定时间对放大器输出信号采样一次，即把模拟信号转换成数字信号，以便单片机进行处理。

目标识别部分主要是抑制各种干扰信号，对遇目标信号进行所需的处理。图 4-24 的遇目标信号其判别准则如式（4-97）所示。

$$\begin{cases} U_i > U_{i-1} & (1) \\ U_i - U_{i-1} = \Delta U_i > K & (2) \\ \Delta(\Delta U_i) > 0 & (3) \end{cases} \qquad (4-97)$$

式中　U_i——T 时间内某一时刻的电压；

　　　K——常数。

设定连续 N 点不符合上述准则者为干扰信号，目标信号自然满足上述准则。

对近炸引信而言，一般情况下，由于交会条件不同会引起引信炸高的散布。从战斗部综合毁伤效果的角度看，同一弹种对相同目标的炸高为固定值（或一个范围），而对付不同目标时有不同的炸高，这样毁伤效果才会达到最佳，这就提出了在一弹多用时近炸引信应有不同的炸高——炸高分档，而炸高分档的前提是炸高可控——恒定炸高技术。要实现恒定炸高，首先必须识别交会条件，根据不同的交会条件对信号进行不同的处理。弹目交会条件是指弹目相对速度、着角、目标特性（如反射系数）等。下面以反坦克弹电容近炸引信为例来说明交会条件识别的一种方法。

对于不同的目标，炸高的定义有所不同。比如，对地弹种是以战斗部（弹丸）的爆心到地面的垂直距离作为炸高。而反坦克破甲弹是指装药面沿战斗部轴线到装甲面的距离。

对无线电引信而言，由于地面反射系数不同，即使落速和着角相同，检波电压也会不同。若用信号幅度控制炸点，炸高势必有散布。而电容近炸引信的体制特点决定了它对目标的导体性质不敏感，不论是潮湿地面、干燥地面、有雪地面还是金属，其检波电压差异较小。因此，不同目标对电容近炸引信检波电压的影响可以忽略。电容近炸引信的探测方向图近似圆球形（一般是长短半轴小于 20% 的椭球）。因此，电容近炸引信用于对地弹种时，不论交会条件如何，其炸高基本相同。当电容近炸引信用于破甲弹时，因为其具有近似球形的探测方向图，所以当攻击角度不同时，其炸高将不同。

反坦克破甲弹电容近炸引信交会条件的识别主要靠信号处理电路。而设计出能识别不同交会条件的信号处理电路的前提是研究电容近炸引信用于反坦克破甲弹时的目标特性。业已得到对坦克攻击时不同攻击角度、不同攻击部位、不同攻击速度情况下的目标特性，其中最强和最弱检测信号的两种情况是：着角 68° 下高速攻击和着角 0°

下低速攻击。其他交会条件的目标信号均介于二者之间。两种极端攻击情况的目标特性曲线如图 4-24 所示。按图 4-24 的目标特性，提出目标特性分组法识别交会条件而实现炸高一致。

反坦克破甲弹电容近炸引信的炸高可用式（4-98）表示。

$$H_\alpha = F(U_d, D, F(\phi), \varepsilon_r, S_d, S) \tag{4-98}$$

式中　U_d——引信启动时的检波电压；

D——引信探测的方向性因子；

$F(\phi)$——引信探测的方向性函数；

ε_r——弹目间介质的相对介电系数；

S_d——电容引信探测灵敏度；

S——目标有效面积。

对于同一发引信，不论交会条件如何，U_d 和 S_d 均不变。引起同一发引信在不同交会条件下炸高散布的是 D、$F(\phi)$、S 和 ε_r。尽管电容近炸引信探测方向图近似球形，但由于反坦克破甲弹炸高定义的特点，相当于在不同着角时 D、$F(\phi)$、S 和 ε_r 有相应的变化，即不同着角时对它们应该有相应的修正系数。若 H_α 是着角为 α 时的炸高，H_0 是着角为 0° 时的炸高。若不加特殊处理，仍按信号幅度控制炸点，同一发引信应该是随着角 α 的不同有不同的炸高。有近似关系式：

$$H_\alpha \approx H_0 / \cos\alpha \tag{4-99}$$

根据式（4-99）计算出的一些典型着角下炸高分布见表 4-1。

表 4-1　典型着角下炸高分布

$\alpha/$（°）	0	15	30	40	45	55	60	63	68
H_α/H_0	1.00	1.05	1.15	1.31	1.41	1.74	2.00	2.20	2.67

根据上述析，可以把 0°～68° 这些不同交会情况下的目标特性分成 4 组。分组原则：每组内各种角度以中心角度为中心，炸高散布小于 ±15%，各组中心角度炸高相同。分组见表 4-2。

表 4-2　分组表

分组	I	II	III	IV
着角范围/（°）	0～40	40～55	55～63	63～68
H_α/H_0 范围	1.0～1.31	1.31～1.74	1.74～2.20	2.20～2.67
中心角度/（°）	30	48	60	66

为叙述方便并容易了解方法本质，以识别 I 组和 II 组为例说明处理过程。给出 30° 和 48° 两种着角时的目标特性曲线，并在距离轴上平移，使电压为 U 的点重合，如图 4–26 所示。

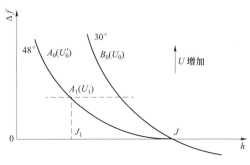

图 4–26　距离轴平移后的目标特性曲线

设 A_0 点和 B_0 点与目标的距离均为 0.4 m。为使 30° 和 48° 两种着角时炸高都是 0.4 m，首先要识别本次射击是何种角度，然后根据预选设定的电平给出启动信号，则可实现 0°～55° 着角范围内炸高基本处于 0.4 m。

在 48° 特性曲线上选定一点 A_1，对应的信号电平为 U_1。设弹丸从点 J 运动到点 J_1 所用的时间为 Δt。当目标信号达到 U 时计时器开始计时，即从点 J 开始计时，如果在 $t < \Delta t$ 时间内目标信号电压出现大于 U_1 的情况，那么可以断定本次射击为着角 30° 攻击；当目标信号电压出现 U_0（B_0 点）时给出启动信号。若在 $t < \Delta t$ 时间内目标信号电压没有出现大于 U_1 的情况，则断定本次攻击为着角 48° 攻击；当目标信号电压出现 U_0'（A_0 点）时给出启动信号。这样就保证了两种着角情况下炸高保持一致。

按上述分析，4 组间恰当选取 3 个阈值，按每组中心角度设计相同的炸高，并恰当设计 Δt 和 U_1 值，可以做到任何交会条件下的炸高基本一致。

在数字电路信号处理电路中，除硬件设计外，还必须有与之相适应的程序设计。用上述方法识别交会条件并按图 4–25 电路框图处理信号的流程，如图 4–27 所示。

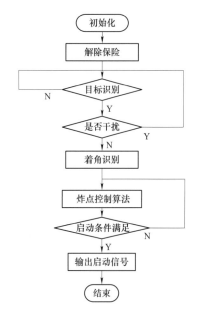

图 4–27　数字信号处理流程框图

本 章 小 结

就电容目标探测的两个基本理论问题——探测方向性及探测灵敏度进行了讨论,在此基础上建立了电容引信的炸高模型。分别从探测电极结构、静电场场强及电容目标探测方程三方面讨论了电容引信的探测方向性。在分析该引信电极结构特征的基础上讨论了它对引信探测方向性的影响。依据电容引信具体条件,建立了由电极形成的(准)静电场的场强模型。通过场强模型讨论,从理论上分析了电容引信所具有的探测方向性特征及原因,得出了与电容目标探测方程所反映的电容探测方向性相吻合的结论。类比于无线电引信给出了电容引信的方向性函数与方向性因子。基于能量与信息的关系,从能量的角度,讨论了引信遇目标时极间电容器上的能量变化与极间电容变化的关系。依据电容探测器信息、信号转换通路,确定了电容探测器的输入信息强度参量和输出信号强度参量。在此基础上建立了通用的电容探测器灵敏度概念模型。通过对电容引信的两种主要探测模式(鉴频式及幅度耦合式)探测器的工作原理及具体信息、信号转换方式的分析,分别建立了各自的灵敏度工程模型,并对模型进行了理论分析。定义了电容引信的高频相对灵敏度及低频启动灵敏度。讨论了主要相关参量对电容引信探测灵敏度及目标探测能力的影响特性。讨论了提高电容引信探测灵敏度及目标探测能力的措施。以极间电容相对变化量为纽带,通过联立等效电容目标探测方程与探测灵敏度概念模型建立了电容引信炸高模型。本模型经两种已定型的电容近炸引信靶试,其结果表明理论与实际吻合。此外本章还建立了电容引信目标信号识别准则,在此基础上探讨了其信号处理方法及实现途径。

第5章 平面电容探测器近程检测理论

平面电容传感器由于结构简单、适应性广等优点而成为电容传感器家族中的重要成员，在军民两大应用领域备受青睐。针对国内外准静电场探测领域发展前沿及装甲主动防护领域对电容引信的最新发展需求，本书后半部分将着力阐述基于平面电容探测器的探测机理、系统及电路设计、建模与仿真、工程实现方法等内容。本章则侧重平面电容探测器近程检测理论。关于平面电容探测器近程检测机理主要有两种观点：一种认为目标在电场中被极化产生极化电荷，这些极化电荷反过来改变原有电场，从而引起平面电容传感器电极间的电容发生变化；另一种认为目标接近平面电容传感器电极后，电极外的环境介质由单纯空气变成了空气加目标，使电极间电容改变。本章将从这两方面入手，分别基于电荷镜像法和保角映射法建立对位移敏感的平面电容探测器近程检测数学模型，并讨论这两种方法的优缺点。最后，分析平面电容探测器的探测方向性。本章讨论的平面电容探测器近程检测理论的研究将为后续探测器性能分析提供理论依据。

5.1 平面电容探测器近程检测原理分析

信号是信息的载体与表现形式。对一般广义控制系统而言，如果说探测器是获取目标信息的核心子系统，那么传感器就是该子系统最前端获取表征目标信息主要特征信号的子单元。因此，要研究探测器的性能特点首先要讨论其前端传感器的基本性能。故本节首先讨论平面电容传感器原理。

与大型平板电容器两电极板贴近重叠放置不同，平面电容器是两极板在同一平面放置，而不是叠放。平面电容传感器中，无论是传输模式，还是分流模式，抑或是加载模式，都存在一个驱动电极（或称激励电极），在电极上施加一定的直流电或交流电旨在敏感空间内建立静电场或准静电场。存在于敏感空间的导电体或媒介在该电场的作用下发生电荷极化现象，极化过程中电荷最终达到动态平衡，如图5-1所示。这些极化电荷同样会在敏感空间建立附加电场，附加电场改变原来的场强，使得电极间的电容发生变化。通过检测极间电容变化量即可获得目标的相应信息，如位置改变、介电常数改变及形状变化等。图 5-2 为目标靠近平面电容传感器电极时的空间电势与电场图示。由图 5-2（b）可见，当目标靠近平面电容传感器电极时，目标上方的区域电势减小。电极与目标间区域电力线密度增加，且电力线主要集中在电极与目标之间，说明该区域内场强增强。下面首先对平面电容传感器的电场边值问题进行数学描述。

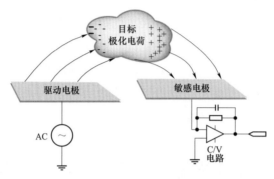

图 5-1　平面电容传感器检测

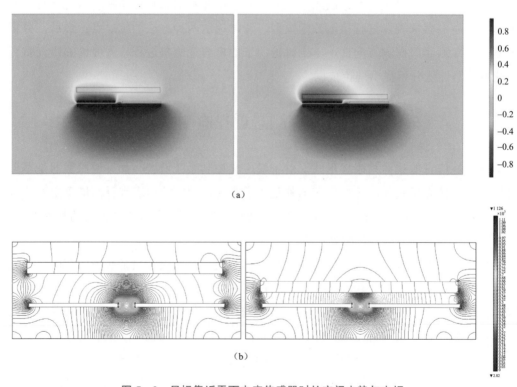

（a）

（b）

图 5-2　目标靠近平面电容传感器时的空间电势与电场
（a）电势；（b）电场

5.1.1　平面电容传感器电场边值问题的数学描述

基于电磁学理论，电磁场中通常基于区域内已知场源与边界条件，通过麦克斯韦方程组来求解相关电磁场问题，即电磁场的边值问题。对于平面电容传感器，运用麦克斯韦方程描述空间区域有

$$
\begin{cases}
\nabla \times \boldsymbol{E} = -\dfrac{\partial \boldsymbol{B}}{\partial t} & \text{(法拉第定律)} \\[2mm]
\nabla \times \boldsymbol{H} = \boldsymbol{J} + \dfrac{\partial \boldsymbol{D}}{\partial t} & \text{(安培定律)} \\[2mm]
\nabla \cdot \boldsymbol{D} = \rho & \text{(高斯定律)} \\[2mm]
\nabla \cdot \boldsymbol{B} = 0 & \text{(高斯定律)}
\end{cases}
\tag{5-1}
$$

式中　$\boldsymbol{E}$——空间区域内电场强度；

$\boldsymbol{H}$——空间区域内磁场强度；

$\boldsymbol{D}$——空间区域内电位移矢量；

$\boldsymbol{B}$——空间区域内磁通密度；

ρ——空间区域内体电荷密度。

通常在工业过程检测中，使用的平面电容传感器工作频率范围在 10 kHz～3 MHz，其相应波长范围为 100 m～30 km。因此，空间电场可近似为准静电场。空间区域内磁场变化量随时间变化缓慢，可以忽略。因此，式（5-1）可简化为

$$
\begin{cases}
\nabla \times \boldsymbol{E} \approx 0 \\
\nabla \times \boldsymbol{H} \approx 0 \\
\nabla \cdot \boldsymbol{D} = \rho \\
\nabla \cdot \boldsymbol{B} = 0
\end{cases}
\tag{5-2}
$$

受目标扰动区域内的电场可用静电场的边值条件来表述。基于静电场边值问题的唯一性定理可证明静电场中泊松（Poisson）方程或拉普拉斯（Laplace）方程加边值条件可唯一表征该电场的物理特征。假设目标在空间区域内的极化面电荷密度为 σ，根据电磁场理论，静电场中的导体内无电荷，即 $\rho = 0$，且目标在静电场条件下为等位体。用 Laplace 方程表示其无限空间区域内的边值问题为

$$
\begin{cases}
\nabla \cdot (\varepsilon \nabla V) = 0, \ \boldsymbol{G} = (x, y, z) \in (\mathbf{R}^3 \setminus \Omega_1 \bigcup \Omega_2 \bigcup \Omega_3) \\[2mm]
V|_{\Omega_1} = V_1, V|_{\Omega_2} = V_2 \\[2mm]
V|_{\Omega_{3\text{in}}} = V|_{\Omega_{3\text{out}}} \\[2mm]
\varepsilon_{\text{in}} \dfrac{\partial V}{\partial n}\bigg|_{\Omega_{3\text{in}}} - \varepsilon_{\text{out}} \dfrac{\partial V}{\partial n}\bigg|_{\Omega_{3\text{out}}} = \sigma \\[2mm]
V \to 0, |\boldsymbol{G}| = \sqrt{x^2 + y^2 + z^2} \to \infty
\end{cases}
\tag{5-3}
$$

式中 $V(\boldsymbol{G}) = V(x, y, z)$ ——空间区域的电势函数；

$\partial V / \partial n$ ——电势的外法向导数；

$\varOmega_1$、$\varOmega_2$、$\varOmega_3 \in \mathbf{R}^3$ ——两电极与目标的有界区域，并满足 $\varOmega_1 \bigcap \varOmega_2 \bigcap \varOmega_3 = 0$（如图 5-3 所示）；

ε_{in} ——目标材料的介电常数；

ε_{out} ——目标体外的介电常数，即真空介质，满足 $\varepsilon_{\text{out}} = 1$。

对于非导体目标而言，在静电场下只有束缚电荷没有自由电荷，因此 $\sigma = 0$。

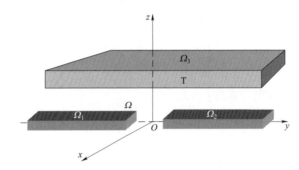

图 5-3 平面电容传感器的空间结构

将式（5-3）中的 Laplace 方程用球坐标系表示为

$$\nabla^2 V = \frac{1}{r^2}\frac{\partial}{\partial r}\left(r^2\frac{\partial V}{\partial r}\right) + \frac{1}{r^2\sin\theta}\frac{\partial}{\partial\theta}\left(\sin\theta\frac{\partial V}{\partial\theta}\right) + \frac{1}{r^2\sin^2\theta}\frac{\partial^2 V}{\partial\varphi^2} = 0 \qquad (5-4)$$

球坐标系下的 Laplace 方程也是亥姆霍兹（Helmholhz）方程的一种特殊形式，求解上式方程可采用分离变量法。首先将函数 $V(\boldsymbol{G}) = V(r, \theta, \varphi)$ 的径向坐标 r 和方位坐标 (θ, φ) 变量分离，令 $V(r, \theta, \varphi) = R(r)Y(\theta, \varphi)$，则式（5-4）变为

$$\nabla^2 V = \frac{Y}{r^2}\frac{\mathrm{d}}{\mathrm{d}r}\left(r^2\frac{\mathrm{d}R}{\mathrm{d}r}\right) + \frac{R}{r^2\sin\theta}\frac{\partial}{\partial\theta}\left(\sin\theta\frac{\partial Y}{\partial\theta}\right) + \frac{R}{r^2\sin^2\theta}\frac{\partial^2 Y}{\partial\varphi^2} = 0 \qquad (5-5)$$

方程两边同时乘以 $\dfrac{r^2}{RY}$，整理得

$$\frac{1}{R}\frac{\mathrm{d}}{\mathrm{d}r}\left(r^2\frac{\mathrm{d}R}{\mathrm{d}r}\right) = -\frac{1}{Y\sin\theta}\frac{\partial}{\partial\theta}\left(\sin\theta\frac{\partial Y}{\partial\theta}\right) - \frac{1}{Y\sin^2\theta}\frac{\partial^2 Y}{\partial\varphi^2} = n(n+1) \qquad (5-6)$$

得到分离变量方程

$$\begin{cases} \dfrac{\mathrm{d}}{\mathrm{d}r}\left(r^2\dfrac{\mathrm{d}R}{\mathrm{d}r}\right) - n(n+1)R = 0 \\[2mm] \dfrac{1}{Y\sin\theta}\dfrac{\partial}{\partial\theta}\left(\sin\theta\dfrac{\partial Y}{\partial\theta}\right) + \dfrac{1}{Y\sin^2\theta}\dfrac{\partial^2 Y}{\partial\varphi^2} + n(n+1)Y = 0 \end{cases} \qquad (5-7)$$

同理，将式（5-7）中的第 2 个方程继续分离变量，令 $Y(\theta, \varphi) = \varTheta(\theta)\varPhi(\varphi)$，则

$$\begin{cases} \sin\theta \dfrac{\mathrm{d}}{\mathrm{d}\theta}\left(\sin\theta\dfrac{\mathrm{d}\Theta}{\mathrm{d}\theta}\right)+[n(n+1)\sin^2\theta-m^2]\Theta=0 \\[4mm] \dfrac{\mathrm{d}^2\Phi}{\mathrm{d}\varphi^2}+m^2\Phi=0 \end{cases} \tag{5-8}$$

合并式（5-7）与式（5-8）得到关于 3 个参量独立的偏微分方程：

$$\begin{cases} \dfrac{\mathrm{d}}{\mathrm{d}r}\left(r^2\dfrac{\mathrm{d}R}{\mathrm{d}r}\right)-n(n+1)R=0 \\[4mm] \sin\theta\dfrac{\mathrm{d}}{\mathrm{d}\theta}\left(\sin\theta\dfrac{\mathrm{d}\Theta}{\mathrm{d}\theta}\right)+[n(n+1)\sin^2\theta-m^2]\Theta=0 \\[4mm] \dfrac{\mathrm{d}^2\Phi}{\mathrm{d}\varphi^2}+m^2\Phi=0 \end{cases} \tag{5-9}$$

求解可得到式（5-9）通解的无穷级数形式：

$$V(r,\theta,\varphi)=\frac{a_0}{2}\frac{R}{r}+\sum_{n=1}^{\infty}\left(\frac{R}{r}\right)^{n+1}\left[\frac{a_n}{2}p_n^0\cos\theta+\sum_{m=1}^{n}p_n^m\cos\theta(C_m\cos m\varphi+D_m\sin m\varphi)\right] \tag{5-10}$$

式中　p_n^0——勒让德多项式，其表达式为

$$p_n^0(t)=\frac{1}{2^n n!}\frac{\mathrm{d}^n(t^2-1)}{\mathrm{d}t^n} \tag{5-11}$$

p_n^m——勒让德函数，其表达式为

$$p_n^m(t)=(1-t^2)^{m/2}\frac{\mathrm{d}^m}{\mathrm{d}t^m}p_n^0(t) \tag{5-12}$$

C_m、D_m——两系数分别为

$$\begin{aligned} C_m&=\frac{(2n+1)(n-m)!}{2\pi(n+m)!}\int_0^{2\pi}\int_0^{\pi}V(r,\theta,\varphi)p_n^m(\cos\theta)\cos m\varphi\sin\theta\mathrm{d}\theta\mathrm{d}\varphi\\[2mm] &=\frac{(2n+1)(n-m)!}{2\pi(n+m)!R^2}\int_G V(s)p_n^m(\cos\theta)\cos m\varphi\mathrm{d}s \end{aligned} \tag{5-13}$$

$$\begin{aligned} D_m&=\frac{(2n+1)(n-m)!}{2\pi(n+m)!}\int_0^{2\pi}\int_0^{\pi}V(r,\theta,\phi)p_n^m(\cos\theta)\sin m\varphi\sin\theta\mathrm{d}\theta\mathrm{d}\varphi\\[2mm] &=\frac{(2n+1)(n-m)!}{2\pi(n+m)!R^2}\int_G V(s)p_n^m(\cos\theta)\sin m\varphi\mathrm{d}s \end{aligned} \tag{5-14}$$

$V(r,\theta,\varphi)$ 在导体表面法向导数为

$$\begin{aligned} \left.\frac{\partial V}{\partial n}\right|_G&=-\frac{a_0}{2R}+\sum_{n=1}^{\infty}-\left(\frac{n+1}{R}\right)\left[\frac{a_n}{2}p_n^0(\cos\theta)+\sum_{m=1}^{n}p_n^m(\cos\theta)(C_m\cos m\varphi+D_m\sin m\varphi)\right]\\[2mm] &=-\frac{1}{4\pi R}\int_0^{2\pi}\int_0^{\pi}V(R,\theta,\varphi)\sin\theta\mathrm{d}\theta\mathrm{d}\varphi-\sum_{n=1}^{\infty}\frac{(n+1)(2n+1)}{4\pi R}\int_0^{2\pi}\int_0^{\pi}V(R,\theta,\varphi)\sin\theta\mathrm{d}\theta\mathrm{d}\varphi \end{aligned} \tag{5-15}$$

式（5-15）中$V(R,\theta,\varphi)$在导体表面的法向导数即为空间场强。

通过场强可求得电极带电荷为

$$Q=\oiint_{\Omega_1}\varepsilon\vec{E}\cdot d\vec{S} \qquad (5-16)$$

则两电极间的电容为

$$C=Q/(V_1-V_2) \qquad (5-17)$$

由此可见，通过对平面电容传感器电场边值问题的数学描述，可从理论上得到平面电容传感器敏感空间的电势及电场情况，从而得到极间电容。

5.1.2 平面电容探测器近程检测理论分析

就电容目标探测所基于的电磁场理论，以及体现探测器、传感器探测灵敏度及方向性等性能特征方面而言，二者无本质区别。因此本书后面讨论探测特性以平面电容传感器为主，讨论目标检测以探测器为主。

通过麦克斯韦方程组加边界条件从理论上可以求解出平面电容传感器的极间电容，但在实际应用中，电极与目标的几何形状往往不满足关于球坐标的对称性条件，因此很难求解。对于非传统电容器的电容计算通常多从电场的偏微分方程或电容定义出发，表5-1为典型电容器电容计算式。由于平面电容传感器的电极板共面，表5-1中典型电容器电容计算式都难以应用于平面电容传感器电容的求解。随着平面电容传感器检测技术的发展，平面电容传感器的几何形状更加丰富，如螺旋形、梳齿形等多种复杂的电极几何形状，使得平面电容传感器的理论计算更加复杂。

表5-1 典型电容器电容计算式

几何形状	电容计算式
	两个大型平行板导体，面积为S，极板间距离为d，边缘效应忽略，平行板间电容为 $$C=\frac{\varepsilon_0\varepsilon S}{d}$$
	平板圆盘导体，直径为D，圆盘与地间电容为 $$C=35.4\times10^{-12}\varepsilon D$$
	导体球直径为D，导体球与地间电容为 $$C=55.6\times10^{-12}\varepsilon D$$
	两导体球的直径分别为$2a$、$2b$，两球中心距离为c，当$c\gg a$、b时，两导体球间电容可近似计算为 $$C\approx\frac{4\pi\varepsilon_0\varepsilon}{\dfrac{a+b}{ab}-\dfrac{1}{c}}$$

几何形状	电容计算式
	两同轴圆柱导体，直径分别为 $2a$、$2b$，同轴圆柱长为 L，两同轴圆柱间电容可近似计算为 $$C \approx \frac{2\pi\varepsilon_0\varepsilon L}{\ln\left(\dfrac{b}{a}\right)}$$
	两平行圆柱导体，直径都为 $2a$，长为 L，两导体间距离为 b，两同轴圆柱间电容可近似计算为 $$C \approx \frac{\pi\varepsilon_0\varepsilon L}{\ln\left(\dfrac{b+\sqrt{b^2-4a^2}}{2a}\right)}$$
	两平行圆柱导体，直径都为 $2a$，长为 L，两导体间距离为 b，当 $b \gg a$ 时，两同轴圆柱间电容可近似计算为 $$C \approx \frac{\pi\varepsilon_0\varepsilon L}{\ln\left(\dfrac{b}{a}\right)}$$
	圆柱导体，直径为 $2a$，长为 L，放置在有限面积的导体板上方，两导体间距离为 b，两导体间电容可近似计算为 $$C \approx \frac{2\pi\varepsilon_0\varepsilon L}{\ln\left(\dfrac{b+\sqrt{b^2-4a^2}}{a}\right)}$$

　　虽然 Noltingk 最先研制了平面电容传感器，但并未就电容变化与目标距离测量关系给出相应的表达式。同年，Wen 用保角映射法初步推导出矩形电极的电容计算式。1980 年，Veyres 和 Fouad 在 Wen 的理论基础上详细推导了矩形电极的极间电容计算方法，以及在矩形电极中增加地层衬底时的电容计算方法。1993 年，Luo 与 Chen 在国际智能机器人与系统会议上给出了从微分方程出发建立的环形电极平面电容传感器目标探测的数学表达式；Nan Li 等利用模型假设并通过试验验证方法，得到矩形平面电容传感器近程检测模型。他们建立的检测模型均未涉及电容与目标距离之间的关系，因此并不适用于基于位移敏感的平面电容传感器。

　　分析平面电容传感器近程检测机理可以从两方面入手：一是目标在电场中被极化而产生的极化电荷导致传感器敏感区域内电场的改变；二是目标出现在敏感区域内，使敏感区域内介质发生改变。下面分别从这两种观点出发，采用静电场镜像法及保角映射法对其近程检测进行理论分析。

　　1. 基于镜像法的近程检测理论分析

　　如同光波是一种特殊电磁波一样，解决电磁场问题同样可借助光学领域常用的镜像理论。镜像法处理问题的特点在于不直接去求解电势所满足的泊松方程式，而是用假想的简单电荷分布（称为像电荷）来等效代替导体面（或介质面）上的感应（或极化）电荷对电势的贡献，从而使问题求解过程大为简化。这里提到的等效是指像电荷的引入既不改变电势原来所满足的方程式，又能满足问题给定的边界条件。为了建立理想模型，假设目标为大平面导体（或介质），电极平面相对目标平面面积很小，则可将平面电容传感器的两电极等效为点电荷，其电荷分别设为 Q_a 与 Q_b，设电极极间距为 g，电极平面与目标平面的夹角为 θ，电极 A 距离目标平面的垂直距离为 d，环境介质（如空气）的介电常数为 ε_e。图 5-4 为平面电容传感器镜像法示意图，由静电平衡可知 $Q_a = -Q_b$，根据镜像法，对于平面导体有

$$\varphi_a = \Phi_a - \frac{Q_a}{4\pi\varepsilon_e \cdot 2d} - \frac{Q_b}{4\pi\varepsilon_e \sqrt{(g\cos\theta)^2 + (2d + g\sin\theta)^2}}$$
$$= \Phi_a - \frac{Q}{4\pi\varepsilon_e}\left(\frac{1}{2d} - \frac{1}{\sqrt{4d^2 + 4dg\sin\theta + g^2}}\right) \qquad (5-18)$$

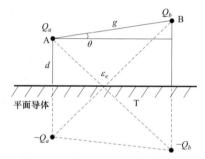

图 5-4 平面电容传感器镜像法

同理，电极 B 的电势为

$$\varphi_b = \Phi_b + \frac{Q}{4\pi\varepsilon_e}\left[\frac{1}{2(d + g\sin\theta)} - \frac{1}{\sqrt{4d^2 + 4dg\sin\theta + g^2}}\right] \qquad (5-19)$$

此时，两电极瞬时电位差有

$$u_{ab} = \varphi_a - \varphi_b = \Phi_a - \Phi_b + \frac{Q}{4\pi\varepsilon_e}\left[\frac{2}{\sqrt{4d^2 + 4dg\sin\theta + g^2}} - \frac{1}{2(d + g\sin\theta)} - \frac{1}{2d}\right]$$
$$(5-20)$$

由 $C = Q/U$ 有

$$\frac{u_{ab} - U_{ab}}{U_{ab}} = \frac{\Delta U_{ab}}{U_{ab}} = \frac{C_{ab}}{4\pi\varepsilon_e}\left[\frac{2}{\sqrt{4d^2 + 4dg\sin\theta + g^2}} - \frac{1}{2(d + g\sin\theta)} - \frac{1}{2d}\right] = -\frac{\Delta C_{ab}}{C_{ab}}$$
$$(5-21)$$

由式（5-21）可推出平面电容传感器的电容变化量数学模型为

$$\Delta C_{ab} = \frac{C_{ab}^2}{4\pi\varepsilon_e}\left[\frac{1}{2(d+g\sin\theta)} + \frac{1}{2d} - \frac{2}{\sqrt{4d^2+4dg\sin\theta+g^2}}\right] \quad (5-22)$$

对于介质平面目标而言，令该目标材料的介电常数为 ε_t，由于介质分界面存在极化电荷分布，空间任意一点的电场由原有电荷与极化电荷共同产生，则平面电容传感器极间电容变化量的通用数学模型为

$$\Delta C_{ab} = \frac{C_{ab}^2}{4\pi\varepsilon_e}\frac{\varepsilon_t-\varepsilon_e}{\varepsilon_t+\varepsilon_e}\left[\frac{1}{2(d+g\sin\theta)} + \frac{1}{2d} - \frac{2}{\sqrt{4d^2+4dg\sin\theta+g^2}}\right] \quad (5-23)$$

当电极平面与目标平面的距离 d 远大于电极极间距 g 时，利用 $\frac{g}{d}\ll1$，然后通过泰勒级数展开，式（5-23）可化解为

$$\Delta C_{ab} = \frac{C_{ab}^2}{8\pi\varepsilon_e d^3}\frac{\varepsilon_t-\varepsilon_e}{\varepsilon_t+\varepsilon_e}\left[\frac{1}{4}g^2\sin^2\theta + o\left(\frac{g}{d}\right)\right] \quad (5-24)$$

式中　$o\left(\dfrac{g}{d}\right)$——泰勒级数展开的 Peano 余项。

由式（5-24）可得如下结论：

（1）平面电容传感器极间电容变化量随电极平面与目标平面的距离 d 的减小而增大。

（2）平面电容传感器极间电容变化量随目标材料介电常数 ε_t 的增大而增大。

（3）平面电容传感器极间电容变化量随电极极间距 g 的增大而增大。

2. 基于保角映射法的近程检测理论分析

保角映射，即令一函数 $f(z)$，设 $f(z)$ 是区域 D 到 G 的双射（既是单射又是满射），且在 D 内的每一点都具有保角性质，则称 $f(z)$ 是区域 D 到 G 的保角映射。平面电容传感器的两电极处于共面状态，求解较为困难。但可通过保角映射，将 Z 平面问题转化为 W 平面问题，这样就可将平面电容器问题转换为平行电容器问题进行求解。

换言之，可以将平面电容传感器看作在电容器的电极上添加了空气与目标两种介质。为便于计算，本节以矩形电极为例进行分析。设平面电容传感器的电极宽度为 s，极间距为 $2g$，电极长度为 L。目标在近程检测过程中，可以理想化看作一种介电常数为 ε_t 的介质，高为 d_1，宽为 $2g+2s$，长为 L。目标与电极平面的垂直距离为 d，目标厚度为 d_1。通过求解 d_1 的变化对电极极间电容的影响，即可得到近程检测的数学模型。

对于多介质平面电容传感器的极间电容可以分步求解，如图 5-5 所示。原平面电容传感器的极间电容可以看作由 3 个分平面电容器组成，即其总电容 $C = C_0 + C_1 + C_2$。

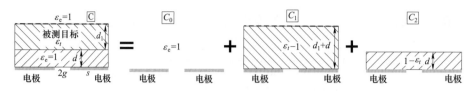

图 5-5　分步求解平面电容传感器的极间电容

图 5-6 为保角映射图，令 $d' = d_1 + d$，则图 5-6（a）中 Z 平面上有 6 个点，其坐标依次分别为（0,0）、（g,0）、（s+g,0）、（∞,0）、（∞,d'）及（0,d'）。首先，通过坐标变换 $t = \cosh(\pi g / 2d^2)$ 可得到 T 平面上的新坐标为

$$t_1 = 1; t_2 = \cosh^2(\pi g / 2d'); t_3 = \cosh^2[\pi(s+g)/2d']; t_4 = t_5 = \infty; t_6 = 0 \quad (5-25)$$

再由 T 平面到 W 平面的克里斯托菲尔—施瓦兹（Christoffel—Schwartz）转换关系，即可将平面电极转换成平行电极，其 Christoffel—Schwartz 转换关系式如下：

$$W(t) = A\int_{t_3}^{t} \frac{\mathrm{d}t}{\sqrt{(t-t_1)(t-t_2)(t-t_3)(t-t_6)}} + B \quad (5-26)$$

式中　A、B——常数，取决于 T 平面和 W 平面的顶点坐标。

上式中存在：$t > t_3 > t_2 > t_1 > t_6$，则式（5-26）的解为第一类完全椭圆积分形式。根据坐标变换，图 5-6（c）中的参量 k 为

$$k = \frac{\tanh\left(\dfrac{\pi g}{2d'}\right)}{\tanh\left[\dfrac{\pi(s+g)}{2d'}\right]} \quad (5-27)$$

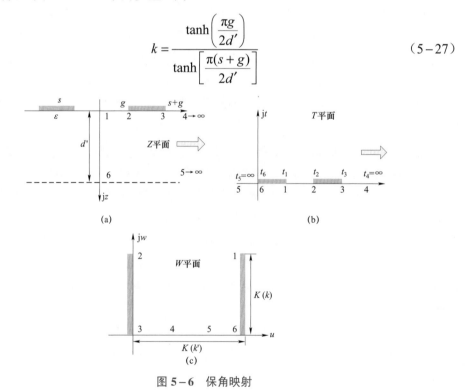

图 5-6　保角映射

则 W 平面内变换后的坐标为

$$w_1 = K(k') + jK(k); \quad w_2 = jK(k); \quad w_3 = 0; \quad w_6 = K(k') \qquad （5-28）$$

可根据平行板电容器的电容计算式，得到平面电容传感器的电容

$$C = \varepsilon_0(\varepsilon - 1)L\frac{K(k)}{2K(k')} \qquad （5-29）$$

式中　ε_0——真空中介电常数；

$\quad\quad k' = \sqrt{1-k^2}$。

参照图 5-5 中的各介电常数，再根据式（5-30）可计算各分电容为

$$
\begin{cases}
C_0 = \varepsilon_0 L\dfrac{K(k_0)}{2K(k_0')}, & k_0 = \dfrac{g}{s+g} \\[4mm]
C_1 = \varepsilon_0(\varepsilon_t - 1)L\dfrac{K(k_1)}{2K(k_1')}, & k_1 = \dfrac{\tanh\left[\dfrac{\pi g}{2(d_1+d)}\right]}{\tanh\left[\dfrac{\pi(s+g)}{2(d_1+d)}\right]} \\[9mm]
C_2 = \varepsilon_0(1-\varepsilon_t)L\dfrac{K(k_2)}{2K(k_2')}, & k_2 = \dfrac{\tanh\left(\dfrac{\pi g}{2d}\right)}{\tanh\left[\dfrac{\pi(s+g)}{2d}\right]}
\end{cases}
\qquad （5-30）
$$

矩形电极的极间电容 C（$C = C_0 + C_1 + C_2$）可写成

$$C = \frac{\varepsilon_0 L}{2}\left\{\frac{K(k_0)}{K(k_0')} + (\varepsilon_t - 1)\left[\frac{K(k_1)}{K(k_1')} - \frac{K(k_2)}{K(k_2')}\right]\right\} \qquad （5-31）$$

式（5-31）得到了平面电容传感器极间电容随目标与电极平面距离的变化关系，至此建立了基于位移敏感的平面电容传感器的极间电容数学模型。从式（5-31）中可以看出，平面电容传感器极间电容变化量随电极长度、目标材质的介电常数等的增大而增大，而电极宽度、极间距及目标与电极平面的垂直距离等参量对传感器极间电容变化量的影响很难直观得到，且对于第一类完全椭圆积分导数难以求解。因此，很难直观得到参量之间的关系，但仍可以通过数值仿真法分析，即根据实际情况选取不同的参量代入式（5-31）中，得到对应的电容。仿真时，参量选择分为三种情况：a. $g=a$，$s=2a$；b. $g=a$，$s=a$；c. $g=2a$，$s=a$（其中 a 为常数）。图 5-7 为仿真得到的三种不同情况下，平面电容传感器极间电容随距离 d 的变化曲线。图中纵轴坐标中最小格线代表的电容记为 C_n。三种情况下，当被测物体从距离电极平面 30 cm 处移动到 2 cm 处时，电容变化量 ΔC 分别为 $14.5C_n$、$4.5C_n$、$10C_n$。由该图可得：

（1）平面电容传感器极间电容与电容变化量都随 d 的减小而增大。

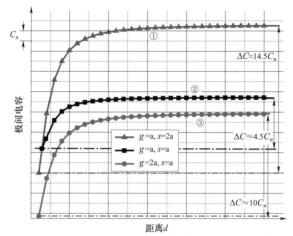

图5-7 三种情况下平面电容传感器极间电容随距离 d 的变化曲线

（2）平面电容传感器极间电容随电极极间距 g 的增大而减小，电容变化量随电极极间距 g 的增大而增大。

（3）平面电容传感器极间电容与电容变化量都随电极宽度 s 的增大而增大。

3. 两种近程检测分析方法结果对比

对比由镜像法和保角映射法推导的平面电容传感器近程检测数学模型，得到的结论是一致的：① 平面电容传感器极间电容变化量随目标材料的介电常数的增大而增大。② 平面电容传感器极间电容变化量随距离 d 的减小而增大。③ 平面电容传感器极间电容变化量随电极极间距 g 的增大而增大。

利用镜像法建立的平面电容传感器近程检测方程更直观反映各参量对平面电容传感器极间电容变化量的影响。需要指出的是，推导过程是将电极看作电荷质点，忽略了电极自身大小对传感器近程检测的影响，并没有给出平面电容传感器极间电容值与各参量的变化关系。而运用保角映射法推导的平面电容传感器近程检测方程，虽然不能直观反映各参量（主要是距离 d、电极宽度 s、极间距 g）对传感器极间电容变化量的影响，但数值仿真能得到大致的近程检测特性曲线。从曲线变化趋势可以比较全面反映各参量对极间电容及电容变化量的影响。两种方法互为补充，将在后续章节通过电磁场仿真与试验相结合的方法讨论各参量对传感器检测性能的影响，同时验证两种方法各自的正确性。

5.2 平面电容探测器的探测方向性

5.1 节中建立了平面电容探测器的近程检测数字模型，是将电极平面看成一个整体来研究各参量对检测性能的影响。本节所讨论的平面电容探测器的探测方向性，是从空间某点位置来看空间能量的分布，即空间的敏感场分布情况。本节将从平面电容探测器的空间场强分布来讨论其方向性。

为便于理论分析，将平面电容探测器的两电极等效为两个点电荷 Q_D（其电荷量为 Q_d）与 Q_S（其电荷量为 Q_s），由电荷平衡有 $Q_d = -Q_s$，如图 5-8 所示。将平面电容探测器的两电极间中心点设置为坐标原点，两电极分别位于 y 轴的正半轴和负半轴上，且对称于原点，设电极极间距为 g。则平面电容传感器的两电极空间位置用球坐标表示为 $D(-g,0,0)$，$S(g,0,0)$。令环境介质的介电常数为 ε_e，设空间内任一点 $P(r,\theta,\varphi)$，则点 P 的电势可写成

$$V_p = \frac{Q_d}{4\pi\varepsilon_e}\left(\frac{1}{r_d} - \frac{1}{r_s}\right) \tag{5-32}$$

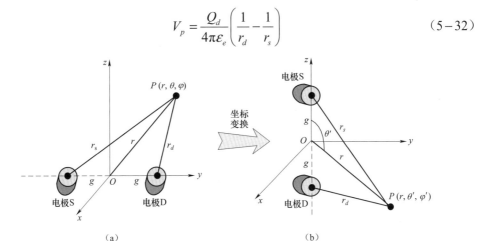

图 5-8　平面电容探测器空间坐标变换

直角坐标与球坐标的关系为

$$\begin{cases} x = r\sin\theta\cos\varphi \\ y = r\sin\theta\sin\varphi \\ z = r\cos\theta \end{cases} \tag{5-33}$$

则空间点 P 到两电极的距离分别为

$$\begin{cases} r_d = \sqrt{(x-g)^2 + y^2 + z^2} = \sqrt{r^2 + g^2 - 2gr\sin\theta\cos\varphi} \\ r_s = \sqrt{(x+g)^2 + y^2 + z^2} = \sqrt{r^2 + g^2 + 2gr\sin\theta\cos\varphi} \end{cases} \tag{5-34}$$

将式（5-34）代入式（5-32）可得

$$V_p = \frac{Q_d}{4\pi\varepsilon_e}\left(\frac{1}{\sqrt{r^2 + g^2 - 2gr\sin\theta\cos\varphi}} - \frac{1}{\sqrt{r^2 + g^2 + 2gr\sin\theta\cos\varphi}}\right) \tag{5-35}$$

从式（5-35）求解空间点 P 的场强较为复杂，将坐标轴绕点 O 逆时针旋转 90°，如图 5-8（b）所示，两电极处于 z 轴线上，这样点 P 与电极间距离根据余弦定理用 r、θ 表示。

$$\begin{cases} \dfrac{r}{r_d} = \left[1 + \left(\dfrac{g}{r} \right)^2 - 2\dfrac{g}{r}\cos\theta' \right]^{-\frac{1}{2}} \\[4mm] \dfrac{r}{r_s} = \left[1 + \left(\dfrac{g}{r} \right)^2 + 2\dfrac{g}{r}\cos\theta' \right]^{-\frac{1}{2}} \end{cases} \qquad (5-36)$$

通常极间距较小，即 $g/r \ll 1$，将式（5-36）按幂级数展开，忽略 $(g/r)^3$ 项及更高幂次项后整理得到

$$\begin{cases} \dfrac{r}{r_d} = 1 + \dfrac{g}{r}\cos\theta' + \dfrac{g^2}{4r^2}(3\cos^2\theta' - 1) \\[4mm] \dfrac{r}{r_s} = 1 - \dfrac{g}{r}\cos\theta' + \dfrac{g^2}{4r^2}(3\cos^2\theta' - 1) \end{cases} \qquad (5-37)$$

将式（5-37）代入式（5-32）得到

$$V_p = \frac{Q_d g \cos\theta'}{2\pi\varepsilon_e r^2} \qquad (5-38)$$

空间点 P 的场强为

$$\begin{aligned} \overrightarrow{E_P} &= -\nabla V_p = -\left(\frac{\partial V_p}{\partial r}\vec{r} + \frac{1}{r}\frac{\partial V_p}{\partial\theta'}\vec{\theta'} + \frac{1}{r\sin\theta'}\frac{\partial V_p}{\partial\varphi'}\vec{\varphi'} \right) \\[2mm] &= \frac{Q_d g}{2\pi\varepsilon_e r^3}(2\cos\theta'\vec{r} + \sin\theta'\vec{\theta'}), \quad r > 4g \end{aligned} \qquad (5-39)$$

此时，场强的模为

$$\left| \overrightarrow{E_P} \right| = \frac{Q_d g}{2\pi\varepsilon_e r^3}\sqrt{3\cos^2\theta' + 1} \qquad (5-40)$$

由式（5-40）可以看出，空间点 P 场强的最大值为

$$\left| \overrightarrow{E_P} \right|_{\max} = \frac{Q_d g}{\pi\varepsilon_e r^3}, \quad \theta' = 0 \qquad (5-41)$$

联立式（5-40）、（5-41），则空间点 P 场强的方向性函数可表示为

$$F_{\theta'}(\theta') = \frac{\left| \overrightarrow{E_P} \right|}{\left| \overrightarrow{E_P} \right|_{\max}} = \frac{1}{2}\sqrt{3\cos^2\theta' + 1} \qquad (5-42)$$

由于 $\sqrt{3\cos^2\theta' + 1}$ 可近似等效于 $\cos^2\theta' + 1$，则式（5-42）可进一步简化为

$$F_{\theta'}(\theta') = \frac{\left| \overrightarrow{E_P} \right|}{\left| \overrightarrow{E_P} \right|_{\max}} = \frac{1}{2}\cos^2\theta' + \frac{1}{2} \qquad (5-43)$$

因为式（5-43）为坐标轴旋转后的方向函数，所以需要转换对应至原坐标轴的参数关系中。坐标轴再沿点 O 逆时针旋转 $90°$，则旋转后坐标表示为

$$\begin{cases} x' = x = r\sin\theta'\cos\varphi' \\ y' = -z = r\sin\theta'\sin\varphi' \\ z' = y = r\cos\theta' \end{cases} \tag{5-44}$$

对比式（5-33）与式（5-44），可得到旋转后与旋转前的球坐标系关系为

$$\begin{cases} \sin\theta'\cos\varphi' = \sin\theta\cos\varphi \\ \sin\theta'\sin\varphi' = -\cos\theta \\ \cos\theta' = \sin\theta\sin\varphi \end{cases} \tag{5-45}$$

求解化简得到旋转前后球坐标系的对应关系

$$\begin{cases} r' = r \\ \theta' = \arccos(\sin\theta\sin\varphi) \\ \varphi' = \mathrm{arcsinh}\left[\dfrac{\cos\theta}{\sqrt{(-1+\sin\theta\sin\varphi)(1+\sin\theta\sin\varphi)}} \right] \end{cases} \tag{5-46}$$

则式（5-43）在原坐标系下的表达式为

$$\begin{aligned} F_{\theta'}(\theta') &= \frac{1}{2}\{\cos^2[\arccos(\sin\theta\sin\varphi)]+1\} \\ &= \frac{1}{2}[(\sin\theta\sin\varphi)^2+1] \end{aligned} \tag{5-47}$$

基于式(5-47)用 MATLAB 软件绘制的平面电容探测器的探测方向图如图 5-9 所示。图 5-9（a）为关于 θ 的方向图，图 5-9（b）为关于 φ 的方向图，两方向图形状一致。由该图可看出，平面电容传感器的探测方向图大体呈椭圆形，在 $\theta=\pi/2$ 与 $\theta=-\pi/2$（对关于 φ 的方向图，$\varphi=\pi/2$ 与 $\varphi=-\pi/2$）处，相对场强最大，在 $\theta=0$ 与 $\theta=-\pi$（对关于 φ 的方向图，$\varphi=0$ 与 $\varphi=-\pi$）处，相对场强最弱。其原因是：当 r、φ 一定时，θ 接近于 $\pi/2$、$-\pi/2$ 处，即靠近电极平面，此时场强最大；当 θ 接近于 0、$-\pi$ 处，即离电极平面距离最远，此时场强最小。同样，当 r、θ 一定时，φ 接近于 $\pi/2$、$-\pi/2$ 处，即离两电极距离最近，此时场强最大；φ 接近于 0、$-\pi$ 处，即离两电极距离最远，此时场强最小。当 $\theta=0$ 时，$-\pi \leqslant \varphi \leqslant \pi$ 为一点的场强，此时其探测方向图为圆形；$\varphi=0$ 时，两电极是关于 x 轴对称，此时方向图亦为圆形。

从平面电容探测器的探测方向图可以看出，平面电容探测器能量分布不像无线电探测器的天线方向图在某特定方向集中，而是随 θ、φ 不同差异不大。

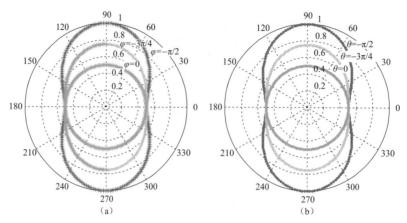

图 5-9 平面电容探测器的探测方向图

（a）关于 θ 的方向图；（b）关于 φ 的方向图

本 章 小 结

本章主要对基于位移敏感的平面电容探测器近程检测相关理论进行了研究。首先，通过麦克斯韦方程组对平面电容探测器的电场边值问题进行了数学描述。理论上可以通过对电场边值问题求解得到空间电场，最终可求解出敏感区内存在目标时的平面电容探测器电极极间电容，可为后续探测器的电磁场仿真提供理论支持。其次，分别从目标在敏感区内的极化现象和探测器的极间介质变化两种近程检测机理出发，分别基于镜像法与保角映射法建立了探测器极间电容及其变化量的数学模型。基于两种方法的近程检测方程所得结论一致，且互为补充。最后，分析了平面电容探测器的探测方向性。本章所研究的平面电容探测器近程检测理论为后续平面电容探测器设计及系统实现奠定了理论基础。

第 6 章　平面电容探测器性能研究

结合第 5 章的理论分析与本书的研究背景，开展对平面电容探测器性能研究。引入评价平面电容探测器的性能指标，去量化分析探测器的电极结构等参量对探测器性能的影响。采用有限元仿真软件 COMSOL Multiphysics 进行电场仿真与试验相结合的方式，主要讨论电极长度、宽度、极间距及电极几何形状等电极结构参量对探测器性能的影响，验证第 5 章中理论模型与结论的正确性。此外，将分析保护电极对探测器噪声的抑制作用，最后研究相邻探测器间串扰问题及空气条件（主要包括空气温度、压强、相对湿度等）对探测器的影响，为平面电容探测器的设计与应用提供指导。

6.1　平面电容探测器评价指标

平面电容探测器是一种利用边缘场效应检测目标的探测器，也称为边缘电场探测器（fringing electric field detector）。Li 等总结了应用于平面电容探测器的性能评价指标：穿透深度（penetration depth）、灵敏度（measurement sensitivity）、信号强度（signal strength）、敏感场分布（sensitivity distribution）、动态范围（dynamic range）、噪声容忍度（noise tolerance）、成像速度（image speed）及图像分辨率（image resolution）等。其中，动态范围和噪声容忍度与电容测量电路相关，成像速度与图像分辨率仅针对电容成像系统。本节主要研究基于平面电容探测器的运动目标近程检测，因此，选用前 4 个参量作为本平面电容探测器的评价指标。下面分别阐述。

（1）穿透深度。

穿透深度是指平面电容探测器的最远测量距离，其定义为目标从无穷远处沿探测器电极平面法线移动至某位置时，电容变化量等于目标从无穷远处移动到与电极平面很近距离 d_e 时的电容变化量的3%，该位置对应的法向距离即为平面电容探测器的穿透深度（如图 6-1 所示），用 $\gamma_{3\%}$ 表示。其数学描述为

$$\left| \frac{C_{d=\gamma_{3\%}} - C_{d=\infty}}{C_{d=d_e} - C_{d=\infty}} \right| \times 100\% = 3\% \qquad (6-1)$$

相关文献中对距离 d_e 的规定并不十分严格，对于尺寸较大的电容探测器，一般取 $1\sim2$ cm，为了统一评价标准，此处取 $d_e = 2$ cm。

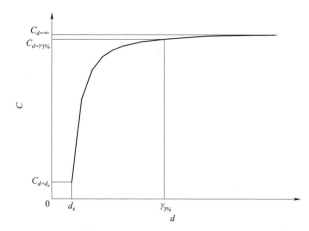

图 6-1　平面电容探测器近程检测电容变化曲线与穿透深度

（2）灵敏度。

灵敏度通常定义为探测器输出变化量与输入变化量的比值。对于平面电容探测器而言，应用场合不同，定义不同。对于体敏感的电容检测而言，其原理是检测被测物体的介电常数改变，因此，灵敏度定义为探测器的电容变化量 ΔC 与引起该变化的被测物体介电常数变化量 $\Delta \varepsilon$ 之间的比值，即 $S = \Delta C / \Delta \varepsilon$；平面电容湿度检测探测器的灵敏度定义为探测器的电容变化量 ΔC 与引起该变化的空气相对湿度变化 ΔRH 之间的比值，即 $S = \Delta C / \Delta RH$；平面电容位移检测探测器的灵敏度定义为探测器的电容变化量 ΔC 与引起该变化的被测物体位移 Δx 之间的比值，即 $S = \Delta C / \Delta x$。因此，本节借鉴平面电容位移检测探测器的灵敏度定义，为统一全文变量，此处将目标与电极平面的垂直距离记为 d，则灵敏度定义为 $S = \Delta C / \Delta d$。实际上对比不同应用探测器的灵敏度时，为评价的科学性，应保持 Δd 不变，则灵敏度直接反映的是相同目标距离变化下探测器的电容变化量 ΔC。通过对比 ΔC 的大小，可知探测器灵敏度的高低。

（3）信号强度。

信号强度是指平面电容探测器的电极极间电容的大小。非接触探测器测量时，输出信号通常非常微弱。信号强度太小会造成环境的寄生效应或测试电路的白噪声将有用信号淹没，使得平面电容探测器失灵。增加平面电容探测器信号强度的手段有两种：一是通过外部检测电路实现信号放大等；另一种是通过优化平面电容探测器的电极参量（如增大电极尺寸、极间距）或采取驱动电极与敏感电极交叉等措施，以提高信号强度及平面电容探测器的灵敏度。

（4）敏感场分布。

敏感场分布是指平面电容探测器在空间敏感区域内的灵敏度分布状况。它表示在空间敏感区域内某像素点处被测物体介电常数变化时所引起的电容变化量，表征了空间区域的灵敏度分布的均匀性及一致性。在 ECT（Emission Computed Tomography，发射型计算机断层扫描仪）系统中，敏感场分布的好坏会影响其成像的辨识度。下面对敏感场分布进行数学描述。

在空间敏感区域 Ω 中，Γ_i 为 i 极板的边界条件，φ_i 为 i 极板上施加的电压，如图 6-2 所示。

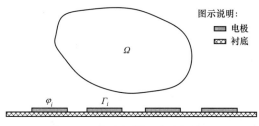

图示说明：
■ 电极
▨ 衬底

图 6-2　多电极平面电容探测器

假设平面电容探测器的空间敏感区域满足

$$\begin{cases} \nabla \cdot (\varepsilon_i \nabla \varphi_i) = 0, i=1,2\cdots N \\ \varphi_i = \begin{cases} V, & \in \Gamma_i \\ 0, & \in \Gamma_k, k \neq i \end{cases} \end{cases} \tag{6-2}$$

由高斯定理有

$$\int_\Omega \nabla \cdot (\varphi_i \varepsilon_j \nabla \varphi_j)\, \mathrm{d}s = \oint_\Gamma (\varphi_i \varepsilon_j \nabla \varphi_j)\mathrm{d}l \tag{6-3}$$

将式（6-3）展开得到

$$\int_\Omega \nabla \cdot (\varphi_i \varepsilon_j \nabla \varphi_j)\, \mathrm{d}s = \int_\Omega \varphi_i [\nabla \cdot (\varepsilon_j \nabla \varphi_j)]\mathrm{d}s + \int_\Omega \varepsilon_j \nabla \varphi_j \cdot \nabla \varphi_i \mathrm{d}s \tag{6-4}$$

由式（6-4）可进一步化简式（6-3）有

$$\int_\Omega \nabla \cdot (\varphi_i \varepsilon_j \nabla \varphi_j)\, \mathrm{d}s = \int_\Omega \varepsilon_j \nabla \varphi_j \cdot \nabla \varphi_i \mathrm{d}s = \oint_\Gamma (\varphi_i \varepsilon_j \nabla \varphi_j)\mathrm{d}l \tag{6-5}$$

将式（6-5）右端展开有

$$\begin{aligned} \oint_\Gamma (\varphi_i \varepsilon_j \nabla \varphi_j)\mathrm{d}l &= \sum_{P=1}^N \oint_{\Gamma_P} (\varphi_i \varepsilon_j \nabla \varphi_j)\mathrm{d}l \\ &= V \oint_{\Gamma_P} (\varphi_i \varepsilon_j \nabla \varphi_j)\mathrm{d}l \\ &= -VQ_{ji} \end{aligned} \tag{6-6}$$

式中　Q_{ji} ——在第 j 极板上施加电压时第 i 极板上产生的电荷。

可以得到

$$\int_\Omega \varepsilon_j \nabla \varphi_j \cdot \nabla \varphi_i \mathrm{d}s = -VQ_{ji} \tag{6-7}$$

同理可得

$$\int_{\Omega}(\varepsilon_i - \varepsilon_j)\nabla\varphi_j \cdot \nabla\varphi_i \mathrm{d}s = -VQ_{ji} - (-VQ_{ji}) = 0 \qquad (6-8)$$

显然，式（6-8）中 $\varepsilon_i = \varepsilon_j = \varepsilon$ 满足时成立。当 i 极板上施加的电压不变，介质常数 ε 发生改变，即 $\varepsilon + \Delta\varepsilon$ 时，φ_i 变为 φ_i'，有

$$\int_{\Omega}\Delta\varepsilon\nabla\varphi_i' \cdot \nabla\varphi_j \mathrm{d}s = -VQ_{ij}' + VQ_{ji} = -V\Delta Q_{ij} \qquad (6-9)$$

此时，对应的电容变化量有

$$\Delta C_{ij} = \frac{\Delta Q_{ij}}{V} = -\frac{\Delta\varepsilon\int_{\sigma}\nabla\varphi_i' \cdot \nabla\varphi_j \mathrm{d}s}{V^2} \qquad (6-10)$$

将式（6-10）中 $\nabla\varphi_i'$ 进行泰勒级数展开有

$$\nabla\varphi_i' = \nabla\varphi_i(\varepsilon + \Delta\varepsilon) = \nabla\varphi_i + \nabla[\Delta\varepsilon\,\mathrm{d}\varphi_i(\varepsilon)] + \cdots \qquad (6-11)$$

将式（6-11）代入式（6-10）可得

$$\Delta C_{ij} = -\frac{\Delta\varepsilon\int_{\sigma}\nabla\varphi_i \cdot \nabla\varphi_j \mathrm{d}s}{V^2} + o[(\Delta\varepsilon)^2] \qquad (6-12)$$

式中，关于 $o[(\Delta\varepsilon)^2]$ 的 Peano 余项可忽略。根据敏感场分布定义，即

$$S_{ij} = \frac{\Delta C_{ij}}{\Delta\varepsilon} \approx -\frac{\int_{\sigma}\nabla\varphi_i \cdot \nabla\varphi_j \mathrm{d}s}{V^2} \qquad (6-13)$$

上述推导虽是针对多电极探测器，但对于单个平面电容探测器而言同样适用，不过其形式有所变化，即

$$S_{ij} \approx -\frac{\sum_{i=1}^{p_n}\sum_{j=1}^{p_m}\nabla\varphi_i \cdot \nabla\varphi_j}{V^2} \qquad (6-14)$$

式中 p_n、p_m——敏感区域内的像素点数。

定义敏感变化参数 SVP（Sensitivity Variation Parameter）来表征探测器敏感场分布的均匀程度，其定义如下：

$$\mathrm{SVP} = \frac{S_{\mathrm{dev}}}{S_{\mathrm{avg}}} \qquad (6-15)$$

式中

$$S_{\mathrm{dev}} = \left[\frac{1}{N\times M}\sum_{n=1}^{N}\sum_{m=1}^{M}(S_{nm} - S_{\mathrm{avg}})^2\right]^{1/2} \qquad (6-16)$$

$$S_{\mathrm{avg}} = \frac{1}{N\times M}\sum_{n=1}^{N}\sum_{m=1}^{M}S_{nm} \qquad (6-17)$$

式中　S_{nm}——在电容平面像素点 $n \times m$ 处的敏感场分布。

由 SVP 的定义可以看出，SVP 数值越大，敏感场分布均匀程度越差。

对于与电极平面正对面积较大的目标（正对面积接近或者大于探测器电极面积）而言，敏感场分布均匀程度的好坏对其检测性能的评价失去意义。对于与电极平面正对面积较小的目标而言，所处敏感区域内的敏感场分布不同会造成检测灵敏度的差异。因此，敏感场分布均匀程度的优劣仅对与电极平面正对面积较小的目标检测有意义。

本章将用穿透深度、灵敏感、信号强度、敏感场分布等参量去量化分析平面电容探测器的电极结构参量对平面电容探测器性能的影响。还将研究分析相邻探测器间串扰与空气条件（主要包括空气温度、气压与相对湿度）对平面电容探测器的影响。

6.2　平面电容探测器的性能分析

为了使平面电容探测器充分发挥其检测性能，在进行平面电容探测器设计时，应努力使其在穿透深度、灵敏度、信号强度及敏感场分布等方面达到最优平衡。改变某单一平面电容探测器参量对不同的性能指标可能有提高或抑制作用，因此设计时需权衡性能指标的重要性，设计出适合应用背景要求的最优性能参量。根据第 5 章推导的近程检测方程可知，影响平面电容探测器性能的主要参量是电极长度、宽度、几何形状等，下面对平面电容探测器各参量逐一展开研究，通过仿真或实验结论反过来验证近程检测方程的正确性。平面电容探测器不同于典型的大型平板电容器，难以通过精确数学表达式求解其电容。常用较为有效的计算方法是有限元法。下面首先讨论如何用有限元法求解平面电容探测器电容。

6.2.1　平面电容探测器的有限元法求解

三维空间场的有限元分析过程是将三维空间剖分成许多不重叠且无缝衔接的空间小单元，并构建小单元的插值与形状函数，使用差分迭代法求解物理场场强。因此，根据变分原理可以将式（5-3）边值问题转化为条件问题：

$$\begin{cases} \boldsymbol{J}(V) = \int_{\Omega} \dfrac{\varepsilon}{2}\left[\left(\dfrac{\partial V}{\partial x}\right)^2 + \left(\dfrac{\partial V}{\partial y}\right)^2 + \left(\dfrac{\partial V}{\partial z}\right)^2\right] \mathrm{d}\boldsymbol{\Omega} = \boldsymbol{J}(V)_{\min} \\ V\mid_{\Omega_1} = V_1, V\mid_{\Omega_2} = V_2 \\ V \to 0, |\boldsymbol{G}| = \sqrt{x^2 + y^2 + z^2} \to \infty \end{cases} \tag{6-18}$$

剖分单元可以是任意的四面体，则四面体内任意一点的电势可采用拟合方式用空间坐标表示，如图 6-3 所示，即

$$V(x, y, z) = k_1 + k_2 x + k_3 y + k_4 z \tag{6-19}$$

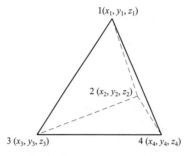

图 6-3　四面体剖分单元

空间任意一点的条状函数为

$$N_i^e = \frac{1}{6\Delta_V}(a_i + b_i x + c_i y + d_i z) \tag{6-20}$$

式中，$a_i = A_{1i}$，$b_i = A_{2i}$，$c_i = A_{3i}$，$d_i = A_{4i}$，A_{ii} 为行列式 $\boldsymbol{A}$ 的代数余子式，即

$$\boldsymbol{A} = \begin{vmatrix} 1 & 1 & 1 & 1 \\ x_1 & x_2 & x_3 & x_4 \\ y_1 & y_2 & y_3 & y_4 \\ z_1 & z_2 & z_3 & z_4 \end{vmatrix} \tag{6-21}$$

将四面体的 4 个顶点坐标及条状函数代入式（6-19）得到

$$V(x,y,z) = \sum_{i=1}^{4} N_i^e V_i \tag{6-22}$$

经过离散化并构建插值函数后，采用瑞利—里兹法对单元与总体能量进行泛函分析，依此获得代求的电场有限元方程。式（6-18）中单元能量泛函的偏导可表示为

$$\frac{\partial \boldsymbol{J}(V)}{\partial V_i} = \boldsymbol{K}_e V_i \quad (i=1,2,3,4) \tag{6-23}$$

式中　$\boldsymbol{K}_e$——单元对称矩阵，即

$$\boldsymbol{K}_e = \frac{\varepsilon}{36} \begin{bmatrix} K_{11} & K_{12} & K_{13} & K_{14} \\ K_{21} & K_{22} & K_{23} & K_{24} \\ K_{31} & K_{32} & K_{33} & K_{34} \\ K_{41} & K_{42} & K_{43} & K_{44} \end{bmatrix} \tag{6-24}$$

第 5 章中分析了工作在准静电场的电容探测器的电场分布。通过求解电势分布函数 $V(r,\theta,\varphi)$，即可求得两电极间的电容 $C = Q / (V_1 - V_2)$。

COMSOL Multiphysics 是目前应用最为广泛的多物理场有限元仿真软件之一，提供包括声学、化学物质传递、电化学、流体流动、热传导、结构力学、机械传导、电磁分析等多种物理场的仿真模块。其中，A/D 模块可以模拟静态和低频应用中的电场、磁场和电磁场仿真。A/D 模块使用涉及一系列的基本边界条件，如电势和磁势、电绝缘和磁绝缘、零电荷，以及场和电流等，可以高度逼真地模拟计算电磁学问题。受试验条件影响，对平面电容探测器性能研究难以一一进行试验验证。本章将采用电磁场仿真与试验相结合的方法来研究平面电容探测器参量变化对探测器性能的影响。

6.2.2　电极长度对平面电容探测器性能的影响

本节将通过仿真研究电极长度对平面电容探测器的性能影响。仿真时电极形状以矩形电极作为研究对象，电极参量设置如图6-4所示，极间距为1 cm，电极宽度为2 cm，

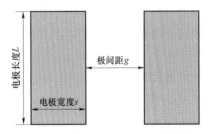

电极厚度为0.1 cm，电极长度分别取10、20和30 cm进行仿真试验对比。两电极上分别施加"1 V"，"0 V"电压，被测目标分别为 30 cm×30 cm× 0.2 cm 的矩形块，相对介电常数均设置为 100。使用 COMSOL Multiphysics（version 5.0）编译，建立 3D 模型。为使仿真更接近实际情况，将有限元网格划分等级设置为"极端"，划分的网格数约为 385 740。图 6-5

图 6-4　平面电容探测器电极参量设置

（a）～（c）为使用 COMSOL Multiphysics 仿真得到的不同电极长度时 xOy 平面电场图。从图中可以看出，场强分布主要集中于矩形的边缘，特别是两电极的间隙内，而电极片上的场强几乎为 0。因为电极片为等势体，考虑电极上的损耗，此时电极上存在微小的电势差，所以电场强度很弱。

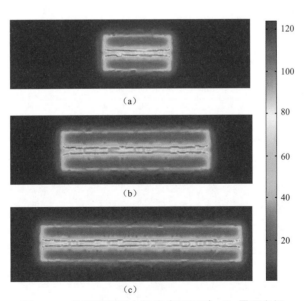

图 6-5　仿真得到的电极宽度不同时 xOy 平面电场

（a）电极长度 10 cm；（b）电极长度 20 cm；（c）电极长度 30 cm

图 6-6 为仿真得到的电极长度不同时平面电容探测器极间电容变化量曲线。由该图可看出，电极长度为 10、20、30 cm 时，平面电容探测器的穿透深度分别约为 27、27、30 cm。表 6-1 为电极长度不同时平面电容探测器极间电容与电容变化量。由该表中可看出，在不同的电极长度下，目标从距离 70 cm 处移动到 2 cm 处的电容变化量分别为 209、392、673 fF。电极长度为 30 cm 时的平面电容探测器极间电容变化量比电极长度为 10 cm 时增加 464 fF，电容变化量增加 222%。电极长度为 10 cm 时平面电容探测器极间电容为 2.16 pF，电极长度为 30 cm 时增加到 5.91 pF，电容增加 173.6%。通过仿真试验得到如下结论：增加电极长度，可有效提高平面电容探测器的穿透深度、灵敏度及信号强度。根据第 5 章中利用保角映射法与镜像法建立的电容与电容变化量数学模型［见式（5-24）与式（5-31）］可以得出，随电极长度增大，对同一目标移动相同距离下，平面电容探测器极间电容增大，即信号强度增大，电容变化量增大，即平面电容探测器灵敏度提高，随距离减小平面电容探测器电容变化量减小，试验结果与理论分析结论一致。

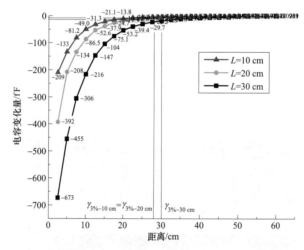

图 6-6　电极长度不同时平面电容探测器极间电容变化量曲线

表 6-1　电极长度不同时平面电容探测器极间电容与电容变化量

电极长度/cm	10	20	30
C/pF	2.16	4.04	5.91
ΔC/fF	209	392	673

6.2.3　电极宽度对平面电容探测器性能的影响

本节将通过仿真研究电极宽度对平面电容探测器的性能影响。仿真时选取电极尺寸：极间距为 1 cm，电极长度为 30 cm，电极厚度为 0.1 cm，宽度分别取 2、5 和 10 cm。仿真其他条件同上。图 6-7 为使用 COMSOL Multiphysics 软件仿真得到的电极宽度不同时 xOy 平面电场图。从图中可以看出，电极宽度越宽，空间内敏感区域面积越大，目标的敏感面积也越大，则极化程度也越大。

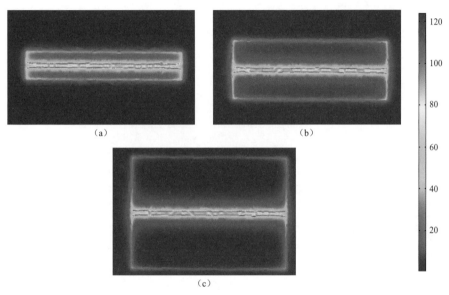

图 6-7　电极宽度不同时 xOy 平面电场

（a）电极宽度 2 cm；（b）电极宽度 5 cm；（c）电极宽度 10 cm

图 6-8 为仿真得到的电极宽度不同时平面电容探测器极间电容变化量曲线。由该图可看出，电极宽度分别为 2、5、10 cm 时，平面电容探测器的穿透深度分别约为 30、30、32 cm；表 6-2 为电极宽度不同时平面电容探测器极间电容与电容变化量。由该表可看出，在不同的电极宽度时，目标从距离 70 cm 处移动到 2 cm 处的平面电容探测器极间电容变化量分别为 673、1 298、1 983 fF。电极宽度为 10 cm 时的电容变化量比电极宽度为 2 cm 时平面电容探测器极间电容变化量增加 1 310 fF，电容变化量增加 194.6%。电极宽度为 2 cm 时平面电容探测器极间电容为 5.91 pF，随宽度增大到 10 cm，电容增大至 8.25 pF，电容增加 39.6%。通过仿真试验得到如下结论：增加电极宽度可有效提高平面电容探测器的穿透深度、灵敏度及信号强度。根据第 5 章中利用保角映射法与镜像法建立的电容与电容变化量数学模型［见式（5-24）与式（5-31）］可得出，随电极宽度增大，对同一目标移动相同距离，信号强度增大，灵敏度提高。试验结果与理论分析结论一致。

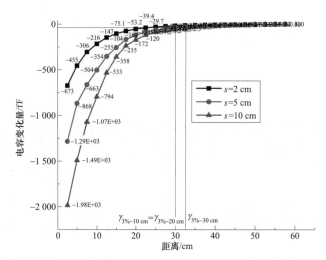

图 6-8   电极宽度不同时平面电容探测器极间电容变化量曲线

表 6-2   电极宽度不同时平面电容探测器极间电容与电容变化量

电极宽度/cm	2	5	10
C/pF	5.91	7.27	8.25
ΔC/fF	673	1 298	1 983

6.2.4　极间距对平面电容探测器性能的影响

本节将通过仿真研究极间距对平面电容探测器的性能影响，仿真时选取电极尺寸：电极长度为 30 cm，电极宽度为 2 cm，电极厚度为 0.1 cm，极间距分别取 1、2 和 3 cm。仿真其他条件同上。图 6-9 为使用 COMSOL Multiphysics 软件仿真得到的极间距不同时 xOy 平面电场图。由图中可看出，随极间距增大，两电极间隙区域内场强变弱，但敏感区域范围变大。

图 6-10 为仿真得到的极间距不同时平面电容探测器极间电容变化量曲线。从该图可看出，极间距分别为 1、2、3 cm 时，平面电容探测器的穿透深度均约为 30 cm；表 6-3 为极间距不同时平面电容探测器极间电容与电容变化量。由该表可看出，不同极间距时，目标从距离 70 cm 处移动到 2 cm 处的平面电容探测器极间电容变化量分别为 673、713、905 fF。极间距为 3 cm 时的平面电容探测器极间电容变化量比极间距为 1 cm 时的电容变化量增加 232 fF，电容变化量增加了 34.5%。极间距为 1 cm 时平面电容探测器极间电容为 5.91 pF，随极间距增大为 3 cm，电容减小为 4.05 pF，电容减小了 31.4%。通过仿真试验得到如下结论：增加极间距可有效提高探测器的灵敏度及信号强度，对探测器的穿透深度无影响。根据第 5 章中利用保角映射法与镜像法建立的电容与电容

变化量数学模型［见式（5−24）与式（5−31）］可以得出，随极间距的增大，同一目标移动相同距离，信号强度减弱，灵敏度变高。试验结果与理论分析结论一致。

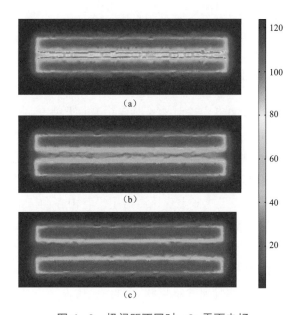

图 6−9　极间距不同时 xOy 平面电场

（a）极间距 1 cm；（b）极间距 2 cm；（c）极间距 3 cm

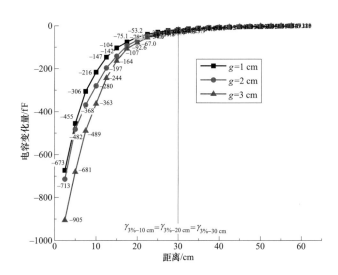

图 6−10　极间距不同时平面电容探测器极间电容变化量曲线

表6－3　极间距不同时平面电容探测器极间电容与电容变化量

电极间距/cm	1	2	3
C/pF	5.91	4.59	4·05
ΔC/fF	673	713	905

6.2.5　电极形状对平面电容探测器性能的影响

工作在传输模式下的平面电容探测器，其电极几何形状的不同带来驱动、敏感两电极交叉耦合不同，从而在一定程度上引起探测器自身性能参量改变。Z. Chen 等讨论了方形、迷宫形、梳齿形及螺旋形等电极形状在近程检测中的灵敏度问题；F. Dehkhoda等研究了环形、方形与嵌套方形等电极形状在微距测量时的线性区与灵敏度等性能；S. Thiele 等设计了插指交叉多段式多电容探测器用于管内多向流的检测。本节将研究不同的电极形状对平面电容探测器近程检测性能的影响。

本节设计了四种中心对称的电极形状：圆形、矩形、梳齿形及螺旋形，如图6－11所示。为了评价的科学性，四种电极的面积大致相同，即$S_a = S_b = S_c = S_d$ =31 cm × 15 cm，电极的极间距都为1 cm（具体几何参量见图6－11）。仿真边界条件同前。

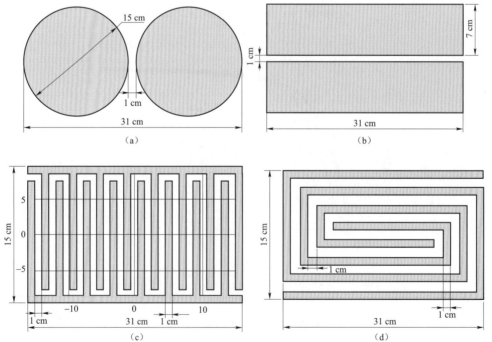

图6－11　四种电极形状的网格划分与尺寸

（a）圆形；（b）矩形；（c）梳齿形；（d）螺旋形

使用 COMSOL Multiphysics 软件获取的四种形状电极的电场图与电势图见表 6－4，仿真边界条件与上节仿真基本一致。由表中可看出，敏感空间主要分布在电极间隙。对于圆形与矩形电极而言，场强主要分布在距离最短的边缘线区域，该区域相对整个电极平面来说面积窄；对于梳齿形与螺旋形电极而言，电极间所占面积相对较大且分布相对均匀，因此 xOy 平面电场图中场强分布相对均匀。

表 6－4　四种形状电极的电场图与电势图

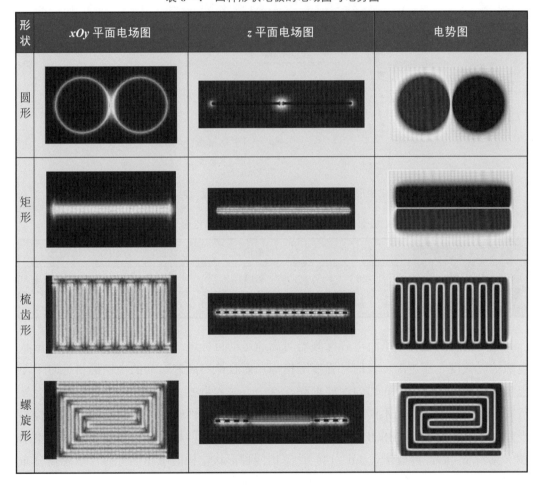

形状	xOy 平面电场图	z 平面电场图	电势图
圆形			
矩形			
梳齿形			
螺旋形			

图 6－12 为仿真得到的电极形状不同时平面电容探测器的极间电容变化量曲线。从图中可看出，圆形、矩形、梳齿形与螺旋形四种形状电极探测器的穿透深度均为 35 cm。表 6－5 为电极形状不同时探测器极间电容与电容变化量。从该表可看出，不同的电极形状，目标从距离 70 cm 处移动到 2 cm 处的平面电容探测器的极间电容变化量分别为 1 641、1 943、2 310、2 402 fF。灵敏度最高的为螺旋形电极，比圆形电极的电容变化量增加 761 fF，电容变化量增加了 46.4%。通过仿真试验可知，圆形、矩形、梳齿形与

螺旋形四种形状电极传感器，螺旋形电极传感器性能在灵敏度、信号强度上性能最优，圆形电极传感器性能最差。

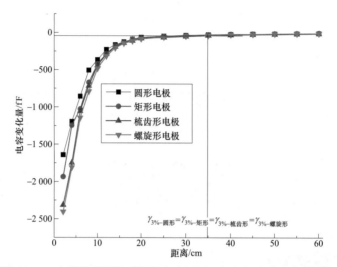

图 6-12 电极形状不同时平面电容探测器的极间电容变化量曲线

表 6-5 电极形状不同时平面电容探测器极间电容与电容变化量

电极形状	圆形	矩形	梳齿形	螺旋形
C/pF	4.03	9.14	38.6	41.6
$\Delta C/\text{fF}$	1 641	1 943	2 310	2 402

本研究背景是利用平面电容探测器对高速运动目标进行检测，不仅要考虑各形状电极的灵敏度、穿透深度、信号强度等指标，而且检测高速运动的小铁磁目标时平面电容探测器的敏感场分布均匀性要求高，这一点尤为重要。敏感场分布均匀性低会导致同一目标在电极平面不同的敏感位置造成灵敏度差异性较大，导致检测系统的检测误差大。本章通过 COMSOL Multiphysics 软件仿真得到四种形状电极的 xOy 平面电场图（见表 6-4），再根据式（6-14）计算出四种形状电极的敏感场分布（敏感场分布如图 6-13 所示），根据式（6-15）计算得到敏感变化参数 SVP 分别为 6.97、1.81、0.974、0.984，从 SVP 值可看出，梳齿形电极敏感场分布均匀性最优，其次为螺旋形电极，圆形电极的敏感场分布均匀性最差。

为验证仿真结果的有效性，对四种形状电极探测器进行了实际测量。为了准确测量出探测器电容变化，使用精密阻抗分析仪 Aglient 4294A 分别对四种形状电极探测器进行电容测量。Aglient 4294A 覆盖了很宽的测试频率范围（40 Hz～110 MHz），具有 ±0.08% 的阻抗精度。从探测器电极平面选取对称的 9 个测试位置（如图 6-14 所示），由于四种形状都是中心对称图形,以中心点为原点位置(①),②~⑨的坐标分别为(8,0)(15,0)(-8,0)(-15,0)(8,-4)(15,-8)(-8,4)(-15,8),具体试验系统如图6-15所示。被测目标为圆台形铁筒,上端直径为6.6 cm,下端直径为4.6 cm,全长8.5 cm。测试时铁筒垂直于电极平面,沿电极平面法线方向移动。每移动5 cm测试一次。在驱动电极上施加频率为500 kHz、幅值为1 V的正弦激励源。平面电容探测器的电极是由印制电路板制成,材料为锡,喷制在FR-4上,其大小与仿真试验的尺寸相同。由测试系统得到的四种形状电极探测器的电容测试曲线如图6-16所示。

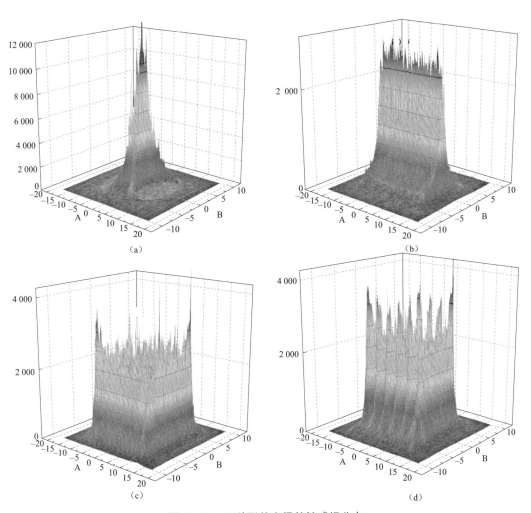

图6-13 四种形状电极的敏感场分布

(a)圆形:SVP=3.97;(b)矩形:SVP=1.81;(c)梳齿形:SVP=0.97;(d)螺旋形:SVP=0.98

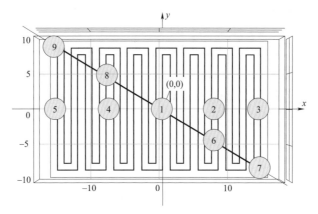

图 6-14 9 个测试点分布

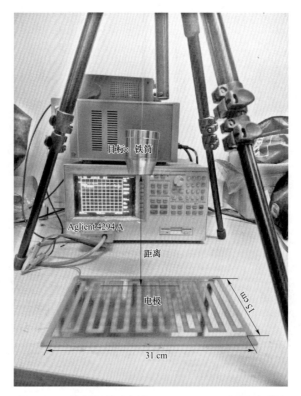

图 6-15 使用阻抗分析仪 Aglient 4294A 的测试系统

从表 6-4 中不同形状电极的电场分布情况得到：敏感最强区域在两电极对称中心的间隙处；电极边缘处的场强比电极上的场强大，电极上的敏感度最弱。根据以上总结，可以分析出四种形状电极探测器选取的 9 个敏感位置的敏感程度，四种形状电极探测器的各敏感位置的敏感程度排序如下：

$$
\begin{cases}
S_{1\_Cir} > S_{2\_Cir} \approx S_{4\_Cir} > S_{6\_Cir} \approx S_{8\_Cir} > S_{3\_Cir} \approx S_{5\_Cir} > S_{7\_Cir} \approx S_{9\_Cir} & \text{(圆形)} \\
S_{1\_Rec} > S_{2\_Rec} \approx S_{4\_Rec} > S_{3\_Rec} \approx S_{5\_Rec} > S_{6\_Rec} \approx S_{8\_Rec} > S_{7\_Rec} \approx S_{9\_Rec} & \text{(矩形)} \\
S_{1\_Com} > S_{2\_Com} \approx S_{4\_Com} > S_{6\_Com} \approx S_{8\_Com} > S_{3\_Com} \approx S_{5\_Com} > S_{7\_Com} \approx S_{9\_Com} & \text{(梳齿形)} \\
S_{1\_Spi} > S_{2\_Spi} \approx S_{4\_Spi} > S_{6\_Spi} \approx S_{8\_Spi} > S_{3\_Spi} \approx S_{5\_Spi} > S_{7\_Spi} \approx S_{9\_Spi} & \text{(螺旋形)}
\end{cases}
\tag{6-25}
$$

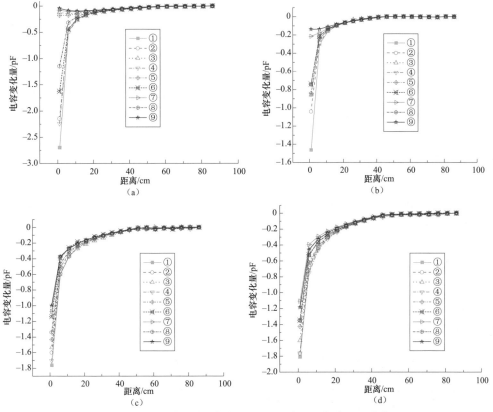

图 6-16 四种形状电极探测器不同位置的电容测试曲线
（a）圆形；（b）矩形；（c）梳齿形；（d）螺旋形

将仿真结果得到的式（6-25）各敏感位置的敏感程度排序与图 6-16 的实测结果进行对比，二者完全吻合。

为了科学评价各探测器中不同敏感位置的试验结果，将位置①作为参考测试点，使用相关系数与剩余标准差来评价其他 8 个测试位置与测试位置①的差异性。相关系数与剩余标准差定义为

$$
C_C = \cfrac{\displaystyle\sum_{j=1}^{N}(C_{i\#,j} - C_{1\#,j})(\hat{C}_{i\#,j} - \hat{C}_{1\#,j})}{\sqrt{\displaystyle\sum_{j=1}^{N}(C_{i\#,j} - C_{1\#,j})^2 \sum_{j=1}^{N}(\hat{C}_{i\#,j} - \hat{C}_{1\#,j})^2}}
\tag{6-26}
$$

$$\text{RMSE} = \sqrt{\frac{\sum_{j=1}^{N}(C_{i\#,j} - C_{1\#,j})^2}{N-2}} \qquad (6-27)$$

式中　$\hat{C}_{i\#,j}$、$C_{i\#,j}$——第 i 个测试位置在第 j 次的估计与实测电容；

　　　$\hat{C}_{1\#,j}$、$C_{1\#,j}$——第 1 个测试位置在第 j 次的估计与实测电容；

　　　j——对应不同距离下的测试点；

　　　N——测量次数；

　　　2——待确定的常数个数。

相关系数越大或剩余标准差越小，则测试曲线差异性越小。通过式（6-26）与式（6-27）计算得到的相关系数与剩余标准差分别如图 6-17 所示。由四种形状电极探测器不同位置的测试曲线得到的平均相关系数分别为 70.93%、93.06%、99.26%、99.87%，平均剩余标准差分别为 0.52、0.24、0.14、0.12 pF，圆形电极的最大剩余标准差达到 0.67 pF，而螺旋形电极的最大剩余标准差不超过 0.19 pF，梳齿形电极的最大剩余标准差不超过 0.18 pF。从剩余标准差计算结果来看，梳齿形电极探测器的敏感场分布均匀性最优，其次为螺旋形电极探测器，最差为圆形电极探测器，与通过仿真得到敏感变化参数 SVP 值所揭示的结果一致。

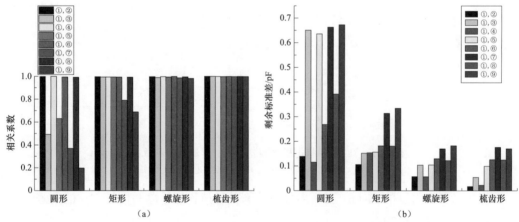

图 6-17　四种形状电极探测器不同位置的测量曲线
（a）相关系数；（b）剩余标准差

综上所述，螺旋形电极探测器在灵敏度与敏感场分布等性能上最优，略优于梳齿形电极探测器，性能最差为圆形电极探测器。螺旋形电极探测器呈螺旋状，同样面积条件下几何尺寸计算与加工均不方便，因此设计时不如梳齿形电极探测器灵活。

从上面的仿真与实验结果中不难看出，当探测器的两电极之间交叉越多，敏感场分布均匀性与灵敏度相对越强。本节按此思路设计了其他三种多交叉形状的电极，如

图6-18所示。三种多交叉形状电极分别为迷宫形、梳齿Ⅰ形（竖排）及梳齿Ⅱ形（横排），三种多交叉形状的电极总长、宽与上述四种形状电极相同，整个电极尺寸为31 cm×15 cm，极间距为1 cm。迷宫形电极犬牙交错，驱动电极与敏感电极咬合长短不一，类似迷宫结构，且两电极之间间隙较大；梳齿Ⅰ形是将图6-11（c）的梳齿形电极的纵向梳齿条减少，然后在梳齿条间增加横向交叉电极，形成局部的梳齿结构；梳齿Ⅱ形与梳齿Ⅰ形类似，只是将局部的纵向梳齿电极变为局部的横向梳齿电极。本章通过COMSOL Multiphysics软件仿真，对三种电极的性能进行对比。由仿真结果求解得到的SVP依次分别为1.066、0.995、0.993。显然，与前面讨论的螺旋形与梳齿形电极相比，敏感场分布均匀性并没有提高。虽然增加了结构交叉，但电极面积与间隙面积分布不够均匀，造成了敏感场分布均匀性变差。因此在设计电极结构时，增加交叉结构的同时，需要考虑电极面积分布的均匀性。综上所述，对比不同电极结构设计，螺旋形电极探测器的穿透深度、灵敏度、信号强度等性能表现最优，略优于梳

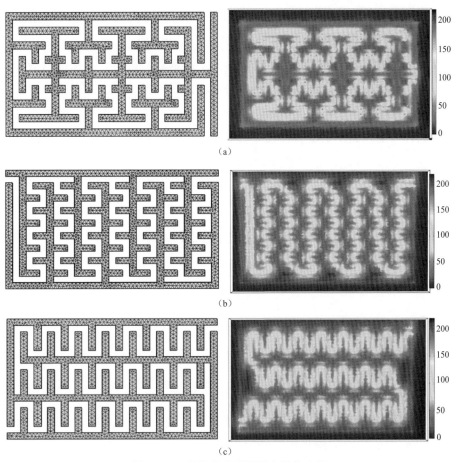

（a）

（b）

（c）

图6-18 其他多交叉形状电极的电场

（a）迷宫形；（b）梳齿Ⅰ形；（c）梳齿Ⅱ形

齿形电极探测器，但梳齿形电极探测器敏感场分布均匀性更好，且螺旋形电极探测器在相同面积条件下几何尺寸计算比梳齿形电极探测器复杂。因此，结合本节的应用背景，选择梳齿形作为探测器电极结构。

6.3 保护电极对平面电容探测器噪声的抑制能力分析

平面电容探测器敏感区域为开放空间，环境对电极的寄生效应会给平面电容探测器测量带来噪声。保护电极是在平面电容探测器的衬底背面覆盖导体并接地，这样可以在一定程度上减少环境的寄生效应，从而减小杂散电容。但增加保护电极也会给探测器性能带来一定的影响。

为了探讨保护电极对平面电容探测器性能的影响，本节将通过仿真对比无保护电极和有保护电极两种状态下，平面电容探测器性能的变化。仿真时电极形状以梳齿形作为研究对象，如图 6-11（c）所示，极间距为 1 cm，电极宽度为 1 cm，电极厚度为 0.1 cm，保护电极距电极平面 4 cm，仿真边界条件设置同前。

图 6-19 为通过 COMSOL Multiphysics 软件仿真得到的有、无保护电极时平面电容探测器极间电容变化量曲线。从该图中可看出，保护电极的有、无不改变平面电容探测器的穿透深度（图中探测器穿透深度都为 35 cm）；表 6-6 为有、无保护电极时探测器极间电容与电容变化量，由该表中可看出，在无保护电极与有保护电极两种状态下，目标从距离 70 cm 处移动到 2 cm 处的平面电容探测器极间电容变化量分别为 2 320、714 fF，增加保护电极后探测器极间电容变化量减小 1 606 fF，减少了 224.9%。增加保护电极后探测器极间电容为 24.9 pF，减小了 35.6%（无保护电极时探测器极间

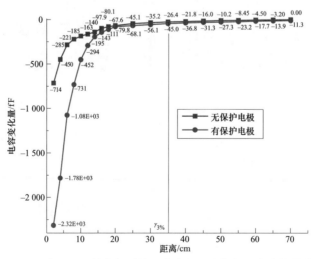

图 6-19　有、无保护电极时平面电容探测器极间电容变化量曲线

电容为 38.7 pF）。通过仿真试验得到结论：增加保护电极后，平面电容探测器的灵敏度
与信号强度均降低。

表 6-6　有、无保护电极时平面电容探测器极间电容与电容变化量

状况	无保护电极	有保护电极
C/pF	38.7	24.9
$\Delta C/fF$	2 320	714

图 6-20（a）、（b）分别为使用阻抗分析仪测量的无保护电极与有保护电极两种状
态下的探测器噪声。从测量结果看，无保护电极时探测器的噪声振幅约为 400 fF，比有
保护电极时探测器的噪声高 100%（有保护电极时的探测器的噪声振幅约为 200 fF）。
因此，保护电极接地能很好地削减平面电容探测器周边环境寄生效应带来的影响。

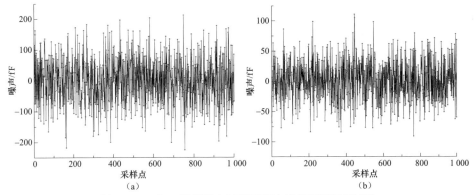

图 6-20　有、无保护电极时平面电容探测器噪声对比
（a）无保护电极；（b）有保护电极

图 6-21（a）、（b）呈现了在保护电极至电极平面距离远、近两种状态下二维仿

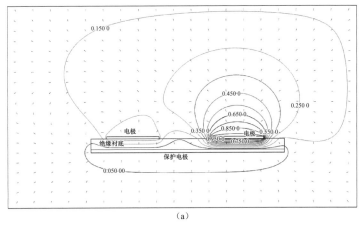

（a）

图 6-21　二维仿真的保护电极与电极平面距离远、近时的电场
（a）保护电极至电极平面距离远时

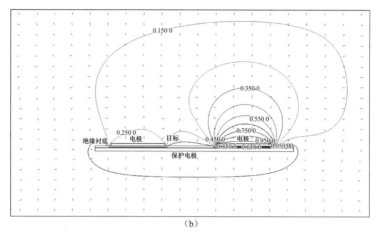

图 6-21 二维仿真的保护电极至电极平面距离远、近时的电场（续）

（b）保护电极至电极平面距离近时

真得到的电场分布图。平面电容探测器保护电极至电极平面距离不同会带来两种影响：一是，随着保护电极接近，更多的场能会穿过绝缘衬底向保护电极释放；二是，相邻等势线间的距离变小，所形成的区域变窄，说明场能向空间发散的能量更小，即探测器灵敏度降低。

下面通过仿真对比保护电极至电极平面距离不同时，平面电容探测器的性能变化。仿真时电极形状仍以梳齿形作为对象，如图 6-11（c）所示，参量设置：极间距为 1 cm，电极宽度为 1 cm，电极厚度为 0.1 cm，保护电极至电极平面距离分别取 0.5、1、2、4 cm，仿真边界条件设置同前。图 6-22 为通过 COMSOL Multiphysics 软件仿真得到的保护电极至电极平面距离不同时平面电容探测器极间电容变化量曲线。由该图中可看出，保护电极至电极平面距离的远近不改变平面电容探测器的穿透深度（图中平面电容探测器的穿透深度都为 35 cm）；表 6-7 为保护电极至电极平面距离不同时平面电

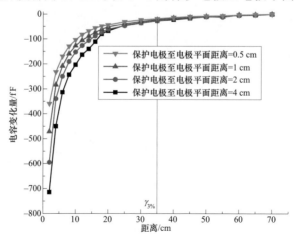

图 6-22 保护电极至电极平面距离不同时平面电容探测器极间电容变化量曲线

容探测器极间电容与电容变化量。由该表可看出，保护电极至电极平面距离（0.5、1、2 和 4 cm）不同时，目标从距离 70 cm 处移动到 2 cm 处的平面电容探测器极间电容变化量分别为 359、471、594、714 fF，保护电极至电极平面距离为 4 cm 时平面电容探测器极间电容变化量比保护电极至电极平面距离为 0.5 cm 时平面电容探测器极间电容变化量减小 355 fF，电容变化量减小近 50%，极间电容从 24.9 pF 减小为 8.8 pF，减小了 64.5%。

表 6-7　保护电极至电极平面距离不同时平面电容探测器极间电容与电容变化量

保护电极至电极平面距离/cm	0.5	1	2	4
C/pF	8.80	11.00	19.90	24.90
ΔC/fF	359	471	594	714

图 6-23 为使用阻抗分析仪测量的保护电极至电极平面距离不同时平面电容探测器的噪声。从测量结果看，随着保护电极至电极平面距离减小，探测器的噪声大幅度

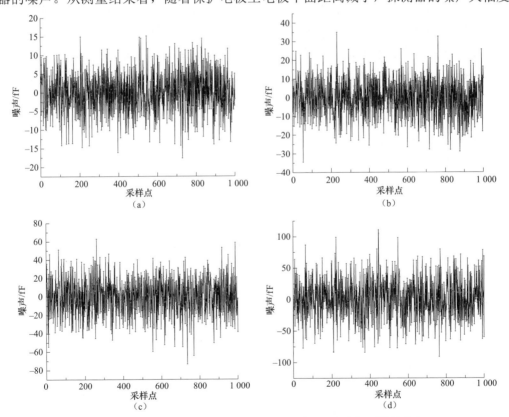

图 6-23　保护电极至电极平面不同距离时平面电容探测器的噪声
（a）保护电极至电极平面距离为 0.5 cm；（b）保护电极至电极平面距离为 1 cm；
（c）保护电极至电极平面距离为 2 cm；（d）保护电极至电极平面距离为 4 cm

下降。保护电极至电极平面距离为 4 cm 时，噪声振幅约为 200 fF，保护电极至电极平面距离为 0.5 cm 时，噪声振幅约为 30 fF，噪声振幅减小 85%。

综上所述可得结论，增加保护电极能较好地消除环境对平面电容探测器的寄生效应，显著减小平面电容探测器的噪声。但同时会降低平面电容探测器的灵敏度与信号强度等性能。因此，使用保护电极时，可根据应用需求，兼顾探测器灵敏度、信号强度性能及检测系统的噪声耐量等，合理地使用和调整保护电极至电极平面距离。

6.4　相邻平面电容探测器间的串扰研究

目标探测应用中经常会遇到多个电容探测器（或传感器）比邻同时工作的情形（如主动装甲防护系统中的组合电容探测模块等）。当多个平面电容探测器同时工作时，存在相互干扰，这称为相邻探测器的串扰。本节通过仿真得到的单个平面电容探测器与两个探测器的电场线二维仿真图，如图 6-24 所示。从图中的电场线可以看出，只有单个平面电容探测器工作时，电场线在敏感区域内从驱动电极划向敏感电极。当两个平面电容探测器同时工作时，电场线不仅存在于自身探测器的驱动电极与敏感电极间，同时各电极间由于电势差不同，相互间也存在电场线，造成了平面电容探测器间串扰。对于相邻平面电容探测器间串扰，通常可采用两种方法降扰：一种是尽可能地增加相邻平面电容探测器间的距离；另一种是在平面电容探测器的电极周围环绕屏蔽地。增加相邻平面电容探测器间的距离虽然能在一定程度上有效降低串扰，但通常受应用场合限制，不能过大增加探测器间的距离。而在平面电容探测器的电极周围环绕保护电极的方法不受应用场合限制。

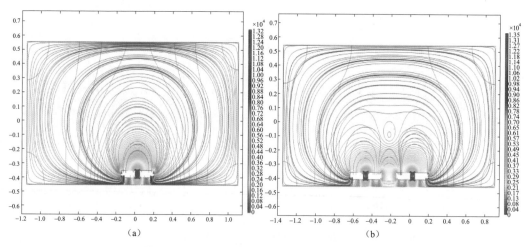

图 6-24　相邻平面电容探测器间串扰二维仿真

（a）单个平面电容探测器；（b）两个平面电容探测器

平面电容探测器的电极周围环绕屏蔽地的示意如图 6-25 所示。屏蔽地的存在，会显著减小平面电容探测器电极的电场向四周扩散。图 6-26 为无环绕屏蔽地与有环绕屏蔽地时，平面电容探测器电场线与电势的分布图。从该图可看出，无环绕屏蔽地时，两相邻平面电容探测器电极间存在电场线，电场线不仅存在于自身的驱动电极与敏感电极间，也存在于驱动电极与相邻探测器的敏感电极间，以及自身敏感电极与相邻平面电容探测器驱动电极间，且电极的电势向空间扩散。而有环绕屏蔽地时，电场线与电势分布仅存在于屏蔽地环绕的内部，电场线从自身驱动电极发出，终止于敏感电极或自身的屏蔽地。电场线与电势分布几乎没有向外扩散。因此，从仿真图分析得到，在平面电容探测器的电极周围环绕屏蔽地，将会改善探测器间的串扰问题。

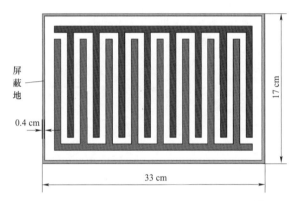

图 6-25　平面电容探测器的电极周围环绕屏蔽地

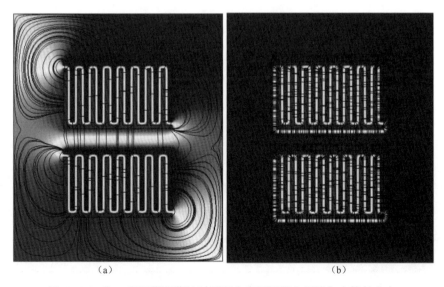

（a）　　　　　　　　　　　　　（b）

图 6-26　有、无环绕屏蔽地时平面电容探测器电场线与电势的分布

（a）无屏蔽地；（b）有屏蔽地

通过仿真分析电极周围环绕屏蔽地对探测器性能的影响。仿真时电极形状如图 6-25 所示，电极尺寸为 31 cm×15 cm，极间距为 1 cm，电极宽度为 1 cm，电极厚度为 0.1 cm，屏蔽地为方形环。仿真边界条件同前。图 6-27 为通过 COMSOL Multiphysics 软件仿真得到的无环绕屏蔽地与有环绕屏蔽地时平面电容探测器极间电容变化量曲线。由该图可看出，环绕屏蔽地不改变穿透深度。表 6-8 为有、无环绕屏蔽地时平面电容探测器极间电容、电容变化量及串扰。从该表可看出，在有、无环绕屏蔽地状态下，目标从距离 70 cm 处移动到 2 cm 处的平面电容探测器极间电容变化量分别为 2 320、1 500 fF，电容变化量减小 820 fF，减小近 35.3%；极间电容从 38.7 pF 减小为 21.5 pF，减小了 44.4%。传感器的灵敏度与信号强度均有所下降。但有环绕屏蔽地时，相邻平面电容探测器的串扰从 245 fF 减小到 75 fF，减小了 69.4%，减小串扰效果明显。通过仿真结果分析可得到，平面电容探测器电极环绕屏蔽地虽然降低了平面电容探测器的检测灵敏度，但能很好地抑制相邻平面电容探测器间串扰。

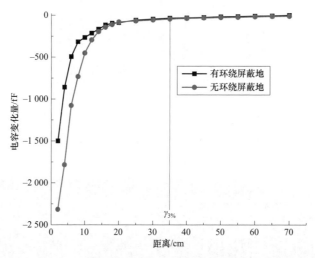

图 6-27 有、无环绕屏蔽地时平面电容探测器极间电容变化量曲线

表 6-8 有、无环绕屏蔽地时平面电容探测器极间电容、电容变化量及串扰

状态	无环绕屏蔽地	有环绕屏蔽地
C/pF	38.7	21.5
ΔC/fF	2 320	1 500
串扰/fF	245	75

6.5　空气条件对平面电容探测器的影响

平面电容探测器工作在空气场，其介质为空气，因此平面电容探测器极间电容受空气状态（条件）影响，这里考虑的空气条件因素包括空气温度、压强及相对湿度。空气条件的变化会使平面电容探测器极间电容发生改变，其本质是在不同空气条件下其空气介电常数发生改变，从而导致平面电容探测器极间电容变化。这些环境因素会给平面电容探测器的电容检测带来干扰。

空气中包含成分较多，分析较为复杂。这里简单将空气看作干空气与水蒸气组成。由克劳修斯—莫索提（Clausius—Mossotti）方程有

$$\frac{\varepsilon-1}{\varepsilon+2}=\frac{N\alpha}{3\varepsilon_0} \tag{6-28}$$

式中　N——空气中气体分子数；

　　　ε、ε_0——空气与真空的介电常数；

　　　α——分子极化率。

就介质极化而言，主要有四种基本类型，即电子位移极化、离子位移极化、转向极化与界面极化。而空气介质主要存在转向极化与位移极化。

非极性分子极化率 α 等于位移极化率 α_e，极化分子极化率为 $\alpha=\alpha_e+\mu_0^2/3kT$，$\mu_0^2/3kT$ 与温度相关。μ_0 为饱和水蒸气与热运动有关的转向极化率，约为 6.127×10^{-30} C·m。干空气为非极性分子，水蒸气为极性分子，则式（6-28）可进一步写为

$$\frac{\varepsilon-1}{\varepsilon+2}=\frac{N_{\text{dry-air}}}{3\varepsilon_0}\alpha_{e1}+\frac{N_{\text{vapour}}}{3\varepsilon_0}\left(\alpha_{e2}+\frac{\mu_0^2}{3kT}\right) \tag{6-29}$$

式中　$N_{\text{dry-air}}$——干空气中气体分子数；

　　　N_{vapour}——水蒸气中气体分子数；

　　　α_{e1}——干空气中分子极化率，约为 $2.050\,39\times10^{-30}$ F·m²；

　　　α_{e2}——水蒸气中分子极化率，约为 $1.678\,0\times10^{-40}$ F·m²；

　　　k——玻耳兹曼常数。

由分子数与空气压力关系有

$$P=(N_{\text{dry-air}}+N_{\text{vapour}})kT \tag{6-30}$$

联立式（6-29）与式（6-30）有

$$\varepsilon=1+\frac{P}{\varepsilon_0 kT}\alpha_{e1}+\frac{N_{\text{vapour}}}{\varepsilon_0}\left(\alpha_{e2}+\frac{\mu_0^2}{3kT}-\alpha_{e1}\right) \tag{6-31}$$

根据道尔顿分压定律，空气压强 $P=P_{\text{dry-air}}+P_{\text{vapour}}$，而空气的相对湿度可表示为湿空气中水蒸气分压力 P_{vapour} 与相同温度下水的饱和压力 P_{sat} 之比

$$RH = \frac{P_{vapour}}{P_{sat}} \tag{6-32}$$

则湿空气中水蒸气分压力可表示为

$$P_{vapour} = RH \cdot P_{sat} \tag{6-33}$$

而水的饱和压力可根据热力学常数表拟合得到一个经验值：

$$P_{sat} = e^{23.7875 - \frac{4150.68}{T - 34.2313}} \tag{6-34}$$

联立式（6-31）、（6-33）及式（6-34）可得到空气的介电常数为

$$\varepsilon = 1 + 1.6781 \times 10^{-6} \frac{P}{T} - 2.3415 \times 10^{-9} \frac{RH \times e^{23.7875 - \frac{4150.68}{T - 34.2313}}}{T} +$$

$$7.4212 \times 10^{-9} \frac{RH \times e^{23.7875 - \frac{4150.68}{T - 34.2313}}}{T^2} \tag{6-35}$$

应用 COMSOL Multiphysics 软件仿真模拟不同空气条件下平面电容探测器极间电容变化，并将仿真结果绘制成曲线，如图 6-28 所示。由图 6-28（a）可见，在同一温度条件下，相对湿度增大，电容线性变化斜率增大，温度越高，电容增大程度越大；由图 6-28（b）可见，同一压强条件下，相对湿度增大，电容也呈线性增大，压强不同时，电容随相对湿度变化幅值相同；由图 6-28（c）可见，同一相对湿度条件下，电容随温度升高成二次方曲线增大，相对湿度越大，电容随温度变化的幅值越大。从仿真结果可看出，空气条件因素（温度、压强、相对湿度）对绝对电容的改变仅为零点几 fF，电容变化微乎其微，对平面电容探测器的近程检测而言可忽略其影响。

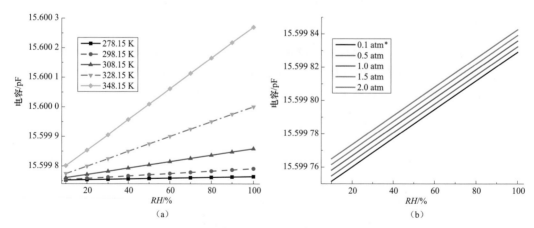

图 6-28 平面电容探测器在不同空气条件下极间电容变化仿真曲线
(a) 不同温度下平面电容探测器极间电容随相对湿度的变化曲线；
(b) 不同压强下平面电容探测器极间电容随相对湿度的变化曲线
注：atm 为常见非许用单位，1 atm=101 325 Pa。

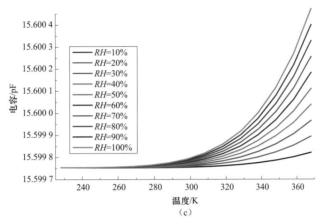

图 6 - 28　平面电容探测器在不同空气条件下极间电容变化仿真曲线（续）

（c）不同相对湿度下平面电容探测器极间电容随温度的变化曲线

本 章 小 结

　　本章以平面电容探测器运动目标近程检测为应用背景，采用 COMSOL Multiphysics 仿真与实测相结合的方法，研究了电极结构参量、保护电极、环绕屏蔽地及天气环境对平面电容探测器性能的影响。首先，分析了探测器电极长度、电极宽度、极间距等参量对探测器性能的影响，验证了第 5 章中建立的平面电容探测器极间电容与电容变化量的数学模型；设计了四种探测器的电极形状，从敏感场分布与灵敏度等性能指标入手分析了四种形状的电极性能，得到的结论是：圆形性能最差，螺旋形的穿透深度、灵敏度等性能最优，并略优于梳齿形，但梳齿形在敏感场分布性能方面更优，且尺寸计算简单，因此本文选择梳齿形作为探测器电极形状；其次，研究了保护电极在抑制探测器噪声方面的作用。保护电极至探测器电极平面距离越近，抑制噪声能力越强，但探测器的灵敏度、信号强度等性能会降低。分析了相邻平面电容探测器间的串扰问题，找到了减小串扰的有效方法——将探测器电极周围环绕屏蔽地，同时屏蔽地也会降低探测器的灵敏度、信号强度等性能。最后探讨了空气条件（温度、压强及相对湿度）对平面电容探测器性能的影响，仿真结果表明这些空气条件影响较小，探测器在对运动目标检测时可忽略其影响。综上对平面电容探测器性能的研究，可为后续平面电容探测器的设计与应用提供指导。

第7章 平面电容探测器运动目标检测系统设计

本章以平面电容探测器高速运动目标近程检测为应用背景，设计并实现一种高灵敏度的电容探测器目标检测系统。该检测系统包括电容检测电路、信号调理电路及信号采集与处理电路。本章将重点讨论电容检测电路，分别从检测电路的静、动态指标对电容检测电路进行分析。该电路旨在提高电容探测器的输出信号强度与灵敏度，而非侧重电容的测量精度。

7.1 电容检测电路研究现状

为设计满足应用背景要求的高速目标检测电路，本节首先分析现有电容检测电路，为检测电路设计找到借鉴之处。电容探测器初始极间电容及电容变化量很小，在测量时易受环境的寄生效应影响。平面电容探测器极间电容随环境温度、相对湿度、压强的变化而变化。此外，测量的连接电缆、测量器件自身的附加电容严重时往往远大于探测器自身的电容，会将电容探测器输出信号淹没。因此，对电容检测电路的设计，以及使用的元器件与连接电缆等提出了更高要求。设计电容检测电路时存在几个关键问题：① 测试的电容通常是微小电容且电容变化范围大。② 环境的寄生效应导致的极间电容变化量往往大于被测量的电容变化大小。③ 高速测量的实时性要求与电容自身储能延时特性之间的矛盾。

现行的电容测量电路多种多样，常用的有基于阻抗分析仪的测量电路、基于 CDC（Capacitance to Digital Converter）芯片的测量电路、谐振测量电路、充/放电测量电路、交流运放测量电路，以及幅度耦合式电容引信探测电路等。下面分别阐述。

1. 基于阻抗分析仪的测量电路

阻抗分析仪是利用物体导电性能不同，在被测物体表面施加低电平或低电压信号，通过测量其阻抗变化计算被测物体的性能变量。阻抗分析仪覆盖了很宽的测试频率范围（几十 Hz 至几 GHz），具有较高的阻抗精度（±0.08%阻抗测量精度）。因此，阻抗分析仪广泛应用于工业测量、传感器校准等高精密度的应用场合。

基于阻抗分析仪的测量电路使用模拟开关切换被测电容通道（如图 7-1 所示），通过软件读取阻抗分析仪的测量数据，进行后期处理与分析。其优点是，测量噪声小，测量频带宽，使用简单快捷。其缺点是，阻抗分析仪属于精密仪器，成本较高，且测量操作较为复杂，测量时间较长。

图 7-1　基于阻抗分析仪的测量系统

2. 基于 CDC 芯片的测量电路

Σ-Δ 型 CDC 是将已知的激励电压施加于被测电容器，应用电荷平衡来检测未知电容的变化（如图 7-2 所示）。通过对比参考电容的输出，精确得到被测电容。常用的 CDC 芯片如瑞士 XEMICS 公司生产的 XE200X 系列芯片、美国亚德诺半导体技术有限公司（Analog Devices Inc.，ADI）生产的 AD774X 系列芯片，以及德国艾曼斯半导体（ACAM mess eletronic，简称 ACAM）公司生产的 PICOCAP 系列芯片等。CDC 芯片同样可以获得与阻抗分析仪相媲美的精度，电容分辨率可达 aF（$1\ aF = 10^{-18}\ F$）级，且外围电路简单，使用方便。但 CDC 芯片存在电容测量范围较窄（测量电容值在几 pF 范围内），测量频率低。虽然 ACAM 公司的 CDC 芯片最快测量速度高达 500 kHz，但噪声会变大。

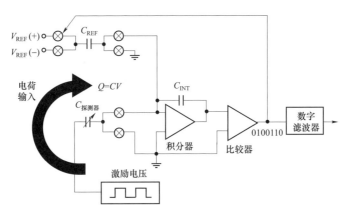

图 7-2　CDC 芯片的测量原理

3. 谐振测量电路

谐振测量电路是利用被测电容与电感等组成谐振网络，测量其谐振频率变化或者幅值变化得到被测电容（如图 7-3 所示）。此谐振测量电路的优点是频带宽（从几百 kHz 到几百 MHz），因谐振点不易选取，测量的电容变化范围窄，导致量程小。此外，探测器连接电缆的寄生效应易使电路偏离谐振点，而导致 LC 不能起振或稳定振荡。

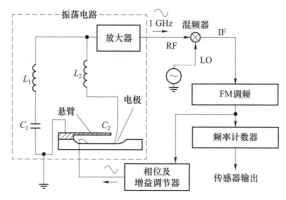

图 7-3 谐振测量电路

4. 充/放电测量电路

充/放电测量法又称电荷转移法，是利用开关的高速切换实现被测电容的充/放电，通过测量其充/放电电压计算被测电容。充/放电测量电路如图 7-4 所示，图中 COMS 开关 S_2、S_3 同步，S_1、S_4 同步。初始状态下，断开 S_2、S_3，C_x 经过 S_1、S_4 闭合充电至满，之后断开 S_1、S_4，闭合 S_2、S_3 使得电容放电至低电平，如此往复。最后电路输出的直流电压为 $u_o = R_f C_x f u_c$。该电路抗杂散电容效果好且成本低，但开关切换时会导致电荷的注入，影响测试结果，且需多次测量，测量频率较低。

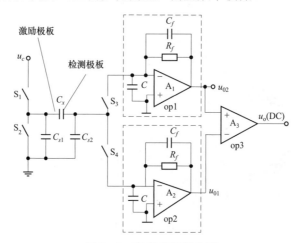

图 7-4 充/放电测量电路

5. 交流运放测量电路

交流运放测量电路图如图 7-5 所示。图中 $u_i(t)$ 为激励源，C_x 为被测电容，C_f、R_f 分别为反馈电容与反馈电阻，C_{s1} 是由连接电缆寄生效应引起的杂散电容。该电路中 C_{s2} 连接运放的虚地输入端，对杂散电容起到一定的抑制作用。因 C_{s1}、C_{s2} 与 C_x 比可忽略，则由该电路可见，其输出与输入的传递函数为

$$u_{\mathrm{o}}(t) = -\frac{sC_x R_f}{sC_f R_f + 1} u_i(t) \qquad (7-1)$$

式中　s——传递函数自变量。

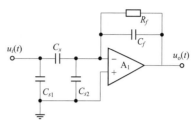

图 7-5　交流运放测量电路

当 $C_f R_f \gg 1$ 时，式（7-1）直接简化成 $u_{\mathrm{o}} = -(C_x / C_f) u_i$。通过计算输出电压与输入电压的峰值比，即可得到被测电容。该电路设计简单，输出线性度好且信噪比高，频带宽。由于被测电容范围与激励源、反馈电容相关，应用较为广泛。又由于电路需要判断输出交流信号的电压值，需进行数字信号解调，编程较为复杂。

6. 幅度耦合式电容引信探测电路

在电容引信应用中，使用一种非精密测量的幅度耦合式电容探测电路，如图 7-6

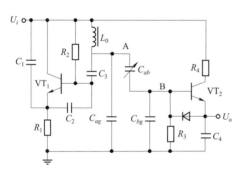

图 7-6　幅度耦合式电容引信探测电路

所示。由三极管 VT_1，电感 L_0，电容 C_1、C_2、C_3，电阻 R_1、R_2 组成共基极克拉泼振荡电路。C_{ab} 为探测电极极间固有结构电容，C_{ag}、C_{bg} 为探测电极与地（对引信电路而言是弹体）之间形成的固有结构电容。三极管 VT_2，电阻 R_3、R_4，电容 C_4 构成单管整流电路，属于一种幅度检波器。该检波器设计简单，与二极管整流电路相比，其检波效率大大提高。检波电路为共射极电路，具有输出阻抗小，带负载能力强特点。该探测电路输出为直流电压信号，直流信号的检测易于交流信号检测，电路灵敏度高（2～3 V/pF），但该电路存在一些不足之处。因探测电极的电容耦合至克拉泼振荡电路中，当探测电极极间电容过大时，克拉泼振荡电路将偏离谐振点，使得振荡电路不起振，从而导致整个探测电路不工作。而克拉泼振荡电路参量计算本身较为复杂，在未知被测电容时，难以确定振荡电路参量。因为晶体三极管中少子随温度影响较大，温度增加，穿透电流增加，所以三极管温度稳定性较差，造成单管整流电路中输出直流信号温漂大。

此外，基于电流激励的测量电路、电桥测量电路、相敏检测电路等电容测量电路也在不同场合得到应用。总结并汇总以上几种典型电容测量电路性能，见表 7-1。

表 7-1　几种典型电容测量电路性能

电路类型	优　　点	缺　　点
基于阻抗分析仪的测量电路	精度高	成本高，测量频率低，操作复杂
基于 CDC 芯片的测量电路	精度高，设计简单	测量范围小，测量频率低
谐振测量电路	频带宽	量程小

续表

电路类型	优　点	缺　点
充/放电测量电路	抗杂散电容性能好，成本低	开关切换影响大，测量频率低
交流运放测量电路	线性度好，信噪比高，频带宽	需要数字调制
幅度耦合式电容引信探测电路	设计简单，易于信号识别处理，灵敏度高	参数计算复杂，输出稳定性差，测量精度低

　　本章应用背景要求设计的电容探测器是基于大尺寸平面电容器，电容相对较大，要求电容测量电路能够测量大电容，量程范围宽，灵敏度高。由于运动目标与电极平面的距离变化和电容探测器的电容变化成非线性关系，本应用对电容检测电路的线性度要求不高。幅度耦合式电容引信探测电路灵敏度相较于其他电容测量电路而言，灵敏度最高，满足于运动目标的检测。但需要改进电极的激励方式及提高检波器的稳定性。下面将针对本书应用背景设计一种改进型的电容检测电路以满足应用要求。

7.2　基于高速运动目标检测的电容检测电路设计

7.2.1　电容检测电路设计

　　本节设计的电容检测电路如图 7-7 所示，它由两部分组成：交流运放测量电路与场效应管单管整流电路。驱动电极的激励供给方式将采用稳定性好，精度高的有源晶振代替克拉泼振动器，再利用交流运放测量电路放大敏感电极的输出信号，并将接收信号通过场效应管共源放大电路整成直流信号。VT_1 为一小功率 N 沟道场效应管，该场效应管中只有多子参与导电，因此场效应管受温度、辐射等条件影响小，稳定性好，输出噪声小。

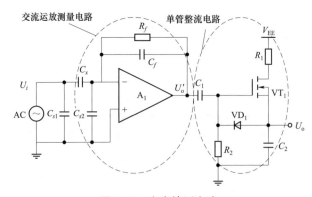

图 7-7　电容检测电路

1. 交流运放测量电路

令图 7-7 中放大器 A_1 的输出电压为 $U_o'(t)$，依式（7-1），将 S 用 $j\omega$ 取代，则对交流运放测量电路有

$$U_o'(t) = -\frac{j\omega C_x R_f}{j\omega C_f R_f + 1} U_i(t) \tag{7-2}$$

当 $\left| j\omega C_f R_f \right| \gg 1$ 时，式（7-2）可以简化为

$$U_o'(t) = -\frac{C_x}{C_f} U_i(t) \tag{7-3}$$

交流运放测量电路的传递函数

$$
\begin{aligned}
G_1(s) = \frac{U_o'(s)}{U_i(s)} &= -\frac{sC_x R_f}{sC_f R_f + 1} \\
&= \frac{C_x}{C_f}\left(\frac{1}{sC_f R_f + 1} - 1\right) \\
&= \frac{K}{\tau s + 1} - K
\end{aligned}
\tag{7-4}
$$

式中　K —— C_x / C_f；

τ —— $C_f R_f$（反馈时间常数）。

对于输入信号为阶跃信号时，其输出

$$U_o'(s) = \frac{1}{s} G_1(s) = \frac{1}{s}\left(\frac{K}{\tau s + 1} - K\right) \tag{7-5}$$

经 Laplace 变换，转化成时域表达式为

$$U_o'(t) = -K e^{-\frac{t}{\tau}} \tag{7-6}$$

该电路参量为 $R_f = 1\,\text{M}\Omega$，$C_f = 4.7\,\text{pF}$，则该电路的建立时间 $t \approx (3 \sim 5)\tau = 14.1 \sim 23.5\,\mu\text{s}$。图 7-8 为交流运放测量电路的波特图，由该图可见，输入频率越高，信号衰减越小，当信号频率大于 100 kHz 时，信号无衰减。受运放自身的增益带宽积限制，输入频率不能过大。一般选择几百 kHz 为宜。

2. 单管整流电路

如图 7-7，场效应管单管整流电路原理是利用场效应管 VT_1 的源栅极间 PN 结实现半波整流，源极的接地电容 C_2 与偏置电阻 R_2 构成 RC 低通滤波器，将半波信号进行包络检波变成直流信号，如图 7-9 所示。检波二极管 VD_1 在信号处于负半周时，为源极的接地电容 C_2 提供放电回路，这样就提高了信号整流的效率。

（1）信号处于正半周。

信号处于正半周时，场效应管 VT_1 处于导通状态。此时电路的等效电路采用 π 模

型，如图 7-9（a）所示。用 Laplace 变换表示，其输出电压为

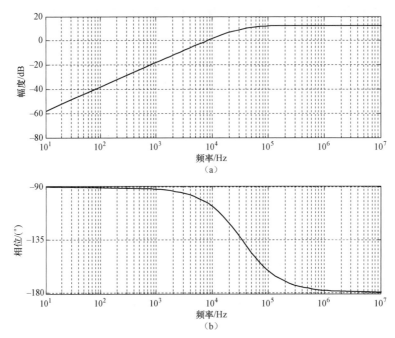

（a）

（b）

图 7-8　交流运放测量电路的波特图

（a）幅频特性；（b）相频特性

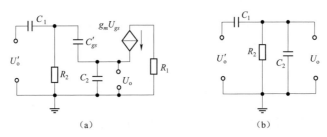

（a）　　　　　　　　　　　（b）

图 7-9　单管整流等效电路

（a）信号处于正半周等效电路；　（b）信号处于负半周等效电路

$$U_o = (g_m U_{gs} + U_{gs} s C'_{gs}) \frac{1}{sC_2} \approx \frac{g_m U_{gs}}{sC_2} \tag{7-7}$$

式中　g_m——输出回路跨导；

　　　C'_{gs}——源漏极间电容，通常为几 pF。

因此，式（7-7）第二项可忽略。而流过电阻 R_2 的电流可写为

$$I_{R_2} = \frac{U_{R_2}}{R_2} = \frac{g_m U_{gs} / (sC_2) + U_{gs}}{R_2} \tag{7-8}$$

由基尔霍夫定律有，流过电容 C_1 的电流为

$$I_{C_1} = I_{R_2} + I_{C'_{gs}} = \frac{g_m U_{gs} / (sC_2) + U_{gs}}{R_2} + U_{gs} sC'_{gs}$$

$$\approx \frac{g_m + sC_2}{sR_2C_2} U_{gs} \tag{7-9}$$

则输入电压为

$$U'_o = U_{C_1} + U_{R_2} = U_{gs} \frac{g_m + sC_2}{sR_2C_2} \frac{1}{sC_1} + \frac{g_m U_{gs}}{sC_2} + U_{gs}$$

$$= U_{gs} \left(\frac{g_m + sC_2}{s^2 R_2 C_1 C_2} + \frac{g_m}{sC_2} + 1 \right) \tag{7-10}$$

联立式（7-7）与式（7-10）得到等效电路的电压增益有

$$A'_{U1}(s) = \frac{U_o}{U'_o} = \frac{g_m / (sC_2)}{(g_m + sC_2) / (s^2 R_2 C_1 C_2) + g_m / (sC_2) + 1}$$

$$= \frac{sg_m R_2 C_1}{s^2 R_2 C_1 C_2 + (C_2 + g_m R_2 C_1)s + g_m} \tag{7-11}$$

高频段，C_1、C_2 视为短路，考虑 C'_{gs} 的影响，那么此时电路的上限频率约为

$$f_H = \frac{1}{2\pi R_2 C'_{gs}} \tag{7-12}$$

低频段，C'_{gs} 视为开路，考虑 C_1、C_2 的影响，那么此时电路的下限频率约为

$$f_L = \frac{C_1 + C_2}{2\pi R_2 C_1 C_2} \tag{7-13}$$

（2）信号处于负半周。

信号处于负半周时，检波二极管 VD$_1$ 导通，场效应管 VT$_1$ 截止，其等效电路如图 7-9（b）所示。当电阻 R_2 较大时，在中频段，输入/输出信号电压之比为

$$A'_{U2}(s) = \frac{U_o}{U'_o} = \frac{1 / (sC_2)}{1 / (sC_1) + 1 / (sC_2)}$$

$$= \frac{C_1}{C_1 + C_2} \tag{7-14}$$

由式（7-11）与式（7-14）可看出，单管整流电路的电压增益在输入信号的正负半周时有所不同。但输出端电容 C_2 两端电压是连续而非跳变的，因此，该电路的电压增益可写为

$$A'_U(s) = K_1 \frac{sg_m R_2 C_1}{s^2 R_2 C_1 C_2 + (C_2 + g_m R_2 C_1)s + g_m} + K_2 \frac{C_1}{C_1 + C_2} \tag{7-15}$$

式中　K_1、K_2——权重值。

由式（7-13）可看出，单管整流电路的下限频率应大于交流运放测量电路的输出

信号的频率，因此低通截止频率的设置应在几 kHz 以内。此外，偏置电阻越大，场效应管的偏置电流越大，则导通角增大，整流效率提高。经调试选择偏置电阻 R_2 为 56 kΩ。考虑信号延时，漏极滤波电容不宜太大，选为 4.7 nF，其建立时间为 $6.9\tau = 6.9 R_2 C_1 C_2 / (C_1 + C_2) \approx 108.95\ \mu s$。电路输入信号经过电容 C_1 应保证无衰减输入至场效应管的源极，而 C_2 的整流作用决定了 $C_1 < C_2$。根据各参量的数量级关系，简化电路电压增益表达式，即式（7－15）有

$$A'_U(s) = K_1 \frac{j\omega g_m R_2 C_1}{j\omega g_m R_2 C_1 + g_m} + K_2 \frac{C_1}{C_2 + C_1} \qquad (7-16)$$

式中，场效应管的输出回路跨导 g_m 一般为 0.1～10。由式（7－16）可看出，单管整流电路的电压增益随电容的增大而减小。增大 C_1 可以提高电路的增益，但单管整流电路的前级为运放输出。一般运放输出最大电流 100 mA，按照运放最大输出电压 15 V 计算，其负载最小应不低于 150 Ω。假设输入信号为 500 kHz，按图 7－9（b）计算测量电路输入阻抗为

$$\begin{aligned} X_o &\approx X_{C_1} + X_{C_1} + R_2 = X_{C_1} + X_{C_2} \\ &= \frac{1}{2\pi \times 500 \times 10^3 \times C_1} + 68 > 150\ (\Omega) \end{aligned} \qquad (7-17)$$

因此电容 C_1 应不大于 5.6 nF。

联立式（7－3）与式（7－16）得到，本设计的电容检测电路的输入/输出关系为

$$U_o(s) = -\left[K_1 \frac{s g_m R_2 C_1}{s^2 R_2 C_1 C_2 + (C_2 + g_m R_2 C_1)s + g_m} + K_2 \frac{C_1}{C_2 + C_1} \right] \frac{C_x}{C_f} U_i(s) \qquad (7-18)$$

7.2.2　检测电路参量描述

电路的性能参量分为静态参量与动态参量，其中静态参量包括信噪比（Signal-to-Noise Ratio，SNR）、灵敏度（sensitivity）、线性度（linearity）、分辨率（resolution）、动态范围（dynamic range）、相关误差（correlated error）与可重复性（repeatability）等，动态参量包括响应时间（response time）等。下面将用以上参量分析本设计的电路性能。

1. 信噪比

信噪比用来衡量有用信号与噪声的比值关系。对本设计而言，电容与输出电压间为非精确的线性关系，因此直接用输出电压定义 SNR，则有

$$SNR = 10\log \frac{\sum\limits_{i=1}^{M} U_{i-C_j}^2}{\sum\limits_{i=1}^{M} (U_{i-C_j} - \overline{U})^2} \qquad (7-19)$$

式中　U_{i-C_j}、$\overline{U}$ ——输入电容 C_j 时对应第 i 次测量的输出电压和测量平均电压；

M——测量次数。

SNR 大于 0 dB 时，说明信号强度大于噪声强度；反之亦然。

2. 灵敏度与线性度

根据测量电路的灵敏度含义，电路的灵敏度定义为

$$S_m = \frac{\mathrm{d}U_o}{\mathrm{d}C_x} \tag{7-20}$$

对于本设计的电容检测电路而言，输出信号与输入信号关系见式（7-18），联立式（7-20）可看出，整个电路的灵敏度与输入信号频率、幅值及电路参量有关。

线性度通常表征的是测量电路输入与输出之间的线性程度。对于电容测量电路而言，即被测电容与输出电压的比值关系。其定义为

$$v_l = \frac{\Delta_{\max}}{C_u - C_l} \tag{7-21}$$

式中　$\Delta_{\max}$——测量值与线性拟合值之间的最大差值；

　　　C_u、C_l——测量电路测量的最大、最小电容。

3. 分辨率与动态范围

分辨率即测量电路能分辨的最小电容变化量，其定义见式（7-22）。分辨率表达式为

$$R_{es} = \frac{u_n}{\Delta u / \Delta C} \tag{7-22}$$

式中　u_n——噪声电压的均方根；

　　　$\Delta u / \Delta C$——检测电路中，输出电压变化量 Δu 与电容变化量 ΔC 之间的比值。

由式中可看出，分辨率的可靠性受电路噪声影响

动态范围是指测量电路的最大、最小测量范围的相对比值，其单位为 dB。根据动态测量范围定义可表示为

$$D_m = 20\log\frac{\Delta C_{\max}}{\Delta C_{\min}} \tag{7-23}$$

4. 相关误差与可重复性

电容测量的相关误差（correlated error）表示电容测量值与理想值之间的接近程度，其定义为

$$e_r = \frac{|C_m - C_e|}{C_e} \times 100\% \tag{7-24}$$

式中　C_m、C_e——电容的测量值与理想值。

电容的理想值在实际处理中，通常是阻抗分析仪或其他精密测量仪器的实测值。

可重复性是指在同样测试环境和测试条件下，多次测量结果的变化程度。对于电容测量可重复性定义为

$$d_m = \frac{\Delta_{r\max}}{C_u - C_l} \qquad (7-25)$$

式中　$\Delta_{r\max}$——多次测量结果的最大误差。

通常电路的可重复性受环境温度、器件性能，以及运放的非线性度影响。

5. 响应时间与延迟时间

电路中电容的响应速度决定了电路的响应时间。响应时间 T_r 一般定义为电路从响应曲线第一次达到稳定状态的 90%时需要的时间，对于一阶 RC 网络，$T_r \approx (3\sim5)$ $\tau = (3\sim5)RC$。延迟时间 T_d 是指从响应曲线第一次达到稳定状态的 50%时需要的时间，对于一阶 RC 网络，$T_d \approx 0.69\tau = 0.69RC$。

7.2.3　检测电路性能测试

根据上节讨论的各项检测电路参量，通过仿真与试验来分析本设计的电容检测电路性能。在测试时各项性能参量会受输入信号源、PCB 制作及室内电器设备的噪声干扰。因此进行电路测试时，导线多选用屏蔽电缆，信号源的 SNR 不低于 50 dB。交流运放测量电路中，运算放大器选用高速运放模块 AD817，其单倍增益带宽典型值为 35 MHz，供电电源为±15 V，V_{EE} 为 28 V（如图 7-7 所示）。

1. 单管整流电路中晶体三极管与场效应管试验对比

为说明场效应管单管整流电路的性能，本节用晶体三极管进行对比试验。图 7-7 中场效应管 VT_1 选用 2DK3018，其漏极电流为 100 mA，而取代它的晶体三极管使用 S9014，其集电极电流也为 100 mA。

（1）噪声对比。

测量信号噪声如图 7-10 所示，使用场效应管作为整流放大器时，输出噪声峰—峰值约为 32 mV，而使用晶体三极管作为整流放大器时，输出噪声峰—峰值约 97 mV。显然，使用场效应管的噪声幅值仅为使用晶体三极管的 30%左右。显著减小了输出噪声。由此可见，应用场效应管可以提高整个检测电路的 SNR 及分辨率等指标。

（2）稳定性对比。

将使用晶体三极管的检测电路与使用场效应管的检测电路通电，放在常温下进行老练试验，记录 1 h 内不同时刻的输出电压变化量如图 7-11 所示。从该图中可看出，场效应管检测电路在通电 10 min 之内，输出基本处于稳定，且幅值变化范围较小，约为 67 mV。而晶体三极管的检测电路，通电后电路稳定性能较差，直到通电 20min 后输出电压趋于稳定。在通电 10 min 内，输出电压骤变，幅值下降 1.1 V 左右。分析以

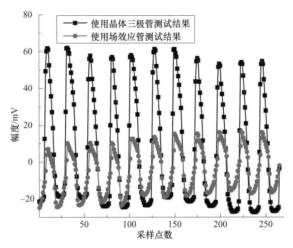

图 7 – 10　使用晶体三极管与场效应管的检测电路输出噪声对比

上噪声测试试验与通电老练试验结果，造成这一现象的主要原因是晶体在三极管中，空穴和自由电子都参与导电，少子容易受外界温度、光照、辐射影响；而场效应管只有多子导电，多子浓度不受外界温度、光照、辐射影响，因此场效应管的噪声系数小。

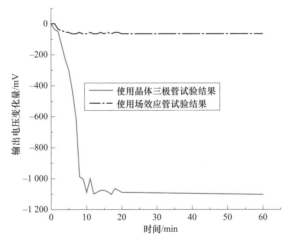

图 7 – 11　晶体三极管与场效应管电路输出稳定性对比

（3）灵敏度对比。

当输入信号为 300 mV，输入信号频率为 200 kHz 时，交流运放测量电路中反馈电容 C_f 为 4.7 pF、C_1 为 300 pF（如图 7 – 7 所示）时，分别在输入端接入可变电容器进行测量，其可变范围为 0～50 pF，输入电容差为±20%。使用晶体三极管电路与使用场效应管电路的试验结果如图 7 – 12 所示。同样输入条件下，使用晶体三极管的整流电路比使用场效应管的输出信号强，灵敏度更高。在 15 pF 的输入时，晶体三极管整流电路的输出约为 4.8 V，而场效应管整流电路的输出为 0.97 V。此时输入信号情况，晶体三极管整流电路的灵敏度为 1.5 V/2 pF＝0.75 V/pF，而场效应管整流电路的灵敏度为 1.1 V/2 pF＝0.55 V/pF（如图 7-12 所示）。分析原因是晶体三极管输入阻抗小，场效应管输入阻抗大，因此输入同样的电压情况下，晶体三极管基极电流比场效应管的栅极电流大，造成晶体三极管的输出信号比场效应管的输出信号强。晶体三极管是电流放大元件；基射之间阻抗很低，一般电压放大倍数大。因此，使用晶体三极管作为整流放大器的检测电路灵敏度高。

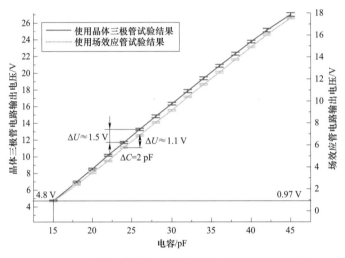

图 7-12　晶体三极管与场效应管检测电路灵敏度对比

（4）对比结论。

综上 3 方面性能对比，显然在电路噪声特性及稳定性方面场效应管电路优势明显，而在灵敏度方面，尽管晶体三极管电路灵敏度高（高 0.2 V/pF），但晶体三极管的稳定性差，噪声大，不适用于环境恶劣情况，且在多路输出时，其噪声容易造成后续信号调理电路无法正常工作。而场效应管在这两方面性能更优，对于检测灵敏度的提高可以通过调节交流运放测量电路中的反馈电容加以改善。因此，本设计选场效应管方案。

2. 电容检测电路性能测试

根据 7.2.2 节中给出的电路参量进行本设计的电容检测电路性能测试。测试基本内容为：① 测试不同输入信号频率下，电容检测电路的 SNR，以选择信噪比最优时的输入频率作为平面电容探测器的激励频率。② 在该激励频率下，测试不同输入电容的输出 SNR 与输出电压，测试电容检测电路的最佳测量范围及输入/输出线性度。③ 测试电路检测电容的相对误差与可重复性。④ 测试电路的动态响应特性。

（1）不同输入信号频率下电路 SNR 对比测试。

电容检测电路中各参量包括：输入信号电压幅值为 300 mV，频率为 100 kHz～2 MHz；交流运放测量电路中反馈电容 C_f 为 4.7 pF，反馈电阻 R_f 为 1 MΩ，C_1、C_2 分别为 300 pF 和 4.7 nF。分别对 27、33 和 47 pF 的被测电容进行测试，得到随输入信号频率变化的 SNR，如图 7－13 所示。从图中可看出，当输入信号频率较低（<0.4 MHz）时，单管整流电路中的 RC 网络对信号衰减小，造成输出噪声大，使得电路 SNR 低；当输入信号频率变高（>1 MHz）时，受运放的增益带宽积性能影响，信号噪声变大，SNR 同样会降低。此外，单管整流电路实际为信号的包络检波，随输入信号频率增大，整流输出电压增大。但源极的电压过大也会在一定程度上降低场效应管的性能，从而造成输出噪声大，使得 SNR 低。输入信号频率在 0.4～0.6 MHz 段，检测电路的 SNR 高，特别是频率在 0.5 MHz 时，三种不同电容的测试 SNR 依次分别为 50.9、54.7 和 56.8 dB。因此，本节所设计的平面电容探测器的激励信号频率选为 0.5 MHz。

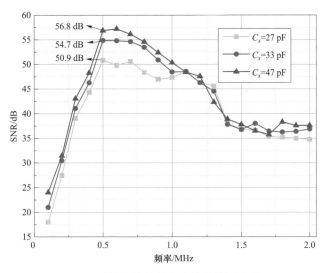

图 7－13   随输入信号频率变化的检测电路 SNR

（2）不同输入电容下检测电路的 SNR 及线性度测试。

电容检测电路的各参量包括：输入信号电压幅值为 300 mV，频率为 500 kHz，电路其他参量同上。测试方法是改变不同的被测电容，计算随被测电容变化的输出信号 SNR 测试结果，如图 7－14 所示。只有图 7－7 中 C_1 后端电压约大于 1 V，场效应管的栅极电流大于 100 mA 才能导通，当输入电容小于 15 pF 时，该电压远小于 1 V，导致单管整流电路几乎无输出。因此，当输入电容小于 15 pF 时，电容检测电路的 SNR 很小；当输入电容小于 12 pF 时，检测电路无响应。当被测电容大于 15 pF 时，随着被测电容的增大，SNR 增强。当被测电容约为 33 pF 时，电容检测电路的 SNR 最大，达到 56.3 dB。随后，电容检测电路的 SNR 随被测电容增大而减小。其原因是场效应管的栅极电流过大，尽管场效应管仍工作在饱和区，但处于饱和区与非饱和区交界处，造成场效应管性能变差，输出噪声变大，其输出稳定性变差。

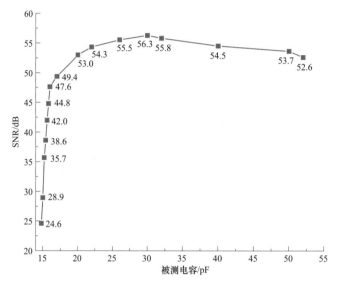

图 7-14　随被测电容变化的检测电路 SNR

当输入信号电压幅值为 300 mV，频率为 500 kHz 时，本节测试得到的检测电路输入与输出关系如图 7-15 所示，用绘图软件 Origin 对该曲线进行线性拟合，得到的输入电容与输出电压之间的线性关系为

$$U_o = 0.817\,82 C_x - 12.228\,22 \qquad (7-26)$$

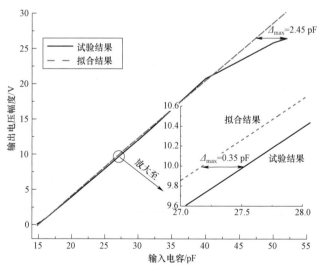

图 7-15　检测电路的输入与输出关系

则输入电容可换算表示为

$$C_x = 1.222\,8U_o + 14.952\,2 \tag{7-27}$$

由式(7-26)得到,当输入电容每增加 1 pF,检测电路的输出电压变化约为 818 mV,在此电路参数下,检测电路灵敏度 S_m 为 818 mV/pF。由图 7-15 可见,电容的测量范围为 15～55 pF。当输入电容在 17～40 pF 范围内,检测电路的输入/输出线性度较好。当输入电容大于 40 pF 时,检测电路输出的非线性度增大,测量误差增大。

根据式（7-21）中关于线性度的定义,测量值与拟合值的最大差值 $\Delta_{\max} = 2.45$ pF,测量电容范围为 40 pF,计算得到电容检测电路的线性度为

$$\nu_l = 2.45\ \text{pF} / 40\ \text{pF} \times 100\% = 5.21\%$$

如果仅仅考察输入电容在 17～40 pF 范围内的检测电路线性度,此时的测量值与拟合值的最大差值 $\Delta_{\max} = 0.35$ pF,则

$$\nu_l = 0.35\ \text{pF} / 23\ \text{pF} \times 100\% = 1.52\%$$

因此,该电路参数下,电容检测电路最佳的测量范围为 17～40 pF。虽然单管整流电路从理论上不能精确地推导出输入/输出电压关系,但当输入信号参数一定时,仍可通过实测数据,使用标定系数法得到较为精确的被测电容。

（3）电容检测电路相关误差与可重复性测试。

基于本电路试验数据得出电容检测电路测量误差如图 7-16 所示。由该图可见,最大误差为 ±2.45 pF,此时对应的理想电容值为 55 pF,根据式（7-24）计算最大相关误差为

$$e_r = 2.45\ \text{pF} / 55\ \text{pF} \times 100\% = 4.45\%$$

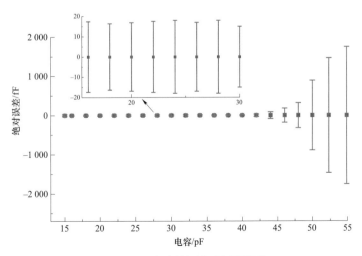

图 7-16　电容检测电路测量误差

输入电容为 17～40 pF 时，电路的相关误差为

$$e_r < 19\,fF\,/\,15\,pF \times 100\% \approx 0.12\%$$

图 7-17 为对电容检测电路进行 3 次测量的输出信号结果。3 次测量的输出信号电压偏差小于 10 mV，由式（7-25）计算得到对应的测量电容偏差为 12.2 μF。根据式（7-25）计算其可重复性误差

$$d_m = 12.2\,fF\,/\,40\,pF \times 100\% = 0.03\%$$

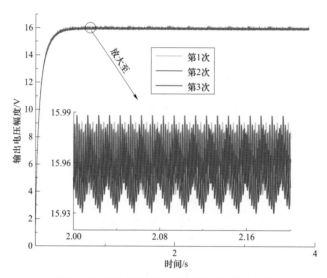

图 7-17　3 次测量的电容检测电路输出信号

计算结果表明，本设计的电容检测电路输出一致性好，可靠性高。

由图 7-17 可看出，信号噪声小于 45 mV。根据式（7-22）计算出电容检测电路的分辨率

$$R_{es} = 45\,mV\,/\,(817\,mV/1\,pF) = 55\,fF$$

因此，根据式（7-23）电容检测电路的动态测量范围为

$$D_m = 20\log\frac{40\,pF}{55\,fF} = 57.24\,dB$$

（4）电容检测电路动态响应特性测试。

图 7-18 为测试得出的电容检测电路动态响应特性曲线。根据上节对电路的响应时间与延迟时间的定义，得到电容检测电路的响应时间 T_r 为 110 μs，检测电路的总延迟时间 T_d 约为 25 μs，与计算值接近。如果对 2 000 m/s 速度的运动目标进行检测，电路延迟时间内运动目标移动距离为 2 000 m/s × 25 μm = 5 cm，对于本书应用背景要求的动态距离测试误差 10 cm 而言，本电路可满足高速运动目标的检测实时性要求。

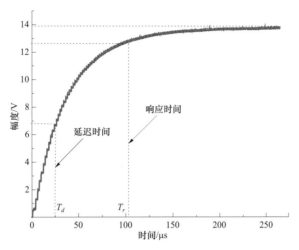

图 7-18　电容检测电路动态响应特性曲线

7.3　基于高速运动目标识别的电容检测系统设计

为了实现本书应用背景对高速运动目标的检测，本节设计了用于高速运动目标识别的电容检测系统（以下简称检测系统），其总体框图如图 7-19 所示。检测系统由四部分组成：电容检测电路、信号调理电路、信号采集处理电路及上位机（PC）。检测系统可同时实现对 16 通道的电容传感器信号进行采集，16 个通道可共用同一激励源，这样可避免不同激励源间的频率不一致造成系统噪声成分复杂。激励源经低通滤波再经运放输出至各平面电容的驱动电极。各通道的敏感电极接收的信号经过隔直、放大、滤波后，输出至 16 通道模拟开关，采集系统通过模拟开关切换，分时将信号送至 ADC芯片完成模数转换。FPGA（Field-Programmable Gate Array，现场可编程门阵列）作

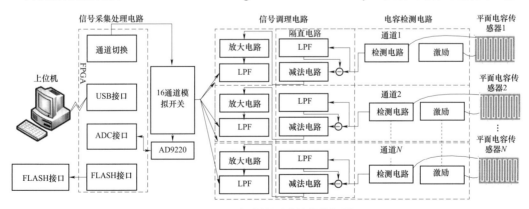

图 7-19　电容检测系统总体框图

注：USB—通用串行总线；FLASH—闪存；ADC—模数转换器；LPF—低通滤波器

为CPU，可实现高速的数据采集，将采集的数据按一定格式打包，通过USB芯片FT232H上传至上位机。系统备有FLASH模块，将现场采集数据实时存储。下面讨论诸分系统设计（检测电路原理同前）。

7.3.1 隔直电路设计

运动目标检测只需考虑平面电容探测器的电容变化量。对于电容检测系统而言，提取由运动目标引起的检波电压变化量，可以识别运动目标。电容具有通交流阻直流的作用，通常用于隔直电路中。但电容隔直电路存在两点不足：① 电容为储能元件存在时间延迟。② 电容对缓慢变化的信号有衰减作用。因此，当目标处于远距离时，平面电容探测器接收的目标信号很弱，反应很小，使用电容隔直电路会"吃掉"一部分信号，使得平面电容探测器的穿透深度减小。特别是在高速运动目标探测中，电容隔直电路会增大检测系统的反应时间，可能造成检测系统不动作。为此，本节提出一种基于减法电路的新型隔直电路。

图 7-20 的基于减法电路的隔直电路由两个运放电路组成，其原理是利用运放 A_2 进行低通滤波将输入信号高频成分滤除，剩下输入信号的直流成分，再与原输入信号经过 A_2 构成的减法电路进行相减得到信号的变化值。为了降低系统的噪声与功耗，检测系统电路中的有源放大器全部采用低功耗、低噪声的运放 ADA4610。该运放为 JFET（结型场效应管）运算放大器，其电压噪声密度为 $7.30\ \mathrm{nV}/\sqrt{\mathrm{Hz}}$，低输入偏置电流约为 5 pA。

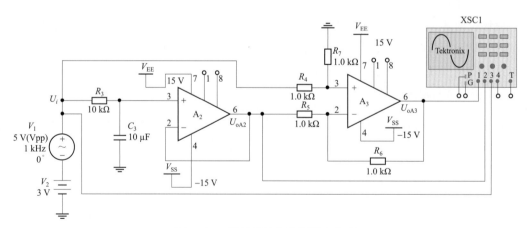

图 7-20　基于减法电路的隔直电路

根据运算放大器"虚短虚断"的概念，则运放 A_2 的输入/输出关系有

$$U_{\mathrm{oA}_2}(s) = \frac{1/(sC_3)}{R_3 + 1/(sC_3)} U_i(s) \tag{7-28}$$

所以运放 A_3 的输入/输出关系有

$$U_{oA_3}(s) = U_i(s) - \frac{1/(sC_3)}{R_3 + 1/(sC_3)} U_i(s) = \frac{R_3}{R_3 + 1/(sC_3)} U_i(s) \qquad (7-29)$$

由式（7-29）可得到隔直电路的总传递函数为

$$G_2(s) = \frac{U_{oA_3}(s)}{U_i(s)} = \frac{sC_3R_3}{sC_3R_3 + 1} \qquad (7-30)$$

从式（7-30）可看出，隔直电路的传递函数与高通滤波电路的传递函数一致，具有隔直效果。为检验本节设计的隔直电路性能，与原电容隔直电路的仿真进行对比。图 7-21 为该隔直电路与电容隔直电路的仿真对比。输入信号的峰—峰值为 5 V，直流偏置为 3 V。图 7-21（a）为基于减法电路的隔直电路输入/输出信号，图中红线为原始信号，蓝线为经运放 A_2 搭建的低通滤波器输出信号，该低通滤波器的输出将交流成分滤除，黄色实线为由运放 A_2 搭建的减法电路输出信号，输出信号仅剩交流分量。从图中可看出，该隔直电路起到了信号隔直作用，且输出信号与原信号没有发生相移。图 7-21（b）所示为采用电容隔直方法的输入/输出信号，图中红线为原始信号，黄色实线为电容隔直电路的输出信号。从该图中可看出该电路同样实现对输入信号的隔直作用，但输出信号发生了相移。

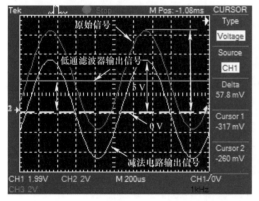
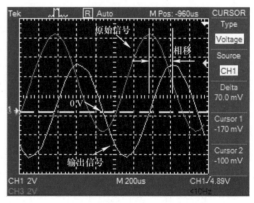

（a）　　　　　　　　　　　　　　（b）

图 7-21　基于减法电路的隔直电路与电容隔直电路仿真对比

（a）基于减法电路的隔直电路输入/输出信号；（b）电容隔直电路输入/输出信号

图 7-22 为两种隔直电路对缓变信号的隔直效果对比。由图可看出，基于减法电路的隔直电路对缓慢变化信号几乎没有衰减，而电容隔直电容对截止频率下的信号有衰减作用。本节设计的基于减法电路的隔直电路对变化信号无衰减跟随，不会减小平面电容探测器的穿透深度，从而影响探测器的性能。

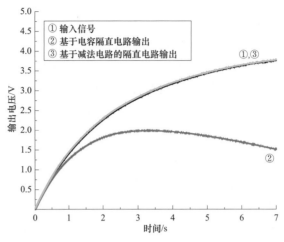

图 7-22　两种隔直电路对缓变信号的隔直效果对比

7.3.2　信号调理电路设计

信号调理电路主要完成对隔直电路输出信号的放大与滤波，如图 7-23 所示，包括仪表放大电路及二阶巴特沃斯低通滤波器。为减少调理电路的时间延迟，滤波电路选用低阶滤波电路，避免因使用高阶滤波电路造成系统的时延过长。

图 7-23　信号调理电路框图

1. 仪表放大电路

仪表放大电路是将隔直后的信号进行放大。此处选用 ADI 公司的 AD8421 仪表放大器，信号增益调节简单，只需改变电阻 R_{10} 的阻值即可（如图 7-24 所示）。选用仪表放大器 AD8421 的原因是：功耗低（约 20 mW）、噪声小（$3.2\ \text{nV}/\sqrt{\text{Hz}}$）、带宽宽（在增益为 100 时其带宽为 2 MHz）、转换速率高（35 V/μs）及共模抑制比高（94 dB）。从第 5 章的理论分析及第 6 章的仿真和试验结果表明，目标接近平面电容探测器的过程，其极间电容减小，则电容检测电路输出直流电压下降，经隔直电路输出后变成负值。而 ADC 芯片的电压输入范围为 0~5 V，需要将隔直电路的输出电压反向。因此，隔直后的信号经仪表放大器的负端输入，仪表放大器的正端经小电阻 R_8 接地，使得仪表放大电路的输出信号与输入信号反向。

2. 二阶巴特沃斯低通滤波器设计

二阶巴特沃斯低通滤波器完成对隔直电路输出电压信号的反向与滤波，对信号进行滤波时需考虑信号截止频率。假设弹体速度为 2 000 m/s，该电容探测器感应距离约为 70 cm，则目标信号的频率为 $f_T = 2\ 000/0.7 = 2.86$（kHz）。因此信号滤波电路的截止频率需大于 2.86 kHz，以减小对目标信号的衰减。二阶巴特沃斯低通滤波电路如图 7-25 所示，其截止频率为 $f_L = (2\pi \times 499 \times 15 \times 10^{-9})^{-1} = 21.23$（kHz）$>$ 2.86 kHz，满足设计要求。

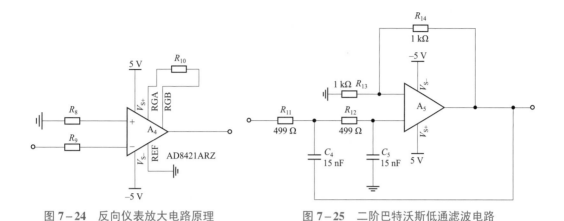

图 7-24 反向仪表放大电路原理　　　　图 7-25 二阶巴特沃斯低通滤波电路

7.3.3 信号采集处理电路设计

信号采集处理电路主要完成对模拟信号的 A/D 转换、目标信号的识别、信号存储及上传。信号采集处理电路的控制器选用赛灵思（Xilinx）公司生产的 Spartan6 系列的 FPGA，它采用低功耗的 45 nm 工艺技术，其 I/O 口的吞吐率可达 Gbit/s，满足对高速目标信号检测的实时性要求。检测系统中每个传感器通道的采样率约为 250 kbit/s，其总采样率为 250 kbit/s × 16 = 5 Mbit/s。因此，ADC 芯片选用 AD9220，采样精度为 12 位，最高采样率为 10 Mbit/s，能够满足对多路信号探测的精度要求。根据本书应用背景的设计要求，需要完成目标来袭过程中 100 s 的信号存储，本节选用大容量存储设备 NandFlash，其容量为 4 GB，可存储 16 通道时长为 4 Gbit/5 Mbit/s = 819.2 s（显然大于 100 s）的数据，其最大数据吞吐率可达 32 Mbit/s > 5 Mbit/s。硬件与 PC 之间采用 USB 接口通信，USB 高速的传输速率保证了实时显示的时效性。USB 接口芯片采用英国飞特帝亚有限公司（FTDI）的 FT232H（如图 7-26 所示），其异步 FT245 工作模式下的最大传输速率为 8 Mbit/s，且无须编写固件，使用方便，时序控制简单。

此外，上位机完成对 FLASH 数据的读/写与擦除，以及通道的实时显示。检测系统的工作流程为：系统上电后，数据处理各单元初始化，包括对 NandFlash 的擦除与坏块判断、USB 芯片的复位、ADC 芯片的初始化等。系统初始化完成后，开始对调理后的信号进行 A/D 转换，控制器开始对信号按照目标信号识别准则进行判断，当信号满足目标信号识别准则，则给出识别指示。图 7-27 为平面电容式高速目标探测器实物。图 7-27（a）为面向对象的本检测系统操作面板，从该图中可以看出，检测系统的操作面板包括 16 通道的传感器信号接口、FLASH 读/写与擦除操作按钮、USB 接口与 USB 状态指示，以及判别目标后给出相应通道的 LED 指示。图 7-27（b）为检测系统内部电路。该系统经动静态试验证明了设计的正确性。

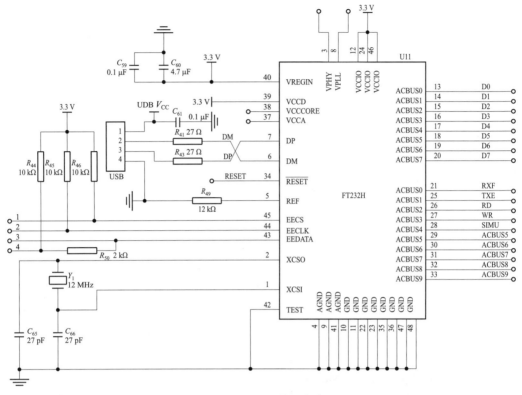

图 7-26　USB 接口电路

（a）　　　　　　　　　　　　　　　　　　（b）

图 7-27　平面电容式高速目标探测器实物

（a）检测系统操作面板；（b）检测系统内部电路

本 章 小 结

本章以高速运动目标检测为应用背景，开展了平面电容探测器目标检测系统的设计与实现。首先阐述了电容检测电路的研究现状，分析了常用电容检测电路的优缺点，在此基础上提出了一种基于高速运动目标探测的电容检测电路，并着重从静动态参量指标入手分析了该电路的性能。该检测电路将敏感电极的接收信号转换为直流信号，使用场效应管单管整流电路相对于二极管整流电路效率更高。该电路较交流运放测量电路等电容测量电路，具有设计简单，灵敏度高（818 mV/pF）、稳定性好等优点，且该电路动态范围宽（达 57.24 dB），SNR 高（达 56.3 dB）。其次，针对电容检测电路的直流输出设计了一种新型的基于减法电路的隔直电路，该隔直电路较传统电容隔直电路几乎无时间延迟，具有对信号几乎无衰减等优点。

第8章 平面电容探测器高速运动目标近程检测

本章以高速运动目标检测为研究背景，依据前几章的研究结果，开展基于平面电容探测器的高速运动目标近程检测应用研究。在分析高速运动目标近程检测研究背景基础上，针对高速运动目标近程检测的实现方法，根据目标的静态试验数据，总结数据变化规律并建立高速运动目标识别准则。从镜像法入手分析高速运动目标在低空飞行时摩擦带电对探测器检测目标的影响；通过动态试验验证本章提出的高速运动目标检测方法及所设计的检测系统的有效可行性。

8.1 高速运动目标近程检测的研究背景与意义

高速运动目标（主要针对弹体）近程检测主要应用于装甲主动防护系统中。资料调研表明，现有主动防护系统主要针对速度在 200～600 m/s 的各类反坦克导弹、反坦克火箭弹等目标，而应对速度更高的榴弹、动能弹、炮射导弹（速度在 1 000 m/s 以上）的主动防护技术研究却不多见。主动防护系统是在被保护区域形成小型火力圈，在敌方导弹或炮弹即将击中装甲前，通过发射具有一定杀伤能力的拦截武器或防护弹药，对来袭目标进行有效拦截（摧毁或使其偏离预定飞行轨迹）。主动防护系统的典型代表有俄罗斯的"鸫"和"竞技场"、美国的"速杀"、以色列的"战利品"、乌克兰的 Zaslon 及法国的 KBCM 等系统。主动防护系统按对来袭目标的杀伤或拦截特性分为硬杀伤、软杀伤及软/硬一体杀伤防护系统 3 类。

（1）硬杀伤防护系统：硬杀伤系统是一种利用对抗装置在车辆周围的安全距离上构成一道主动火力圈，在敌方导弹或炮弹击中车辆前对其进行拦截和摧毁的中近距离反击防御系统。相比于软杀伤主动防护系统，这类系统可防御的来袭弹药种类更广泛，无论来袭弹药采用何种制导方式，或是无制导的火箭和炮弹，硬杀伤主动防护系统均可抵御。典型硬杀伤装甲防护系统特征及性能见表 8-1。

（2）软杀伤防护系统：软杀伤防护系统是利用烟幕弹、干扰机、诱饵及降低特征信号等多种手段对来袭导弹或炮弹进行欺骗和干扰，使其偏离预定攻击目标的防护系统。典型软杀伤装甲防护系统特征及性能见表8-2。

（3）软/硬一体杀伤防护系统是上述两类防护系统的有机结合，具有各自的部分防护特征。典型软/硬一体杀伤防护系统特征及性能见表8-3。

表8-1　硬杀伤装甲防护系统一览表

研制国家	俄罗斯	乌克兰	以色列	
系统名称	竞技场-E	屏障	战利品-HV	战利品-LV
研制年份	1997	2003	2004	
探测手段	毫米波雷达	多普勒雷达	平板雷达	平板雷达、光电传感器
分布方式	坦克炮塔顶部折叠式桅杆上，天线成八角形	车顶及四周	4块平板天线以列阵方式配置于车体四周	车顶及四周
对抗手段	爆破碎片弹	杀伤榴弹	霰弹	高能刀刃
防御目标	反坦克导弹	反坦克火箭、制导弹药、动能长杆侵彻弹、穿甲弹	反坦克导弹、火箭弹及动能穿甲弹	RPG型威胁
防御区域	270°	半球		
探测距离/m	50	>200	50	
探测速度/(m·s⁻¹)	70~700	70~2 000	70~1 700	
迎击距离/m	1.3~3.9	2	10~30	
反应时间/ms	70	<10	300~350	
研制国家	德国		美国	
系统名称	阿威斯	AMAP-ADS	速杀	铁幕
研制年份	2007		2011	
探测手段	Ka波段雷达	被动传感器、激光雷达	雷达、光电传感器	C波段雷达、光学传感器
分布方式	炮塔两侧180°高速旋转发射架内，最大仰角60°	车顶四周		
对抗手段	榴弹、烟幕弹	聚能刀刃（垂直向下）	聚焦爆炸效应	条状聚能切割索起爆（垂直向下）
防御目标	火箭弹、反坦克导弹	反坦克导弹、火箭弹、爆炸成型弹丸及各种口径动能穿甲弹	次口径弹药	

续表

研制国家	德国	美国		
防御区域	半球	360°		
探测距离/m	75	10	150	—
探测速度/(m·s⁻¹)	70~1 700	70~2 000	—	
迎击距离/m	10	1.5	10~30	2
反应时间/ms	355	0.56	350~400	<1

表 8−2　软杀伤装甲防护系统一览表

研制国家	俄罗斯	德国		美国
系统名称	窗帘 1	MUSS	MASS	TRAPS 系统
研制年份	1993	1997	2003	2006
探测手段	激光告警		昼用光学传感器、夜用热成像传感器	雷达
对抗手段	红外干扰、烟幕弹	榴弹、主动式红外干扰	400 mm 烟幕弹	安全气囊
反应时间/ms	2 000	1 500	530	30

表 8−3　软/硬一体杀伤装甲防护系统一览表

研制国家	以色列	瑞典			美国
系统名称	铁拳	LEDS−150	LEDS−200	LEDS−300	IAAPS
研制年份	2008	2004—2010			2003
探测手段	红外传感器、平板雷达	毫米波雷达、热成像传感器			光电传感器、雷达
对抗手段	激光干扰、非破片杀伤可燃药筒拦截弹	红外干扰、雾弹、高爆榴弹	红外干扰、雾弹、高爆榴弹、"吐唾沫"装置		干扰弹、聚焦爆炸效应
迎击距离/m	5~20	5~25	25 以上	150	10~30
反应时间/ms	300	5.2			350~400

　　主动防护技术起步较早，它起源于美国。美国早在 20 世纪 60 年代就提出了一种"点撞击装置"防护系统的实施方案。由美国雷声公司研发的"速杀"是一款硬杀伤主动防护系统。该防护系统主要由"速杀"拦截系统和"眼镜蛇"相控阵雷达系统两部分构成。相控阵雷达系统主要用于全面搜索、跟踪目标和发现识别敌方来袭目标。通过计算角度和时间分析目标的主要运行轨迹，给出敌方目标的理想拦截位置，继而由

"速杀"拦截系统发射内置拦截弹来主动拦截来袭目标。该系统同时还可对敌方导弹发射平台进行实时定位跟踪。"速杀"系统的突出优势是可以通过较精确的角度和飞行时间计算，来确定拦截弹的起爆位置与时间。该系统还具备了识别和跟踪多个不同目标的能力，性能优越。

美国还研发了另外一款非常规主动防护系统——战术火箭弹气囊防护系统（TRAPS）。该系统包含毫米波雷达、发射装置和火控装置等。使用的雷达也是改进的警用车载雷达，通过改进原本用来测量是否超速的测速仪，实现了同步跟踪功能。该款雷达跟踪性能出色，在发现和跟踪敌方来袭目标方面表现优越。

虽然美国最先提出硬杀伤主动防护系统，但最先将其批量装备到主战坦克上的却是俄罗斯。苏联成功研发的第一款硬杀伤主动防护系统是大名鼎鼎的"鸫"。对于从不同方向射来的反坦克导弹只能依靠坦克自身的炮塔转动来避免威胁，"鸫"使用的是雷达探测，最高可拦截速度只有 500 m/s。1999 年，俄罗斯在"鸫"的基础上进行了改进，改进后的型号定为"鸫 2"。"鸫 2"与"鸫"相比，最高可拦截速度提高了 50%，达到 700 m/s 以上。俄罗斯另一款著名的硬杀伤主动防护系统当属"竞技场"，该系统可防护距离坦克 50 m 内，弹体速度为 70～700 m/s 的各种反坦克导弹和武器，具有反应时间短，发射拦截弹速度快等突出优点。

乌克兰在主动防护系统研究上也具备一定的实力。该国的"屏障"主动防护系统与其他主动防护系统相比，其突出优点是可拦截高速穿甲弹，是"鸫"最高可拦截速度的两倍多，可拦截速度范围为 70～1 200 m/s。该系统采用定点起爆的防护方式，与前文中提到的几种主动防护系统相比，"屏障"的反应时间更短，且采用模块化设计可实现 360° 无死角的全方位防护。

以色列作为中东科技发展及工业化程度最高的军事强国，所研制的"战利品"和"铁拳"主动防护系统在国际上具有很强的竞争力。其中，"战利品"具备全方位、多目标的高效拦截功能，是一个经历过实战考验的主动防护系统。"铁拳"防护系统较"战利品"而言，其系统组成更加完善，可实现由硬杀伤防护系统到软/硬一体杀伤防护系统的自主转换，即能同时具备软、硬杀伤防护系统的功能。

欧洲在军事上具备很强的实力，但在主动防护系统研究领域则起步较晚，就目前公开的主动防护系统，如德国的"阿威斯"和 AMAP－ADS 主动防护系统，法国的"斯帕腾"和"鲨鱼"主动防护系统，意大利的"盾牌"等，其性能均达到国际先进水平，其中"盾牌"还是双层防护系统。这些主动防护系统在国际上均拥有良好的竞争力。

以上的主动防护系统均借助雷达探测目标。但使用雷达探测存在不足之处，一旦防护系统中所使用的雷达被毁伤，整个主动防护系统就全部失效。这些主动防护系统均属于远程检测，多采用实弹拦截，因此成本较高。而被动防护系统通常是防护系统接触来袭目标后才进行有效摧毁，比主动防护系统的拦截概率大，成本低。因被动接触后拦截，其拦截效果大大降低。如果结合主动防护系统与被动防护系统的优点，可以既降低成本又不降低拦截效果与拦截概率。因此，对高速运动目标近程检测提出了新要求，即实验表明在来袭弹离坦克甲板 10～20 cm 前拦截，防护效果更佳。

对高速运动目标（弹体）近程检测的难点在于检测系统的反应时间与距离测量精度。这两点是自适应装甲主动防护系统实现在最佳时空实时拦截达到最优防护效果的重要前提。雷达与激光探测器测量距离虽远，但在抗电磁及战场环境干扰方面能力较弱，且二者成本均较高。在近程目标检测中，平面电容探测器有着反应时间快、距离测量精度高、抗电磁及环境干扰能力强、设计简单等优势，且成本相对低廉。因此，针对本节关于主动防护的高速目标（速度在 1 600 m/s 以上）检测的应用背景，用平面电容探测器进行来袭目标检测不失为一种上佳选择。下面阐述基于平面电容探测器的高速运动目标近程检测技术与应用。

8.2　高速运动目标电容近程检测方法

第 6 章中针对敏感场分布设计了四种形状的电极，得出梳齿形电极与螺旋形电极的灵敏度、敏感场分布等参量接近，性能最优。但螺旋形电极为螺旋结构，实际应用时尺寸不易计算与绘制。而梳齿形电极设计相对灵活，随应用场合不同结构设计较为方便。因此，本节应用时采用梳齿形电极。

高速运动目标电容近程检测方法如图 8-1 所示，平面电容探测器的电极采用梳齿形结构，为减小环境寄生效应引起的杂散电容噪声，在电极绝缘衬底下铺设保护电极。第 6 章研究表明：保护电极至电极平面距离近，平面电容探测器输出噪声小但灵敏度低；反之，保护电极至电极平面距离远，则平面电容探测器输出噪声大但灵敏度高。兼顾平面电容探测器 SNR 与灵敏度，经调试选择保护电极至电极平面距离为 2 cm，即绝缘衬底为 2 cm 厚。平面电容探测器电极尺寸为 31 cm×15 cm，梳齿宽度与极间距均

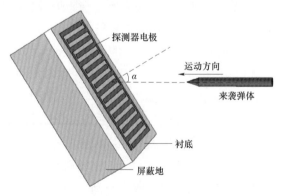

图 8-1　平面电容探测器高速运动目标检测图示

为 1 cm，如图 6－11（c）所示。图 8－1 中，平面电容探测器电极位于高速运动目标（弹体）的前方，设目标运动方向与平面电容探测器电极平面的法线夹角（交会角）为 α。当探测器探测到来袭目标并接近最佳拦截距离时，给出反击起爆信号。本节试验用点亮 LED 灯代替，即给出探测目标指示（点亮 LED 灯）。

本章通过静态试验测试平面电容探测器对铁磁目标的感应情况，得到目标信号的变化规律，根据静态试验数据建立目标信号识别准则，基于该准则并结合信号变化与速度的时空对应关系得到动态目标识别方法。

8.2.1　目标特性测试

1. 静态试验测试平台

本章设计的基于平面电容探测器的运动目标检测系统，可探测高速运动目标。对于高速运动目标的速度适应性主要体现在电路处理的实时性，速度越高就要求电路的处理时间越短，速度只是影响检波电压的变化率，而检波电压变化量的绝对值主要与探测器和目标弹间距离有关。本节通过静态目标测试获得目标特性曲线，为高速运动目标识别准则的建立提供数据支持。

图 8－2 中，为了避免其他铁磁物质对电容探测器电场的影响，试验测试平台所有结构均为木质。它主要包含探测器放置平台、可移动载弹平台。该试验测试平台可实现以下功能：

（1）可转动探测器放置平台，实现不同交会角的目标特性测试。同时，该平台可上下移动，实现不同交会点的静态测试实验。

（2）可平移载弹平台，通过拉动上方滑轮实现不同类型来袭目标弹不同距离下的测试试验。

（a）

（b）

（c）

图 8－2　三种目标弹的静态试验测试平台
（a）105 模拟穿甲弹；（b）W125 穿甲弹；（c）105 mm 破甲弹

2. 静态试验测试

虽然基于平面电容探测器的运动目标检测系统不能对静态目标进行测试，但静态目标所处探测器敏感空间位置不同时，会改变探测器极间电容，从而使得检测系统中电容检测电路的输出电压不同。作者团队在此前的电容引信型号研制中由试验得出的结论表明，极间电容变化量与距离对应关系基本不受速度影响。因此可通过电容检测电路对静态目标进行测试获得目标特性规律。静态试验分两部分进行，分别对不同目标、同一目标不同交会角进行测试。

（1）试验 1：同一交会角下不同来袭目标弹的遇目标特性。

试验对象：××动能穿甲弹、××火箭弹及××破甲弹。

试验方法：弹体轴线垂直于平面电容探测器电极平面，即弹体与探测器的交会角 $\alpha = 0°$，弹体沿轴线移动，每移动 2.5 cm 记录一次数据，获得的静态试验测试数据见表 8-4。表中距离 ∞ 表示无目标时，平面电容探测器输出的检波电压，令 $\Delta U_i = U_\infty - U_i$，即为无目标时检波电压与第 i 个测试点检波电压差；令 $\Delta(\Delta U_i) = \Delta U_i - \Delta U_{i-1}$，即为第 i 个检波电压差与第 $(i-1)$ 个测试点检波电压差之差。ΔU_i 表征检波电压的升高或下降，$\Delta(\Delta U_i)$ 表征目标特性曲线的斜率变化。

表 8-4　三种不同弹体目标的静态试验测试数据

距离/cm	××动能穿甲弹			××火箭弹			××破甲弹		
	U/V	ΔU/V	Δ(ΔU)/V	U/V	ΔU/V	Δ(ΔU)/V	U/V	ΔU/V	Δ(ΔU)/V
2.0	9.455	0.671	0.207	9.311	0.817	0.258	9.050	1.018	0.268
4.5	9.713	0.464	0.131	9.569	0.559	0.156	9.318	0.750	0.219
7.0	9.869	0.333	0.121	9.725	0.403	0.127	9.537	0.531	0.171
9.5	9.996	0.212	0.052	9.852	0.276	0.085	9.708	0.360	0.105
12.0	10.081	0.160	0.046	9.937	0.191	0.051	9.813	0.255	0.070
14.5	10.132	0.114	0.028	9.988	0.140	0.036	9.883	0.185	0.054
17.0	10.168	0.086	0.022	10.024	0.104	0.026	9.937	0.131	0.034
19.5	10.194	0.064	0.014	10.050	0.078	0.018	9.971	0.097	0.024
22.0	10.212	0.050	0.012	10.068	0.060	0.013	9.995	0.073	0.018
24.5	10.225	0.038	0.007	10.081	0.047	0.011	10.013	0.055	0.011
27.0	10.236	0.031	0.005	10.092	0.036	0.008	10.024	0.044	0.010
29.5	10.244	0.026	0.005	10.100	0.028	0.005	10.034	0.034	0.007
32.0	10.249	0.021	0.003	10.105	0.023	0.005	10.041	0.027	0.006
34.5	10.254	0.018	0.003	10.110	0.018	0.004	10.047	0.021	0.003
37.0	10.258	0.015	0.002	10.114	0.014	0.003	10.050	0.018	0.003
39.5	10.261	0.013	0.002	10.117	0.011	0.002	10.053	0.015	0.003

续表

距离/cm	××动能穿甲弹			××火箭弹			××破甲弹		
	U/V	ΔU/V	$\Delta(\Delta U)$/V	U/V	ΔU/V	$\Delta(\Delta U)$/V	U/V	ΔU/V	$\Delta(\Delta U)$/V
42.0	10.263	0.011	0.001	10.119	0.009	0.001	10.056	0.012	0.002
44.5	10.264	0.010	0.001	10.120	0.008	0.002	10.058	0.010	0.001
47.0	10.266	0.009	−0.001	10.122	0.006	0.001	10.059	0.009	0.002
49.5	10.267	0.008	0.000	10.123	0.005	0.000	10.061	0.007	0.001
52.0	10.267	0.008	0.001	10.123	0.005	0.000	10.062	0.006	0.001
54.5	10.267	0.007	0.001	10.123	0.005	0.001	10.063	0.005	0.001
57.0	10.268	0.006	0.000	10.124	0.004	0.000	10.064	0.004	0.000
59.5	10.268	0.006	0.000	10.124	0.004	0.000	10.064	0.004	0.000
∞	10.272	0.000	—	10.128	0.000	—	10.068	0.000	—

利用表 8−4 中的数据，依据检波电压变化量绝对值与极间电容变化量的同向正比关系，借用式（6−1）中评判平面电容探测器穿透深度 3% 的评价指标，可类比得到基于检波电压变化量的平面电容探测器对三种弹体的穿透深度。××动能穿甲弹、××火箭弹、××破甲弹从无穷远处移动到离电极平面距离 2 cm 处的电压变化量的 3% 依次分别为：$0.671 \times 0.03 \approx 20$（mV），$0.817 \times 0.03 \approx 24$（mV），$1.018\ V \times 0.03 \approx 30$（mV），这些电压变化量对应表 8−4 中平面电容探测器与电极平面距离都约为 32 cm，即平面电容探测器对三种弹体的穿透深度均为 32 cm。图 8−3 为根据表 8−4 中检波电压变化量绘制的曲线。从图 8−3 与表 8−4 可看出，三种弹体的检波电压变化量曲线变化趋势相同，亦与第 6 章的仿真曲线变化趋势相同，即随着目标与电极平面的距离减小，检波电压变化量变大，在距离 2～27 cm 段，随着目标与电极平面的距离减小，$\Delta(\Delta U_i)$ 增大，即该段的检波电压变化量曲线斜率变大。

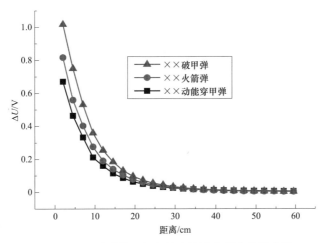

图 8−3　三种弹体目标的静态检波电压变化量曲线

（2）试验 2：同一目标弹种不同交会角的遇目标特性。

试验对象：××动能穿甲弹。

试验方法：弹体轴线与平面电容探测器电极平面法向夹角（交会角）α 分别为 10°、30°、68°三种状态下，测试平面电容探测器输出的检波电压（见表 8－5）。弹体沿轴线移动，每移动 2.5 cm 记录一次数据。

表 8－5　　××动能穿甲弹三种不同交会角的静态测试数据

α 电压/V 距离/cm	10°			30°			68°		
	U	ΔU	$\Delta(\Delta U)$	U	ΔU	$\Delta(\Delta U)$	U	ΔU	$\Delta(\Delta U)$
2.0	9.290	0.867	0.262	9.013	1.200	0.379	9.161	0.754	−0.209
4.5	9.552	0.605	0.169	9.392	0.821	0.229	9.052	0.963	0.127
7.0	9.721	0.436	0.137	9.621	0.592	0.198	9.179	0.836	0.264
9.5	9.858	0.299	0.092	9.819	0.394	0.122	9.443	0.572	0.176
12.0	9.950	0.207	0.055	9.941	0.272	0.072	9.619	0.396	0.106
14.5	10.005	0.152	0.039	10.013	0.200	0.052	9.725	0.290	0.074
17.0	10.044	0.113	0.029	10.065	0.148	0.040	9.799	0.216	0.059
19.5	10.073	0.084	0.019	10.105	0.108	0.030	9.858	0.157	0.040
22.0	10.092	0.065	0.014	10.135	0.078	0.017	9.898	0.117	0.030
24.5	10.106	0.051	0.012	10.152	0.061	0.014	9.928	0.087	0.024
27.0	10.118	0.039	0.009	10.166	0.047	0.013	9.952	0.063	0.017
29.5	10.127	0.030	0.006	10.179	0.034	0.006	9.969	0.046	0.013
32.0	10.133	0.024	0.005	10.185	0.028	0.005	9.982	0.033	0.008
34.5	10.138	0.019	0.004	10.190	0.023	0.005	9.990	0.025	0.006
37.0	10.142	0.015	0.004	10.195	0.018	0.005	9.996	0.019	0.006
39.5	10.146	0.011	0.002	10.200	0.013	0.003	10.002	0.013	0.002
42.0	10.148	0.009	0.001	10.203	0.010	0.001	10.004	0.011	0.002
44.5	10.149	0.008	0.002	10.204	0.009	0.002	10.006	0.009	0.002
47.0	10.151	0.006	0.001	10.206	0.007	0.001	10.008	0.007	0.002
49.5	10.152	0.005	0.000	10.207	0.006	0.000	10.010	0.005	0.000
52.0	10.152	0.005	0.000	10.207	0.006	0.001	10.010	0.005	0.000
54.5	10.152	0.005	0.001	10.208	0.005	0.001	10.010	0.005	0.001
57.0	10.153	0.004	0.000	10.209	0.004	0.000	10.011	0.004	0.000
59.5	10.153	0.004	0.000	10.209	0.004	0.000	10.011	0.004	0.000
∞	10.157	0.000	—	10.213	0.000	—	10.015	0.000	—

图 8−4 为根据表 8−5 中检波电压变化量绘制的××动能穿甲弹目标在三种交会角下的静态检波电压变化量曲线。由图 8−4 与表 8−5 可看出，当 $\alpha=10°$、$30°$ 时弹体的检波电压变化量变化趋势基本相同：随着目标与电极平面的距离减小，检波电压变化量增大，在距离 2～27 cm 段，随着目标与电极平面的距离减小，$\Delta(\Delta U_i)$ 增大，即该段的检波电压变化量曲线斜率变大。当 $\alpha=68°$ 时，在距离 2～7 cm 处出现了奇点，检波电压先增大后减小，其他距离段与 $\alpha=10°$、$30°$ 时检波电压变化量变化趋势相同。因此，本节利用 ΔU_i 与 $\Delta(\Delta U_i)$ 变化规律建立目标信号识别准则。

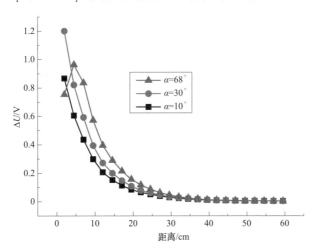

图 8−4　××动能穿甲弹在三种不同交会角下的静态检波电压变化量曲线

8.2.2　目标信号识别准则的建立

根据静态试验获得目标特性曲线及变化规律，并借鉴作者团队在其他电容引信型号研制中所建立的目标信号识别准则，建立了平面电容检测系统对高速运动目标的识别准则。根据该识别准则设计的目标信号识别程序框图如图 8−5 所示。

具体识别过程：系统依次选取最新采集的 12 个点的采样值，分别为 D_1～D_{12}，D_1 为最新采集数据，D_{i-1} 为 D_i 前一次的采集数据，D_{set} 为预设的电压阈值，其大小根据静态试验调整。目标信号识别准则如下：

（1）判别 D_1～$D_{12}>D_{set}$，满足则进行数据递增判断。

（2）根据静态试验结论，增加 ΔU_i 的变化条件。当信号满足 $\Delta U_i=D_{i-1}-D_i>0$ 时，$M=M+1$。完成 12 个点的判断后，$M>6$ 时进行曲线斜率判断。

（3）当 N 个探测目标信号之间满足 $\Delta(\Delta U_i)=(D_i-D_{i+3})-(D_{i+4}-D_{i+7})>0$ 时，记 $E=E+1$。完成 N 个点的判断后，$E=3$ 时则确定为运动目标。本节设计的基于平面电容探测器的运动目标检测系统的 ADC 采样率为 250 kHz，对于运动速度为 1 600 m/s 的高速运动目标，采集 4 个点对应的弹体移动距离为 1 600 m/s×(1/250 kHz)×3≈1.9 cm，

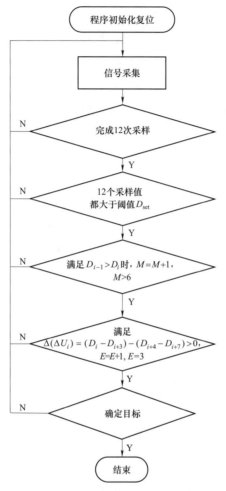

图 8-5 基于目标信号识别准则的目标信号识别程序框图

即移动 1.9 cm 做一次检波电压变化量曲线的斜率对比计算。

　　基于以上静态试验获得的遇目标特性曲线建立了运动目标信号识别准则。但高速运动目标会与空气中颗粒摩擦带静电，是否会对平面电容探测器的感应产生影响，使得静态目标特性曲线与动态目标特性曲线出现差异，下面将研究高速运动目标摩擦带电情况及对平面电容探测器目标检测的影响。

8.3　高速运动目标摩擦带电研究

　　用于装甲防护的电容探测器是平面电容探测器用于高速目标检测的典型应用。但与常规弹药电容引信的应用相比，基于平面电容探测器的高速运动目标近程检测存在常规电容引信所没有的一些技术难题。

（1）常规电容引信自身电极面积与目标体面积相比，电容引信面积小，目标体面积大，基本不存在电容引信自身电极的敏感一致性对检测灵敏度带来的影响。而基于平面电容探测器的高速目标检测系统正相反。为提高平面电容探测器的灵敏度与穿透深度，往往会增大平面电容探测器电极的面积。高速运动目标（主要针对来袭弹体）表面积相对较小，如高速穿甲弹甚至为细尖钨棒（$\phi20$）。这时便存在平面电容探测器电极的敏感一致性对检测灵敏度的影响，会造成较大的检测误差。

（2）高速运动目标与低速运动或静态目标不同，特别是 1 000 m/s 以上的运动速度，目标会与空气颗粒发生摩擦而带上电荷，这些电荷的存在必然会对平面电容探测器的目标检测带来影响。

第 6 章对平面电容探测器性能研究中已讨论过有效解决前一问题的具体措施，即采用梳齿形或螺旋形电极，提高平面电容探测器的敏感场分布均匀性，降低敏感变化参数 SVP，此处不赘述。下面将重点分析高速运动目标摩擦带电情况。

运动目标在空气中高速飞行时，会增大与空气水分子、灰尘颗粒的摩擦力，使得运动目标的表面与空间粒子发生摩擦而带上某极性静电荷。这些静电荷自身会产生静电场场强，对平面电容探测器的空间场强产生影响，从而进一步引起平面电容探测器的电容变化。因此，高速运动时与静态或低速动态测量时相比较，其电容变化量曲线会有差异。

高速运动目标在空中飞行时，主要有几种原因产生静电：大气电场的静电感应、发动机的喷流起电、摩擦起电、雷云静电感应及空气中电荷吸附等。本节主要研究低空炮弹的检测，因此主要考虑高速飞行的弹体在空气中的摩擦带电情况。

将高速运动目标（材质为金属）视为理想导体，因此静电平衡的速度远大于电荷产生速度。设空气中带电粒子使高速运动目标的周围空气对地电位为 ϕ_t，目标在时间 dt 内净增加电荷量为 dQ_f。dQ_f 由两部分组成——在时间 dt 内的静电产生量 dQ_1 与静电泄漏量 dQ_2，即

$$dQ_f = dQ_1 - dQ_2 \tag{8-1}$$

其中，静电泄漏量 dQ_2 遵循电容器放电规律，则静电泄漏量表示为

$$dQ_2 = \frac{Q}{RC}dt \tag{8-2}$$

式中　Q——目标所带电荷量；

　　　C——对地电容；

　　　R——泄漏电阻。

假设空气中粒子与目标摩擦产生的电荷都与目标感应。设空气中粒子直径为 d_a，在单位时间内单位面积上发生 N 次粒子与目标摩擦，每次每个粒子摩擦产生的电荷量为 q，则高速运动目标的瞬时电流为

$$J = Nq = NS_t\sigma_t \tag{8-3}$$

式中 S_t——高速运动目标与空气中粒子的最大接触面积；

σ_t——接触面上因摩擦产生的电荷密度。

因此最大接触面积 S_t 又可以表示为

$$S_t = 3.25 d_a (k_e m^2 v^2)^{0.4} \tag{8-4}$$

式中 v——目标运动速度；

m——摩擦系数；

k_e——高速运动目标的材料系数。

而摩擦次数 N 可用空气中粒子密度数 n 表示为

$$N = \frac{nmv}{6\sqrt{2}} \tag{8-5}$$

将式（8-4）、（8-5）代入式（8-3）可得

$$J = 0.38 d_a n \sigma_t k_e^{0.4} m^{1.8} v^{1.8} \tag{8-6}$$

设高速运动目标接触的空间为圆柱空间，其带电量为 Q_r。任意电极坐标 (x, y, z)，$r = \sqrt{x^2 + y^2 + z^2}$；空间点 $P(x_p, y_p, z_p)$，$r_p = \sqrt{x_p^2 + y_p^2 + z_p^2}$。那么，空间内等效电位可用柱坐标表示为

$$\begin{aligned}
\phi_r &= \int_S \frac{Q_r}{4\pi\varepsilon_0} \, \mathrm{d}S = \int_{-z_p}^{z_p} \int_0^{r_p} \frac{Q_r}{4\pi\varepsilon_0} \frac{2\pi r}{\sqrt{(z-z')^2 + r^2}} \, \mathrm{d}r \mathrm{d}z \\
&= \left\{ \frac{Q_r}{4\varepsilon_0} \left[\frac{x}{z}\sqrt{\left(\frac{x}{z}\right)^2 + \left(\frac{r_p}{z}\right)^2} - \left|\frac{x}{z}\right| \right] + \left(\frac{r_p}{z}\right)^2 \ln\left| \sqrt{\left(\frac{x}{z}\right)^2 + \left(\frac{r_p}{z}\right)^2} + \frac{x}{z} \right| \right\} \Big|_{-z_p}^{z_p} \\
&= \frac{\kappa Q_r z^2}{4\varepsilon_0}
\end{aligned} \tag{8-7}$$

式中 ε_0——空气介电常数。

令 $F(x,y) = x(\sqrt{x^2 + y^2} - |x|) + y^2 \ln\left|x + \sqrt{x^2 + y^2}\right|$，则式（8-7）中 κ 可表示为

$$\kappa = 2F\left(1, \frac{r_p}{z}\right) - F\left(1 - \frac{z_p}{z}, \frac{r_p}{z}\right) - F\left(1 + \frac{z_p}{z}, \frac{r_p}{z}\right) \tag{8-8}$$

在时间 $\mathrm{d}t$ 内，高速运动目标的带电变化量 $\mathrm{d}Q_f$ 可表示为

$$\begin{aligned}
\mathrm{d}Q_f &= I\mathrm{d}t - \frac{\phi_r}{R}\mathrm{d}t - \frac{Q}{RC}\mathrm{d}t \\
&= \int J\mathrm{d}S\mathrm{d}t - \frac{\phi_r}{R}\mathrm{d}t - \frac{Q}{RC}\mathrm{d}t \\
&= \int 0.38 d_a n \sigma_t k_e^{0.4} m^{1.8} v^{1.8} \mathrm{d}S\mathrm{d}t - \frac{\phi_r}{R}\mathrm{d}t - \frac{Q}{RC}\mathrm{d}t
\end{aligned} \tag{8-9}$$

求解式（8-9）得

$$Q_f = \frac{4\varepsilon_0 RC\gamma S_t k_e^{0.4} l^{1.8} \omega^{1.8}}{4\varepsilon_0 + \kappa\eta z^2 C}\{1 - e^{[-\kappa\eta z^2/(4\varepsilon_0 R) - 1/(RC)]^f}\} \tag{8-10}$$

式中　　$\gamma = 0.14d_a n\sigma_t m^{1.8}$；

$\quad\quad$ l——目标的有效导电体长度；

$\quad\quad$ ω——旋转角速度。

由式（8-10）可看出，高速运动目标的带电量密度与目标的有效导电体长度、旋转角速度的 1.8 次幂呈线性关系，与目标材料性能有关，在一定时间内衰减，并最终保持稳定状态。高速运动目标因摩擦所带电荷一般很少，低空飞行器通常的带电量在 $10^{-12} \sim 10^{-6}$ C，且摩擦带正电概率大。

高速运动目标在平面电容探测器敏感区内运动过程中，因平面电容探测器的电场作用，会产生极化电荷。高速运动目标对平面电容探测器的扰动实质上也是其所带电荷产生的电场对平面电容探测器电场的扰动。那么可将高速运动目标看作带电质点，其带电量为 Q_t，Q_t 由两部分组成：高速运动与空气摩擦产生的电荷 Q_f 及高速运动目标在电场中产生的极化电荷 Q_p。同样可运用镜像法分析摩擦带电对平面电容探测器目标检测的影响。图 8-6 中，目标与两电极形成的法向角分别为 α、β，电极与保护电极的距离为 d_g，可以将保护电极看作无限大导体，使用电荷镜像法分析。图 8-6 为有、无目标时平面电容探测器的等效电荷分布。

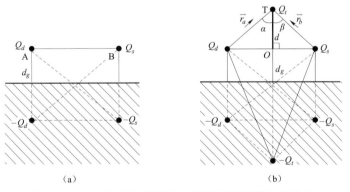

图 8-6　有、无目标时平面电容探测器的等效电荷分布

(a) 无目标时；(b) 有目标时

（1）无目标时，两电极电势差为

$$u_{ds} = \varphi_d - \varphi_s = \Phi_d - \Phi_s \tag{8-11}$$

式中　　φ_d、φ_s——Q_d、Q_s 对应的电位；

$\quad\quad$ Φ_d、Φ_s——φ_d、φ_s 对应的电位值。

（2）有目标时，两电极电势差为

$$u'_{ds} = \varphi'_d - \varphi'_s = \Phi_d - \Phi_s + \frac{Q_t}{4\pi\varepsilon_0 d / \cos\alpha} - \frac{Q_t}{4\pi\varepsilon_0 \sqrt{(d\tan\alpha)^2 + (2d_g + d)^2}} - \frac{Q_t}{4\pi\varepsilon_0 d / \cos\beta} +$$

$$\frac{Q_t}{4\pi\varepsilon_0 \sqrt{(d\tan\beta)^2 + (2d_g + d)^2}}$$

$$= u_{ds} + \frac{Q_t}{4\pi\varepsilon_0}\left[\frac{1}{d / \cos\alpha} - \frac{1}{\sqrt{(d\tan\alpha)^2 + (2d_g + d)^2}} - \frac{1}{d / \cos\beta} + \frac{1}{\sqrt{(d\tan\beta)^2 + (2d_g + d)^2}}\right]$$

$$(8-12)$$

有、无目标时，两电极的电势差变化量为

$$\Delta u_{ds} = u'_{ds} - u_{ds} = \frac{Q_t}{4\pi\varepsilon_0}\left[\frac{1}{d / \cos\alpha} - \frac{1}{\sqrt{(d\tan\alpha)^2 + (2d_g + d)^2}} - \frac{1}{d / \cos\beta} + \right.$$

$$\left. \frac{1}{\sqrt{(d\tan\beta)^2 + (2d_g + d)^2}}\right]$$

$$(8-13)$$

当目标与电极平面的距离远大于电极与保护电极的距离时，即 $d_g \ll d$，式（8-13）可化简为

$$\Delta u_{ds} = \frac{Q_t}{4\pi\varepsilon_0}\left[\frac{\cos\alpha}{d}\left(1 - \frac{1}{\sqrt{1 + \frac{4d_g{}^2 + 4dd_g}{d^2}\cos^2\alpha}}\right) - \frac{\cos\beta}{d}\left(1 - \frac{1}{\sqrt{1 + \frac{4d_g{}^2 + 4dd_g}{d^2}\cos^2\beta}}\right)\right]$$

$$= \frac{Q_t}{4\pi\varepsilon_0}\left\{\frac{\cos\alpha}{d}\left\{1 - \left[1 - \frac{1}{2}\frac{4d_g{}^2 + 4dd_g}{d^2}\cos^2\alpha + \frac{3}{8}\left(\frac{4d_g{}^2 + 4dd_g}{d^2}\right)^2\cos^4\alpha\cdots\right]\right\} - \right.$$

$$\left. \frac{\cos\beta}{d}\left\{1 - \left[1 - \frac{1}{2}\frac{4d_g{}^2 + 4dd_g}{d^2}\cos^2\beta + \frac{3}{8}\left(\frac{4d_g{}^2 + 4dd_g}{d^2}\right)^2\cos^4\beta\cdots\right]\right\}\right\}$$

$$= \frac{Q_t}{4\pi\varepsilon_0}\left[\frac{1}{2}\frac{4d_g{}^2 + 4dd_g}{d^3}(\cos^3\alpha - \cos^3\beta) - \frac{3}{2}\left(\frac{d_g{}^2 + dd_g}{d^2}\right)^2\frac{\cos^5\alpha - \cos^5\beta}{d}\cdots\right]$$

$$(8-14)$$

由式（8-14）中忽略 d^{-1} 的高次项，得到

$$\Delta u_{ds} = \frac{Q_t d_g (d_g + d)(\cos^3\alpha - \cos^3\beta)}{2\pi\varepsilon_0 d^3}$$

$$(8-15)$$

则极间电容变化量为

$$\Delta C_{ds} = -\frac{C_{ds} Q_t d_g (d_g + d)(\cos^3\alpha - \cos^3\beta)}{2\pi\varepsilon_0 u_{ds} d^3}$$

$$(8-16)$$

从目标在电场中产生极化电荷原理出发进行镜像法分析，同样得到与式（5-24）

相似的数学表达式（ΔC 均与 d^3 成反比）。式（8-16）中目标带电量 Q_t 由两部分组成，目标在探测器敏感空间内形成的极化电荷与目标因高速运动与空气摩擦产生的电荷。因此，当目标因高速运动产生摩擦电荷时，会对探测器的感应产生增强或减弱的效果。

　　根据相关文献，低空飞行目标带电量一般不超过 10 μC，仿真时带电量选用 ±10 μC。图 8-7（a）～（c）分别为高速运动目标摩擦带正电荷（+10 μC）、摩擦带负电荷（-10 μC）和无摩擦电荷时空间电势分布仿真图。由图中可看出，高速运动目标摩擦带正电荷时会增大空间电势，高速运动目标摩擦带负电荷时会减小空间电势。图 8-8 为通过 COMSOL Multiphysics 仿真得到的不同摩擦带电状况下平面电容探测器的电容变化量曲线。从该仿真图中可看出，当高速运动目标摩擦带正电荷（+10 μC）时，探测器的电容变化量 ΔC 变大，当高速运动目标摩擦带负电荷（-10 μC）时，探测器的电容变化量 ΔC 变小，与上面分析结论吻合。在带正电荷与带负电荷情况下，最大电容变化量（目标离电极平面距离为 2 cm 处）相差约 150 fF。

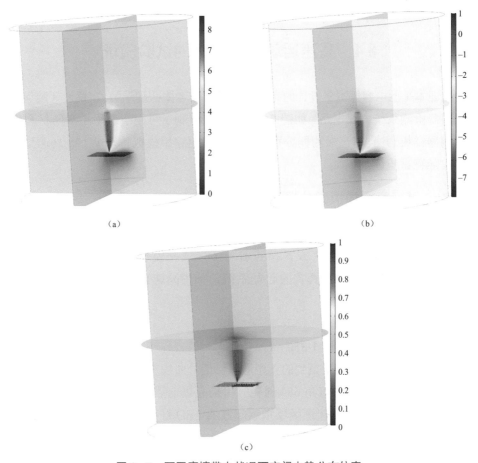

（a）　　　　　　　　　　　　　　　（b）

（c）

图 8-7　不同摩擦带电状况下空间电势分布仿真

（a）高速运动目标摩擦带正电荷；（b）高速运动目标摩擦带负电荷；（c）高速运动目标无摩擦电荷时

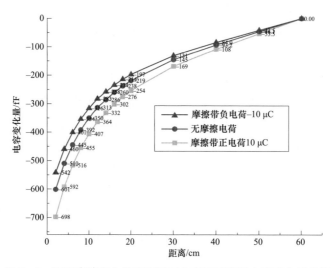

图 8-8   不同摩擦带电状况下平面电容探测器的电容变化量曲线

8.4   高速运动目标检测的试验验证

为验证本平面电容探测器设计的有效可行性，作者团队基于第 7 章设计装调的平面电容探测器检测系统内部电路（如图 7-27 所示）研制了可用于装甲主动防护系统中的电容探测器样机。并且用该探测器分别针对 105 高速穿甲模拟弹及 W125 高速穿甲实弹进行了实际靶试验证。

8.4.1   105 高速穿甲模拟弹的靶试验证

图 8-9 为 105 高速穿甲模拟弹的靶试试验系统。本次高速动态打靶试验在某北方试验靶场进行。试验打靶 3 发，按照着角 68° 遇靶姿态（与坦克前装甲法线角一致）。试验用发光二极管代替真实的起爆系统，采用高速摄影与示波器辅助测试联合实时记录。

靶试结果如下：

（1）3 发目标弹速均超过 1 350 m/s。

（2）高速信号采集系统采集到的典型遇目标信号曲线及起爆信号，如图 8-10 所示。

（3）高速摄影捕捉到的着角 68° 遇靶时引信起爆前后的照片如图 8-11 所示。由图（b）、（c）可见，因为在预定起爆区域指示起爆的 LED 灯亮（见图片中部下端的绿点），证明本系统设计正确。

（4）3 发均正常作用，其启动距离控制均满足指标要求。

（a）

（b）

图 8-9　105 高速穿甲模拟弹的靶试试验系统

（a）射击前电容探测器及测速部分；（b）模拟弹发射炮

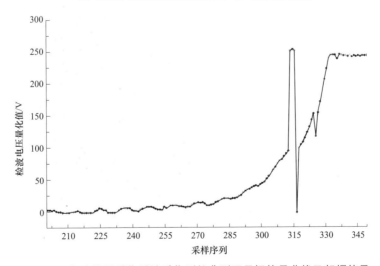

图 8-10　高速信号采集系统采集到的典型遇目标信号曲线及起爆信号

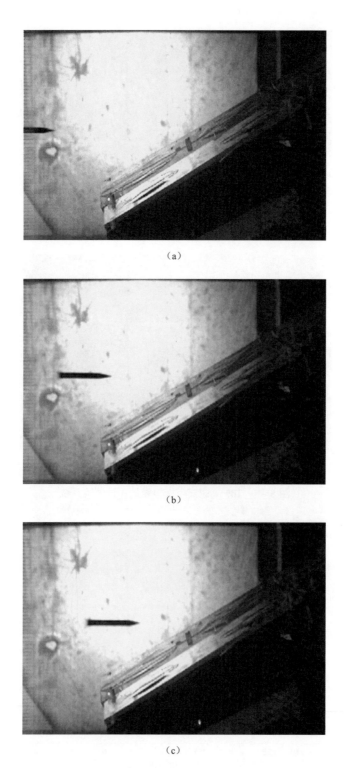

（a）

（b）

（c）

图 8-11　高速摄影捕捉到的遇靶时电容引信起爆前后的照片

（a）引信启动前；（b）引信刚启动；（c）引信启动后

8.4.2　W125 高速穿甲实弹的靶试验证

本高速动态打靶试验在某西部试验靶场进行。为验证本电容探测器样机的灵敏度可调及不同着角交会状态的广适性，分别进行了低灵敏度着角 68°及高灵敏度着角 30°两种工作状态靶试。

1. 低灵敏度着角 68°靶试验证

试验样机（如图 8-12 所示）打靶 3 发，按着角 68°遇靶姿态（与坦克前装甲法线角一致）。为适应工程化要求，样机靶试前对其外部进行了喷漆，如图 8-13 所示。因为电极外喷漆后介电常数改变，所以在靶试前进行了检波电压和灵敏度测试。经对比，检波电压及灵敏度均无改变，并得到了靶试验证。靶试仍采用高速摄影（21 000 幅/s）实时记录。

图 8-12　着角 68°的试验靶板及样机　　　图 8-13　喷漆后的靶试样机

靶试结果如下：

（1）3 发目标弹速均超过 1 600 m/s（实测弹速依次为：1 609.1、1 603.5、1 606.6 m/s）。

（2）高速摄影捕捉到的着角 68°遇靶时电容探测器样机起爆照片如图 8-14 所示。当目标弹位于样机上方时，样机内雷管正常起爆，即将引爆反击炸药。证明本样机设计正确。

（3）3 发均正常作用，其启动距离控制均满足指标要求。

2. 高灵敏度着角 30°靶试验证

将探测器灵敏度提高一倍，并按着角 30°遇靶姿态放置，其他同前。因为灵敏度提高，为考虑安全性以防早炸，所以采用 LED 二极管代替起爆雷管的测试模式。

靶试结果如下：

（1）3 发目标弹速均超过 1 600 m/s（实测弹速依次为：1 602.7、1 610.7、1 613.9 m/s）。

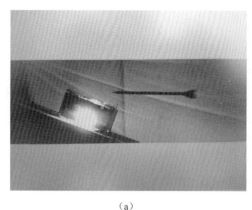
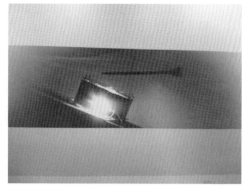

（a）   （b）

图 8-14   着角 68°遇靶时电容探测器样机起爆照片
（a）弹刚进入样机前端上方；（b）弹即将掠过样机后端上方

（2）高速摄影捕捉到的着角 30°遇靶时电容探测器样机起爆前后的照片如图 8-15 所示。由图 8-15（a）可见，高速穿甲弹目标未进入敏感区时 LED 灯不亮；由图 8-15（b）可见，当高速穿甲弹目标进入检测区域，输出信号满足目标识别准则，指示起爆的 LED 灯亮，说明系统设计正确。

（3）3 发均正常作用。

对比图 8-14（a）、（b）可见，因为电容探测器样机灵敏度提高了一倍，其起爆距离也同比例增大，所以从另一侧面证明了本系统设计的正确性。

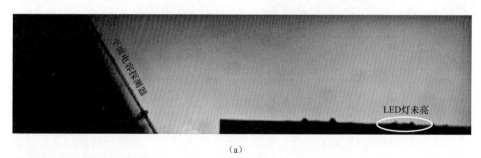

（a）

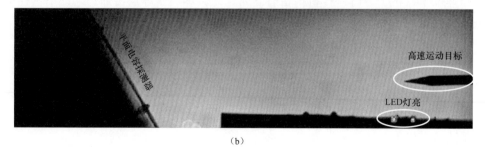

（b）

图 8-15   着角 30°遇靶时电容探测器样机起爆照片
（a）高速穿甲弹目标未进入敏感区；（b）高速穿甲弹目标进入检测区域并判断目标给出 LED 指示（灯亮）

由上可见，基于平面电容探测器的高速运动目标检测系统，经过数次实弹打靶试验表明设计正确、功能有效。图 8-16 为拦截 W125 高速穿甲弹的动态试验与静态试验测试结果对比，弹体与平面电容探测器电极平面的交会角均为 68°。其中，两次动态试验中高速运动目标的速度分别为 1 603.5 m/s 与 1 609.1 m/s。两次动态试验与静态试验结果对比表明：动态试验比静态试验时平面电容探测器输出的信号强度高。两次动态试验在相同信号强度下，感应距离较静态试验分别最大相差约 4 cm 和 2 cm。图 8-16 中根据目标识别准则对高速目标进行识别，给出了识别标志。通过动、静态试验对比，目标高速运动产生的摩擦电荷会提高平面电容探测器信号强度，从而验证了 8.4.1 节中高速带电荷对平面电容探测器检测具有一定影响的分析。表 8-6 为两次动态试验中识别出目标前的 14 个采集数据。两次动态试验中，目标识别准则所预设的电压阈值 $D_{set}=200$ mV，两次试验数据中满足本节建立的目标识别准则的三个条件：① 标识前 12 个采集电压均大于 200 mV 点。② 当满足 $\Delta U_i = D_{i-1} - D_i > 0$ 时，记 $M=M+1$，$M=6$。③ 当满足 $\Delta(\Delta U_i) = (D_i - D_{i+3}) - (D_{i+4} - D_{i+7}) > 0$ 时，记 $E=E+1$，$E=3$，则确定为目标。由表 8-6 可看出，两次动态试验中，识别出目标时对应的距离分别为 16.7 cm 与 13.9 cm。

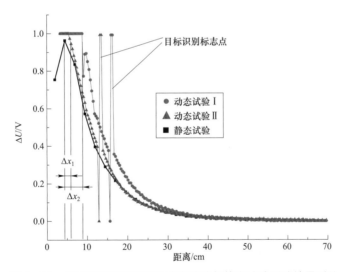

图 8-16　W125 高速穿甲弹的动态试验与静态试验测试结果对比

表 8-6　两次动态试验中识别出目标前的采集数据

距离/cm	ΔU/mV（动态试验 I）	距离/cm	ΔU/mV（动态试验 II）
25.0	180.4	22.2	180.4
24.4	188.2	21.6	196.1
23.7	203.9	20.9	203.9
23.1	219.6	20.3	215.7

距离/cm	ΔU/mV（动态试验Ⅰ）	距离/cm	ΔU/mV（动态试验Ⅱ）
22.5	235.3	19.7	227.5
21.8	239.2	19.0	239.2
21.2	258.8	18.4	251.0
20.5	266.7	17.7	270.6
19.9	278.4	17.1	282.4
19.3	298.0	16.5	298.0
18.6	309.8	15.8	317.7
18.0	325.5	15.2	333.3
17.3	345.1	14.5	356.9
16.7	356.9	13.9	376.5
识别标识状态	结束	识别标识状态	结束

由以上动、静态试验结果表明，本书提出的利用平面电容探测器对高速运动目标检测识别方法有效可行，从而也证明了本书电容检测系统设计的正确性。

本 章 小 结

本章利用平面电容探测器的近程检测技术实现了对高速运动目标（高速动能弹体）的检测。首先，根据静态试验数据并结合第 5 章的理论分析，建立了高速运动目标识别准则。其次，研究了高速运动目标在低空飞行时摩擦带电对电容探测器目标检测的影响，通过仿真与理论分析得出：摩擦带正电荷会提高检测灵敏度，摩擦带负电会降低检测灵敏度，而通常低空飞行器带正电荷概率大。高速动态试验结果表明：高速运动目标对比静态目标而言，提高了探测器的检测灵敏度，与仿真和理论分析结果一致。同时也证明了本书提出的高速运动目标检测方法及所设计的电容检测系统的有效可行性。

第9章　平面电容探测器阵列与动态手势识别

第5～8章讨论的均是单一平面电容探测器的探测理论及应用研究，本章将拓展其应用研究，即开展平面电容探测器阵列的探测理论及应用研究——基于平面电容探测器阵列的动态手势识别。手势识别技术在展览展示、工程控制、军事及娱乐指挥等系统的人机交互方面均不可或缺。本章设计平面电容探测器阵列去感应人的手部空间位置，提出一种手部位置跟踪算法以解算其空间位置，使用卡尔曼滤波对手部运动坐标进行滤波，再运用隐马尔可夫模型（Hidden Markov Model，HMM）对手部运动轨迹进行识别。本章将分别对动态手势识别的两类图形识别模式——文字识别与交互意图识别开展研究。

9.1　动态手势识别的研究背景与意义

动态手势识别是对人手部运动轨迹进行识别，一般用于人机交互中。人机交互（Human-Computer Interaction，HCI）是指人与计算机之间使用某种对话语言，以一定交互方式，为完成确定任务的人与计算机之间的信息交换过程。人机交互的发展，从人工操作到终端命令控制，再到图形用户界面，近些年逐步发展到触屏甚至手势识别等更智能、更自然、更友好、更方便的人机交互系统。目前手势识别技术主要应用在以下几方面。

（1）聋哑人的手语识别。聋哑人主要靠手语与人交流，但不懂手语的正常人难以明白其手语意思，产生交流困难。手语识别即是利用传感器技术，采用模式识别算法将手语翻译成语音或文字等方式，手语识别技术给聋哑人的生活带来了极大便利，该项技术也可用于双语教学和电视双语播放等领域。

（2）机器人控制。运用手势识别技术还原成指令，按照人的意愿完成机器人的常规操作。

（3）虚拟现实。在虚拟环境下控制虚拟对象，让用户在虚拟环境中有更强的体验感，如虚拟钢琴演奏、虚拟游戏、虚拟手术练习等。

（4）无人驾驶。由 Google 率先研究的无人驾驶技术已走向实用化，不久的将来，无人驾驶不仅可以根据路况信息，而且可以对交警的手势进行自动识别来综合规划行驶路线。

动态手势识别主要有 3 类：基于可穿戴设备的手势识别、基于视觉的手势识别、基于感应传感器的手势识别。下面分别阐述各类的发展。

9.1.1　基于可穿戴设备的手势识别

1983 年，Grimes 等第一个申请了用数据手套进行手势识别的专利。随后 Fels 等使用 VPL 数据手套和 Polhemus 位置跟踪器完成手势的运动轨迹、手形、手的运动方向、手的偏移量及手的运动速度等参量的计算，采用神经网络算法让识别率达到了 95%；Kadous 等利用 PowerGlove 设备，运用实例学习和决策树判别的方法可识别 95 个手势，识别率为 80%；Nishikawa 等利用两导体电极对包括四种手腕动作和六种手指动作在内的十种手势动作的识别研究获得了平均 95.1%的识别率；哈尔滨工业大学的吴江琴、高文等利用美国视觉技术（Visual Technologies）公司的 CyberGlove 型号数据手套，运用人工神经网络和 HMM 相结合的方法，成功建立了 120 个简单手语词的手语识别系统。

基于可穿戴设备的手势识别方法能准确、稳定地获得手势信号，不易被外界环境干扰，但使用不方便，穿戴麻烦。同时，由于手套的束缚降低了手指灵活性，用户体验往往会下降。此外穿戴设备制作成本高，因此基于视觉等无须穿戴设备的手势识别应运而生。

9.1.2　基于视觉的手势识别

基于视觉的手势识别是一种非接触识别方法。主要是利用图像处理技术对手部运动图像进行特征提取、轨迹识别等，从而完成手势识别。20 世纪 90 年代初，国外便开展了相关研究，Krueger 等使用两部摄像机对双手的手部运动进行拍摄，设计了双手交互的 VideoDesk 系统，该系统将采集的视频图像与预先定义好的指点、拖拽和捏取等常用手势动作进行匹配，实现了手势的识别功能。1997 年，K. Grobel 等采用 HMM 对手部图像进行处理，手势识别率达到 95%；Hyeon 和 Kyu Lee 等相继研究发展了 HMM 图像处理方法，利用改进的阈值模型对九种单手动态手势进行识别，识别率高达98.19%。2000 年，美国伊利诺伊大学的 Ying Wu 等设计出一种新型的指尖书写手势识别系统——Visual Panel 系统，该系统对书写过程进行视觉检测，实现了人机交互操作。2006 年，瑞士苏黎世联邦理工学院的 Hamatte 等同样采用双摄像头进行动态手势捕捉，并识别手势进行人机交互操作。2009 年，美国麻省理工学院媒体实验室的 Mistry 等研制了一套名为"SixthSense"的图像识别装置，该装置利用摄像头和微型投影仪，捕捉带有颜色标记的手指动态手势，并完成了一定的控制操作。同时，也可以在投影仪投影的图形界面完成界面操作，智能化程度高。近年来，国内相应研究迅速开展。

任海兵等提出多种手势表征信息，包括手部颜色、运动与状态信息等，采用多信息融合方法进行模型参量提取，并运用 DTW（Dynamic Time Warping，动态时间规整）方法进行手势识别。哈尔滨工业大学高文等采用图像边缘检测与神经网络分类相结合的方法，完成了静态手势与简单动态手势的识别。此外，清华大学计算机系、西安电子科技大学等高校都进行了基于视觉的手势识别研究，并取得了可喜成果。

基于视觉的手势识别虽然方便、灵活，但有许多不足之处：视角不同，手势轨迹有所不同；受光线背景影响较大，光线强度、颜色不同及背景复杂，均会增大图像中手势的提取难度。

9.1.3　基于感应传感器的手势识别

基于感应传感器的手势识别也是一种非接触识别方法，是通过近程感应传感器如激光、静电、电容等传感器，直接感应手部运动的变化，然后通过手部运动轨迹识别手势。在国外，Perrin 等采用激光传感器与摄像机结合的方式，捕捉手指的运动，然后利用 HMM 识别简单的几种手写字母；Cheng 等使用激光传感器跟踪识别圆形、矩形等手势轨迹；Kurita 教授分析了人体静电分布情况，并利用静电感应信号实现了对双足机器人的控制；麻省理工学院的 Joshua 率先将平面电容探测器用于动态手势识别系统，设计了 12 面体电容探测器，通过手部接近探测器各面，简单实现了手部的空间位置识别；Wayne 等应用平面电容探测器完成 2D 手势的检测，实现了对文件夹的打开、关闭、新建等功能；Raphael 等利用平面电容探测器识别动态手势，实现了非接触屏幕控制。在国内，北京理工大学从 1994 年开始，率先进行了静电探测技术的研究。作者团队博士后唐凯等采用 5 电极方式，首次将静电探测器用于动态手势识别系统，通过对人手部静电的探测实现了对人手部运动速度及轨迹的检测，并完成了通过静电检测实现虚拟设备的设计与装配。

虽然基于感应传感器的手势识别难以捕捉到手指等细小动作，但是能准确捕捉手部的轨迹。相较于基于视觉的手势识别，用传感器实现相对简单，成本也更低，且环境光线、背景对其检测无影响。基于感应传感器的手势识别有三种传感器检测方式。其中基于激光传感器的检测其实质是通过激光成像进行手势识别，与基于视觉的手势识别相似。而基于静电传感器的检测受气候环境的影响较大，在不同季节、不同天况下，由于人体带电情况不同造成交互系统灵敏度差异较大。电容传感器的检测较前两种检测方式而言，受气候环境影响较小，稳定性能更好。

现行的基于平面电容探测器的手势识别主要是实现简单的空间位置解算及代替鼠标的单双击操作。本节将借鉴基于视觉的手势识别的 HMM 方法，实现对平面电容探测器的捕捉信号进行手部运动轨迹特征提取，并实现简单图形识别与交互意图识别。

9.2 平面电容探测器阵列的动态手势识别

9.2.1 平面电容探测器阵列动态手势识别系统总体设计

人体脂肪的相对介电常数约为 12.7，肌肉的相对介电常数约为 66.2，远大于空气的相对介电常数。因此，当人体靠近平面电容探测器时，探测器的敏感空间内介质的介电常数发生改变，探测器极间电容会相应改变。图 9-1 为平面电容探测器对人手部敏感的电势图。从图中可看出，当人手接近探测器电极平面时，人手周围的空间电势分布发生改变。平面电容探测器对人体反应敏感，图 9-2 为人手在距离电极平面 40 cm 的 xOy 平面移动时，探测器输出信号。从图中可看出，信号强度可达 35 mV，满足动态手势识别的电压阈值要求。

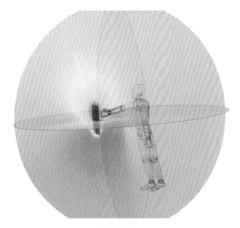

图 9-1 平面电容探测器对人手部敏感的电势

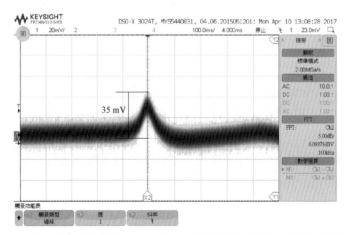

图 9-2 人手在距离电极平面 40 cm 的 xOy 平面移动时平面电容探测器输出信号

图 9-3 为基于平面电容探测器阵列的动态手势识别系统。操作者立于电极平面前，手部平行于 xOy 平面进行操作。电容检测系统实时采集平面电容探测器阵列信号，并将数据按一定帧格式打包，通过 USB 接口上传至计算机。计算机解包数据后，对数据进行解算得到手部运动轨迹，再经过手势识别算法找到最佳匹配图形，最后根据匹配图形完成一定的控制功能，最终实现人与计算机的互动。

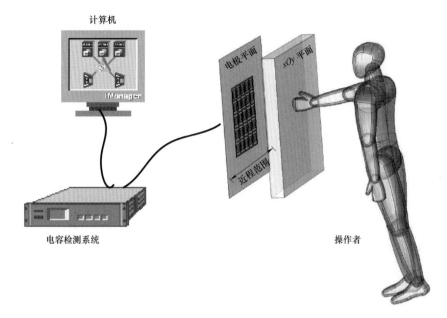

图 9－3　基于平面电容探测器阵列的动态手势识别系统

　　根据第 6 章平面电容探测器的性能研究，用于动态手势识别系统中的电极同样采用梳齿形。整个平面电容探测器阵列结构如图 9－4 所示。该平面电容探测器阵列采用 4×4 结构。在电极平面中，"田"字形电极为电极地，梳齿形电极居于"田"字形电极地形成的格子中心，这种布局可有效减少相邻平面电容探测器间的串扰。平面电容探测器性能研究表明，电极越大则灵敏度越高。但对于限定的面积内，电极面积大则放置的电极数就会相应减少，电极数少会降低平面电容探测器阵列的分辨率。综上所述，用于动态手势识别的平面电容探测器阵列尺寸设置如下：交互界面的面积为 50 cm×50 cm，电极地宽为 1 cm，单个平面电容探测器尺寸为 6 cm×6 cm，其电极宽度与极间距都为 0.5 cm。

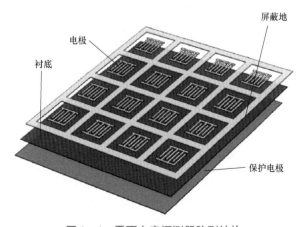

图 9－4　平面电容探测器阵列结构

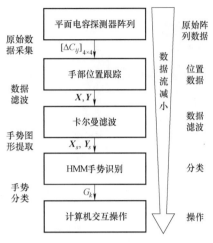

图 9-5　基于平面电容探测器阵列的
动态手势识别流程

基于平面电容探测器阵列的动态手势识别流程如图 9-5 所示。首先，平面电容探测器阵列感应手部运动，电容检测系统采集感应数据，并利用手部位置跟踪算法解算出某时刻对应的手部空间位置。不同时刻的手部空间位置的变化即是手部运动轨迹。由于环境噪声等因素造成手部运动轨迹的平滑度低，故采用卡尔曼滤波对手部运动轨迹进行降噪处理。本节利用 HMM 方法对滤波后的手部运动轨迹进行手势识别，先匹配预先设置的动态手势识别图形，计算机根据所识别的图形进行相应的交互操作。动态手势识别中数据经过多次转换，手部运动轨迹跟踪算法将探测器阵列的输出原始数据矩阵 $[\Delta C_{ij}]_{4\times4}$ 转换成空间位置数据 (x, y)。由多个空间位置数据描述的手部运动轨迹经过 HMM 进行手势识别后，输出对应匹配的图形 G_k。因此，基于平面电容探测器阵列的动态手势识别整个过程也是数据流减小的过程。

9.2.2　手部位置跟踪

从第 5 章中建立的平面电容探测器近程目标检测数学模型可得到，当目标接近平面电容探测器时，随距离的减小，平面电容探测器极间电容减小。当手部在平行电极平面移动过程中，手部与平面电容探测器电极平面距离最近时也是平面电容探测器极间电容减小的最大点，即电容检测系统的输出信号达到峰值（检测系统中调理电路采用反向放大电路），如图 9-6 所示。因此，应用平面电容探测器阵列进行动态手势识别时，最简单的手部

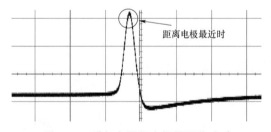

图 9-6　手部在平行电极平面移动时
电容检测系统的输出信号

位置跟踪可根据不同时刻电容检测系统中某通道输出电压最大，则认为该通道对应的平面电容探测器坐标即为此时手部的空间坐标。然后根据不同时刻的手部空间坐标即可得到手部运动轨迹。图 9-7 第一排 5 个子图为理想情况下（手部运动时都处于电极正前方）得到的"∠"形轨迹。但当手部运动时，处于两电极间或存在系统噪声时（即非理想情况下），相邻电极输出信号强度相同，造成手部运动轨迹识别错误，此时实际手部运动轨迹为"∠"形而经轨迹跟踪得到"C"形（如图 9-7 第二排 5 个子图所示）。

此外，这种简单的位置跟踪方法产生的位置坐标固定，无法通过滤波方法进行处理。因此，需要提出新的手部位置解算方法以提高轨迹的跟踪能力。

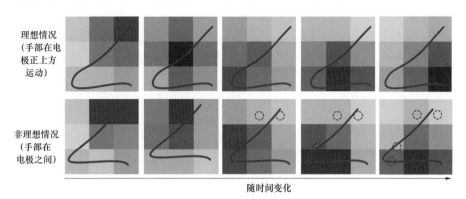

理想情况
（手部在电极正上方运动）

非理想情况
（手部在电极之间）

随时间变化

图 9-7　理想与非理想情况下绘制的"∠"形轨迹

手部处于平面电容探测器阵列敏感区域时，会与电极间形成多电容（如图 9-8 所示），不仅会使距离最近的平面电容探测器产生感应，同时也会使其他相邻探测器产生感应，但感应强度有所不同，距离越近感应越强。因此，可根据不同平面电容探测器的感应强弱（即检测系统输出电压变化大小）引入线性加权法来估计手部空间位置。其计算式为

$$\begin{cases} \hat{x} = \dfrac{\sum\limits_{i=1}^{N} \Delta V_i x_i}{\sum\limits_{i=1}^{N} \Delta V_i} \\[4mm] \hat{y} = \dfrac{\sum\limits_{i=1}^{N} \Delta V_i y_i}{\sum\limits_{i=1}^{N} \Delta V_i} \end{cases} \qquad (9-1)$$

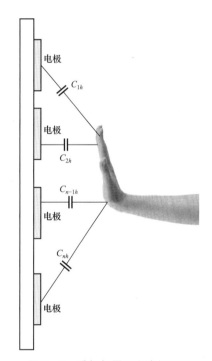

电极

C_{1h}

电极

C_{2h}

C_{n-1h}

电极

C_{nh}

电极

图 9-8　手部与平面电容探测器阵列的电极间形成多电容

式中　ΔV_i——电容检测系统各通道输出电压变化量；

(x_i, y_i)——平面电容探测器阵列中每个传感器的电极质心坐标。

当手部从远处移动到平面电容探测器阵列的电极平面时，手部处于某探测器电极正前方（人立于平面电容探测器阵列的电极平面之前），即此时手部与该探测器的电极距离最近，电容检测系统对应的检测通道输出电压变化量最大，因此在坐标计算时权重大，计算出的坐标更接近于该探测器的电极质心坐

标。本节设定了一个电压阈值来判断手势运动的开始点和结束点，即当平面电容探测器阵列中任意某个探测器的输出信号超过阈值，则认为手部运动开始。当平面电容探测器阵列中所有探测器的输出信号都不超过该阈值，则认为手部运动结束。图 9-9 为根据式（9-1）计算得到的坐标绘制的手部运动轨迹。两次试验的手部运动轨迹都为"∠"形，从图中可看出，经过新的手部运动轨迹跟踪方法得到的手部运动轨迹都为"∠"形，但轨迹曲线平滑度差，会大大降低对轨迹图形的识别率，因此需要对轨迹曲线进行平滑处理。

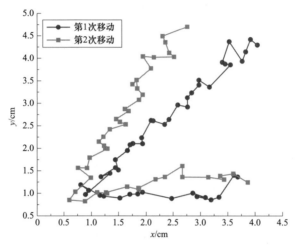

图 9-9　根据手部位置跟踪方法得到的"∠"形轨迹

9.2.3　基于卡尔曼滤波的手部运动轨迹估计

环境白噪声、相邻平面电容探测器的串扰等因素造成手部运动轨迹平滑度低，降低了图形识别率，本节采用卡尔曼滤波对手部运动位置进行最优估计，以达到对运动轨迹滤波的效果。

卡尔曼滤波是一个基于新的观测数据不断预测、修正的递推过程，其在求解时不需要存储大量的前期观测数据，还可以实时处理新的观测数据得到观测结果，具有较好的实时性，因此卡尔曼滤波广泛应用于运动目标的轨迹跟踪。在卡尔曼滤波模型中，要求观测方程是线性形式、动态噪声和测量噪声是白噪声。而在平面电容探测器的检测系统中，主要噪声为信号放大电路的热噪声和散弹噪声，以及环境对电容寄生效应引起的噪声，在中低频段，这几种噪声都属于白噪声类型，适合使用卡尔曼滤波进行轨迹跟踪。下面将简要阐述卡尔曼滤波原理及对手部运动轨迹的卡尔曼滤波过程。

1. 卡尔曼滤波原理

卡尔曼滤波的基本方程分为状态方程和测量方程。

状态方程描述系统在此时刻的状态与前一时刻的关系，其表达式为

$$X(t) = A_{M \times M} X(t-1) + B_{M \times N} N_1(t-1) \tag{9-2}$$

式中 $X(t)$ —— $M \times 1$ 阶状态向量，表征 t 时刻的系统状态；

$N_1(t)$ —— $N \times 1$ 阶系统噪声向量，用来描述前后两时刻状态转换过程中存在的误差或噪声；

$A_{M \times M}$、$B_{M \times N}$ —— 从（$t-1$）时刻到下一时刻 t 的状态转移矩阵，其中 $A_{M \times M}$ 为 $M \times M$ 阶矩阵，$B_{M \times N}$ 为 $M \times N$ 阶矩阵。

测量方程是对当前状态的最优估计。其表达式

$$Y(t) = C_{N \times M} X(t) + D_{N \times N} N_2(t) \tag{9-3}$$

式中 $Y(t)$ —— t 时刻所观察到的系统状态，为 $N \times 1$ 阶测量向量；

$N_2(t)$ —— $N \times 1$ 阶系统噪声向量，用来描述前后两状态转换过程中存在的误差或噪声；

$C_{N \times M}$、$D_{N \times N}$ —— 两种状态的状态转移矩阵，其中 $C_{N \times M}$ 为 $N \times M$ 阶矩阵，$D_{N \times N}$ 为 $N \times N$ 阶矩阵。

假设状态方程与测量方程中的噪声向量表征的过程噪声都是均值为 0 的高斯白噪声，即满足 $p(N_1)$ 的 $N_1 \in N[0, W(t)]$，$p(N_2)$ 的 $N_2 \in N[0, R(t)]$。$W(t)$、$R(t)$ 为过程噪声协方差矩阵。其自相关矩阵

$$E[N_1(t)N_1^{\mathrm{T}}(t)] = \begin{cases} J(t), & t = n \\ 0, & t \neq n \end{cases} \tag{9-4}$$

$$E[N_2(t)N_2^{\mathrm{T}}(t)] = \begin{cases} J(t), & t = n \\ 0, & t \neq n \end{cases} \tag{9-5}$$

设置状态初始值 $X(0)$、$N_1(t)$、$N_2(t)$，且相互间均不相关，则

$$E[N_2(t)N_2^{\mathrm{T}}(t)] = 0 \tag{9-6}$$

卡尔曼滤波的预测方程

$$\hat{X}(t) = A\hat{X}(t-1) \tag{9-7}$$

误差的协方差预测方程

$$P(t) = AP(t-1)A^{\mathrm{T}} + W(t) \tag{9-8}$$

卡尔曼滤波的增益系数方程

$$K(t) = P(t-1)C^{\mathrm{T}}[CP(t)C^{\mathrm{T}} + R(t)]^{-1} \tag{9-9}$$

联立式（9-3）、（9-7）、（9-9）得到更新的卡尔曼滤波预测方程

$$\hat{X}(t) = \hat{X}(t-1) + K(t)[Y(t) + C\hat{X}(t-1)] \tag{9-10}$$

误差的协方差更新预测方程

$$P(t) = P(t-1) + K(t)CP(t-1) \qquad (9-11)$$

根据上述更新式，通过迭代方法搜寻最佳协方差，便得到 t 时刻的预测值。

2. 手部运动轨迹的卡尔曼滤波

假设人手的运动速度为 1 m/s，电容检测系统中带有 0～10%的白噪声，t 时刻手部运动的位置坐标为 $[x(t), y(t)]$，通过手部运动跟踪算法解算出的位置坐标为 $[x_1(t), y_1(t)]$。在进行卡尔曼滤波时，首先构造状态方程。

设 t 时刻手部运动在 xOy 平面的分向量为 $[S_x(t), S_y(t)]$。两时刻的间隔时间为 T，$N_x(t)$、$N_y(t)$ 为高斯白噪声分量，相互正交，其均值都为 0，方差为 σ_N^2。根据牛顿定律，手部运动位置与运动速度之间的关系可写成

$$x(t) = x(t-1) + TS_x(t-1) + \frac{1}{2}N_x(t-1)T^2 \qquad (9-12)$$

$$S_x(t) = S_x(t-1) + TN_x(t-1) \qquad (9-13)$$

$$y(t) = y(t-1) + TS_y(t-1) + \frac{1}{2}N_y(t-1)T^2 \qquad (9-14)$$

$$S_y(t) = S_y(t-1) + TN_y(t-1) \qquad (9-15)$$

将上述方程整理成矩阵形式：

$$\begin{bmatrix} x(t) \\ S_x(t) \\ y(t) \\ S_y(t) \end{bmatrix} = \begin{bmatrix} 1 & T & 0 & 0 \\ 0 & 1 & 0 & 0 \\ 0 & 0 & 1 & T \\ 0 & 0 & 0 & 1 \end{bmatrix} \begin{bmatrix} x(t-1) \\ S_x(t-1) \\ y(t-1) \\ S_y(t-1) \end{bmatrix} + \begin{bmatrix} \dfrac{T^2}{2} & 0 \\ T & 0 \\ 0 & \dfrac{T^2}{2} \\ 0 & T \end{bmatrix} \begin{bmatrix} N_x(t-1) \\ N_y(t-1) \end{bmatrix} \qquad (9-16)$$

则手部运动状态方程中诸矩阵表达式：

$$X(t) = \begin{bmatrix} x(t) \\ S_x(t) \\ y(t) \\ S_y(t) \end{bmatrix} \qquad (9-17)$$

$$X(t-1) = \begin{bmatrix} x(t-1) \\ S_x(t-1) \\ y(t-1) \\ S_y(t-1) \end{bmatrix} \qquad (9-18)$$

$$N_1(t) = \begin{bmatrix} N_x(t-1) \\ N_y(t-1) \end{bmatrix} \qquad (9-19)$$

$$A = \begin{bmatrix} 1 & T & 0 & 0 \\ 0 & 1 & 0 & 0 \\ 0 & 0 & 1 & T \\ 0 & 0 & 0 & 1 \end{bmatrix} \qquad (9-20)$$

$$B = \begin{bmatrix} \dfrac{T^2}{2} & 0 \\ T & 0 \\ 0 & \dfrac{T^2}{2} \\ 0 & T \end{bmatrix} \qquad (9-21)$$

其次，构造测量方程。同样假设测量方程中的 $N_{1x}(t)$、$N_{1y}(t)$ 为高斯白噪声分量，相互正交，其均值均为 0，方差为 σ_M^2。因为实际的手部运动位置与手部位置跟踪算法解算的位置之差为噪声，所以测量方程可写成

$$x_1(t) = x(t) + N_{1x}(t) \qquad (9-22)$$

$$y_1(t) = y(t) + N_{1y}(t) \qquad (9-23)$$

将式（9-23）整理成矩阵形式：

$$Y(t) = \begin{bmatrix} x_1(t) \\ y_1(t) \end{bmatrix} = \begin{bmatrix} 1 & 0 & 0 & 0 \\ 0 & 1 & 0 & 0 \end{bmatrix} \begin{bmatrix} x(t) \\ S_x(t) \\ y(t) \\ S_y(t) \end{bmatrix} + \begin{bmatrix} 1 & 0 \\ 0 & 1 \end{bmatrix} \begin{bmatrix} N_{1x}(t) \\ N_{1y}(t) \end{bmatrix} \qquad (9-24)$$

其中令 C、D 分别为两数字矩阵，则

$$C = \begin{bmatrix} 1 & 0 & 0 & 0 \\ 0 & 1 & 0 & 0 \end{bmatrix} \qquad (9-25)$$

$$D = \begin{bmatrix} 1 & 0 \\ 0 & 1 \end{bmatrix} \qquad (9-26)$$

求解出基本方程后，根据更新方程，通过迭代方法即可得到手部位置坐标的预估值。下面遵循上述算法对手部运动轨迹在 MATLAB 软件上仿真。仿真时，在真实的手部运动轨迹上叠加 10% 的白噪声，以及使用卡尔曼滤波后得到的手部运动轨迹如图 9-10 所示。从图中可看出，经过手部位置跟踪算法解算后的手部运动轨迹散布在真实轨迹周围，经过卡尔曼滤波后，手部运动轨迹变得平滑且接近于真实轨迹。

卡尔曼滤波后手部运动轨迹的后续处理是对其进行识别，找到与之相匹配的预设交互图形。本章采用 HMM 识别算法对手部运动轨迹进行识别。下面先阐述 HMM 识别原理。

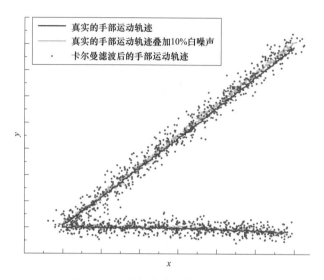

图 9-10　卡尔曼滤波算法仿真结果

9.2.4　HMM

HMM 于 1997 年由 L. E. Baum 等提出，它是基于随机有限状态机的概率统计模型，描述了一个含有隐含未知参量的马尔可夫过程。HMM 是将手部的位置当作输入样本观察量，采用概率密度函数将其描述为各种空间状态，将观察量转换成概率密度分布的状态序列。由于观察量与状态序列不是一一对应，其建模过程称为隐马尔可夫过程。它具有双重随机性：一是观察量与状态间的统计对应关系是随机函数集；二是状态经过一系列的转移，其过程不可观测。HMM 是采用判断最大后延概率来寻找最佳状态序列，从而得到识别结果。HMM 采用 5 个元组描述 $\boldsymbol{\Omega} = (\boldsymbol{n}, \boldsymbol{k}, \bar{\boldsymbol{\varpi}}, \boldsymbol{\delta}, \boldsymbol{\lambda})$。模型观测量表示为 $\boldsymbol{O} = \{O_1, \cdots, O_k\}$、隐含状态 $\boldsymbol{S}\{s_1, s_2, \cdots, s_k\}$、状态转移序列 $\boldsymbol{Q}\{q_1, q_2, \cdots, q_T\}$。

（1）初始状态概率序列 $\bar{\boldsymbol{\varpi}}\{\bar{\varpi}_1, \bar{\varpi}_2, \cdots, \bar{\varpi}_k\}$，其中

$$\bar{\varpi}_i = P(q_1 = s_i), i = 1, 2 \cdots k \tag{9-27}$$

式（9-27）表示 $t = 1$ 时刻，处于状态 s_i 的概率，满足 $\sum\limits_{i=1}^{k} \bar{\varpi}_i = 1$。

（2）状态转移概率矩阵 $\boldsymbol{\delta}[\delta_{ij}]_{kk}$，其中

$$\delta_{ij} = P(q_{t+1} = s_j \mid q_t = s_i), i, j = 1, 2 \cdots k \tag{9-28}$$

式（9-28）表示在 t 时刻处于状态 s_j 状态下，$(t+1)$ 时刻处于状态 s_j 的概率。同样满足 $\sum\limits_{i=1}^{k} \delta_{ij} = 1$。且某时刻的状态只与前一时刻状态有关。

（3）状态输出概率矩阵 $\boldsymbol{\lambda} = [\lambda_i(t)]_{Tk}$，其中

$$\lambda_i(t) = P(o_m \mid q_t = s_i), i = 1, 2 \cdots k, t = 1, 2 \cdots T \tag{9-29}$$

式（9-29）表示在时刻 t，处于状态 s_j 下，观察量为 o_m 的概率。满足 $\sum_{i=1}^{k} \lambda_i(m) = 1$。

状态输出概率矩阵 λ 即为模型的输出，得到的是观察量的概率。对于 HMM，$\bar{\omega}$、δ、λ 为模型最重要的 3 个参量，因此 HMM 的 $\Omega = (n, k, \bar{\omega}, \delta, \lambda)$ 可简写为 $\Omega = (\bar{\omega}, \delta, \lambda)$。HMM 的建立需要解决以下 3 个问题。

（1）评估：对于给定的观察量 $\boldsymbol{O} = \{O_1, \cdots, O_k\}$，如何得到观察量在 HMM 下的概率 $P(\boldsymbol{O} | \Omega)$。通常采用向前或向后算法计算每一个 HMM 下的概率。本节采用向前算法，其具体方法如下。

向前算法是一种穷举搜索方法，即列举所有观察量 $\boldsymbol{O}$ 和状态转移概率序列 δ 出现的联合概率 $P(\boldsymbol{O} | \delta, \Omega)$，然后求和得到 $P(\boldsymbol{O} | \Omega)$，即

$$
\begin{aligned}
P(\boldsymbol{O} | \Omega) &= P(\boldsymbol{O} | \delta, \Omega) P(\delta, \Omega) = \sum_{\delta} P(\boldsymbol{O} | \delta, \Omega) \\
&= \sum_{\delta} \bar{\omega}_{q_1} \lambda_{q_1}(O_1) \delta_{q_1 q_2} \cdots \lambda_{q_T}(O_T) \delta_{q_{T-1} q_T}
\end{aligned}
\tag{9-30}
$$

为简化式（9-30），对于 Ω 模型，在给定时刻 t 为止的观察序列 $O_1, \cdots, O_t$，此时状态为 s_i 的前向概率

$$
\xi_t(i) = P(O_1, \cdots O_t, q_t = s_i | \Omega)
\tag{9-31}
$$

式（9-31）可使用递归关系求解

$$
\begin{cases}
\xi_1(i) = \bar{\omega}_i \lambda_i(O_1), i = 1 \cdots k \\
\xi_{t+1}(i) = \left[\sum_{j=1}^{k} \xi_t(i) \delta_{ji} \right] \lambda_i(O_{t+1}) \\
P(\boldsymbol{O} | \Omega) = \sum_{j=1}^{k} \xi_t(i)
\end{cases}
\tag{9-32}
$$

（2）解码：从 HMM 中寻找最优的隐状态转移概率序列，可运用维特比（Viterbi）算法求解。Viterbi 算法同样是一种递归方法，其描述如下：

定义在时刻 t 沿状态转移概率序列 $q_1, q_2, \cdots, q_t$ 路径，产生观察量 $O_1, \cdots, O_t$ 时的最大概率，记为 $\Gamma_t(i)$，此时的路径称为最优路径。在最优路径上对应的隐状态 s_i 记为 $\psi_t(i)$。Viterbi 算法的递归步骤如下：

① 初始化

$$
\begin{cases}
\Gamma_1(i) = \bar{\omega}_i \lambda_i(O_1) \\
\psi_1(i) = 0
\end{cases}, \quad 1 \leqslant i \leqslant k
\tag{9-33}
$$

② 递推过程

$$
\begin{cases}
\Gamma_t(i) = \max\limits_{1 \leqslant i \leqslant k} \left[\Gamma_t(i) \delta_{ij} \right] \lambda_i(O_t) \\
\psi_t(i) = \max\limits_{1 \leqslant i \leqslant k} \left[\Gamma_t(i) \delta_{ij} \right]
\end{cases}, \quad 2 \leqslant t \leqslant T, \quad 1 \leqslant i \leqslant k
\tag{9-34}
$$

③ 终止递推

$$\begin{cases} P^* = \max_{1 \leqslant i \leqslant k} \Gamma_T(i) \\ q_T^* = \arg \max_{1 \leqslant i \leqslant k} [\Gamma_T(i)] \end{cases}, \quad t = T \tag{9-35}$$

④ 回溯，求解最佳状态序列

$$q_t^* = \psi_{t+1}(q_{t+1}^*), \quad t = T-1, T-2, \cdots, 1 \tag{9-36}$$

通过上述步骤求解出最优的隐状态转移概率序列。

（3）学习：模型训练过程，亦即调整模型参量使得观察量 $O_1, \cdots, O_t$ 出现的概率 $P(\boldsymbol{O} \mid \boldsymbol{\Omega})$ 最大。学习过程也是通过大量的样本数不断优化 HMM 参量，得到最优模型的过程。其学习过程如下：

① 初始化构建 HMM 的 $\boldsymbol{\Omega} = (\bar{\omega}, \boldsymbol{\delta}, \boldsymbol{\lambda})$，输入新的观察量得到新的 HMM，记为 $\bar{\boldsymbol{\Omega}} = (\bar{\bar{\omega}}, \bar{\boldsymbol{\delta}}, \bar{\boldsymbol{\lambda}})$。重新评估参量 $\bar{\omega}$、$\boldsymbol{\delta}$、$\boldsymbol{\lambda}$。

$$\begin{cases} \overline{\bar{\omega}_i} = P(q_1 = s_i) = \gamma_1(i) \\ \overline{\delta_{ij}} = \dfrac{\sum\limits_{t=1}^{T-1} \rho_t(i,j)}{\sum\limits_{t=1}^{T-1} \gamma_t(i)} \\ \overline{\lambda_j(t)} = \dfrac{\sum\limits_{t=1}^{T-1} \gamma_t(j)}{\sum\limits_{t=1}^{T-1} \gamma_t(j)} \end{cases} \tag{9-37}$$

式中，$P(q_1 = s_i)$ 为 t 时刻状态 s_i 的概率，可通过向前变量与向后变量求解得到

$$\gamma_t(i) = \frac{\Gamma_t(i) \cdot \Lambda_t(i)}{P(\boldsymbol{O} \mid \boldsymbol{\Omega})} = \frac{\Gamma_t(i) \cdot \Lambda_t(i)}{\sum\limits_{i=1}^{k} \Gamma_t(i) \cdot \Lambda_t(i)}, \quad 1 \leqslant i \leqslant k \tag{9-38}$$

式中，$\Lambda_t(i)$ 为向后变量，即

$$\Lambda_t(i) = P(O_{t+1}, \ O_{t+2}, \cdots, O_t, q_t = s_i \mid \boldsymbol{\Omega}) \tag{9-39}$$

式（9-37）中，$\rho_t(i,j)$ 为在 t 时刻处于状态 s_i 下，$(t+1)$ 时刻处于状态 s_j 的条件概率，即

$$\rho_t(i,j) = \frac{\Gamma_t(i) \delta_{ij} \lambda_j(O_{t+1}) \Lambda_{t+1}(j)}{\sum\limits_{i=1}^{k} \sum\limits_{j=1}^{k} \Gamma_t(i) \delta_{ij} \lambda_j(O_{t+1}) \Lambda_{t+1}(j)} \tag{9-40}$$

由式（9-38）和式（9-40）可看出，存在如下关系。

$$\gamma_t(i) = \sum_{j=1}^{k} \rho_t(i,j)$$
$$(9-41)$$

② 设置收敛值 η，新模型概率 $P(\boldsymbol{O} \mid \overline{\boldsymbol{\Omega}})$ 满足

$$\left| \log P(\boldsymbol{O} \mid \overline{\boldsymbol{\Omega}}) - \log P(\boldsymbol{O} \mid \boldsymbol{\Omega}) \right| < \eta$$
$$(9-42)$$

根据 HMM 的求解过程，最终找到与实际运动轨迹匹配程度最高（概率最大）的预设图形。

9.2.5　基于 HMM 的动态手势识别

本节主要根据手部运动方向进行手势动态信息提取。手势识别的实质是曲线识别和匹配。曲线识别和匹配中，常用链码（又称为 freeman 码）描述曲线，链码匹配算法描述链状结构时具有显著优越性，因此被广泛应用于曲线、图形的模式识别等领域。本节采用的平面电容探测器的电极数较少，因此无须采用过多的方向链码，选用 8 方向链码即可对手部运动轨迹每个时段的运动方向进行离散化，如图 9-11 所示。由图可见，8 方向在二维空间内均匀分布。如果采用 8 方向链码编码表示图 9-12 的运动曲线，则曲线的编码为 66112。通过上述的链码对曲线编码，其编码值构成特征向量，即得到特征观察量 $\boldsymbol{O} = \{O_1, \cdots, O_k\}$，再利用 HMM 识别算法对手部运动轨迹进行识别。

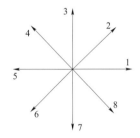

图 9-11　空间运动 8 方向链码

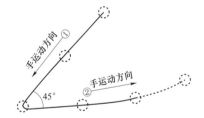

图 9-12　待编码的运动曲线

9.2.6　动态手势识别图形设计与试验验证

本节主要实现两种动态手势图形识别：一种是 0～9 的数字图形识别；另一种是简单的文件操作指示图形识别。预设的交互图形如图 9-13 所示。为了提高图形识别率，对 0～9 的数字进行了简化处理。如数字"0"采用不封口的"U"图形代替，数字"4"只保留"∠"图形。同样，数字"6""8""9"都只保留部分笔画，数字"5"则采用反"∠"图形。这样简化处理后的交互图形，可以降低识别难度。文字识别中数字图形的简化只是在原数字的图形中舍弃部分笔画，但仍能从简化图形中直观看出对应的数字，这样不会降低用户体验。对于交互意图的文件操作，本节只设计了四种操作指示图形，包括向后切换文件、向前切换文件、关闭文件、打开文件。文件操作指示图

形的设计参考了智能手机的相关操作,操作时只是简单的水平移动或垂直移动。数字与文件操作指示图形这两种模式分别采用"∞"和"∝"图形进行切换。

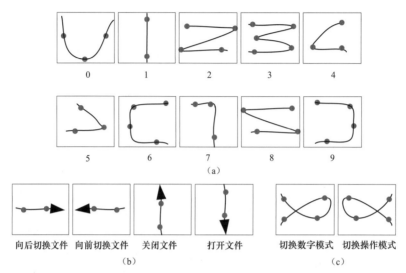

图 9-13　预设的数字图形、文件操作指示图形及模式切换图形
(a) 数字图形;(b) 文件操作指示图形;(c) 模式切换图形

图 9-14 为基于平面电容探测器阵列的动态手势识别系统。图 9-15 为应用平面电容探测器阵列实现的动态手势识别图形识别结果。进行动态手势识别图形试验时,对于 HMM 的训练样本数为 50,人手距离电极平面约为 20 cm,每种图形的测试数

图 9-14　基于平面电容探测器阵列的动态手势识别系统

为 100，根据每次试验中正确次数计算出成功识别图形的正确率。图中，纵坐标为实际手势图形，横坐标为识别的图形，对角线的方格为识别的正确率，对角线以上的方格表示实际的手势图形被识别成其他图形的概率，其概率通过不同颜色的深浅可以直观表示。试验分为两部分：数字图形识别与文件操作指示图形识别。为保证手势图形的识别率，程序中设置了两种图形不进行交叉识别。图 9-15 (a) 为数字图形的识别结果，从图中可看出，数字 "1" 较为简单识别率最高为 100%，其次为数字 "0" "7" "8"，数字 "3" 识别率最低为 93%。数字图形的平均识别率为 95.9%。图 9-15 (b) 为文件操作指示图形的识别结果，由于文件操作指示图形设置较为简单，其识别率都为 100%。

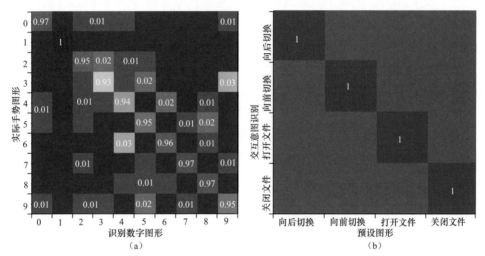

图 9-15　预设的数字图形与文件操作指示图形
(a) 数字图形识别；(b) 文件操作指示图形识别

本 章 小 结

本章利用平面电容探测器对人体的敏感性，开展了基于平面电容探测器阵列的动态手势识别应用研究。使用手部位置跟踪算法得到了手部运动轨迹曲线，再利用卡尔曼滤波算法对手部离散位置进行预测和平滑，显著提高了噪声条件下手部运动轨迹的位置解算精度。运用隐马尔可夫模型（HMM）识别算法对手势轨迹进行识别，实现了对预设交互图形的匹配。设计了两类识别模式：即 0~9 的数字图形识别与简单文件操作指示图形的识别，实验结果表明对数字图形的平均识别率达到 95.9%，对简单文件操作指示图形的识别率可达 100%。试验证明了用平面电容探测器阵列能进行文字图形与简单交互指示两类图形识别的有效可行性。

第10章　电容定方位探测与应用

为提高导弹的杀伤效率，20世纪中、下叶定向战斗部（directional fragment warhead）应运而生。定向战斗部是基于目标方位信息自适应控制爆破方向以取得最佳目标毁伤效果的战斗部。定向战斗部的出现，对引信提出了目标方位识别的技术需求。利用电容探测器不仅可对探测目标进行一维距离识别，而且可进行二维探测——目标定方位。遗憾的是目前在国内外有关电容近炸引信的科技资料调研中，除作者外鲜有见到利用电容探测原理实现对目标定方位识别的研究。只是英国马克尼空间防御系统责任有限公司20世纪80年代初在其吹管导弹电容引信设计中采用了两个对称于弹轴的探测电极。由于该引信是利用这两个探测电极探测信号之差值来判别目标的，故它只能识别目标是处于引信正前方还是侧面，但不能识别目标处于侧面的哪个方位上。而对于近炸引信，如果它能准确地识别目标方位并能进行定向起爆控制，那么就能显著提高武器系统的引战配合效率，实现对目标的最大毁伤。本章拟在第4章分析电容近炸引信探测方向性特征基础上，探讨利用按不同方位分布的电极阵列实现对目标定向探测的技术途径。具体研究路线是在理论分析基础上，以提高目标方位识别进而提高炸点控制精度为目的，讨论易于其实现目标方位探测的探测电路模式、电极结构形式与分布方式。选择耦合式电容探测模式，采用方位均布的多接收电极阵列获取目标方位信息，设计典型的目标方位探测电路。利用多路检波信号的平均值实现精确定距。在目标特性测试分析基础上，建立定向目标信号识别准则，并给出其信号处理方法。

10.1　实现定向探测的电极设计思想

鉴于传统电容近炸引信探测方向性具有各向同性的特征，要使它实现对目标方位信息的提取，其方法是对电极的结构及分布方式进行改造，使之具有进行目标定向识别的能力。经过资料调研和一系列方案性实验研究，本章提出多接收电极阵列探测的方案。即采用一个发射电极，将它固定在弹头的轴心位置，而在弹的侧面按一定角度对称分布几个接收电极。在引信与目标接近过程中，由于每个接收电极与目标的实际距离不同，虽然它们与被探测目标间的距离差异不是很大，但由于它们所处的静电场的场点不同，对电场产生的扰动的接收程度却有明显差异。根据电容近炸引信基本原理，各接收电极和目标间产生的电容变化并不相同，从而各自的输出检波电压也不相同。如果对每一个接收电极所获得的遇目标信号进行单独检波，再由单片机按照所建立的判定准则进行方位识别，即可实现目标定向探测。在实际工程应用中，为了保证探测灵敏度，接收电极的有效面积和形状、发射电极与接收电极间距的具体数值视所配弹头情况而定。

对于接收电极阵列中的电极个数 n，取得太多或太少都不合适。假设 $n=2$，此时两个接收电极只能间隔 $180°$ 对称于弹轴设置。那么，当目标以同样角度分别位于两个接收电极连线的左右两侧面时，它们所对应的检波电路接收的弹目接近的遇目标信号并没有什么区别。因而用两个接收电极只能区分目标处于两电极连线的垂直平分线所分成的两个半区，而不能区分目标究竟处于两电极连线的左半区还是右半区。显而易见，使该引信实现定向目标探测的电极阵列配置的必要条件是 $n \geq 3$，假设 n 取不小于 4 的值时，接收电极的间距变小，所产生的检波电压信号差别不是很大，加上技术条件的限制，各电极的探测灵敏度和检波灵敏度不可能做得完全一样，造成检波电压存在误差，反而不利于信号处理电路区分。同时必须增加相应的检波电路和信号处理电路的个数，造成电路设计复杂化，也不利于单片机的实时信号处理，在硬件和软件的实现上增加了难度。鉴于以上讨论，在现有技术条件下，初步的设计是取 $n=3$，3 个电极呈 $120°$ 均匀分布，发射电极与接收电极不在同一平面内，发射电极仍安装在弹头的轴心位置，接收电极分布于弹头的侧面，有利于对侧面目标的识别。电容引信定向探测电极的布局如图 10−1 所示。

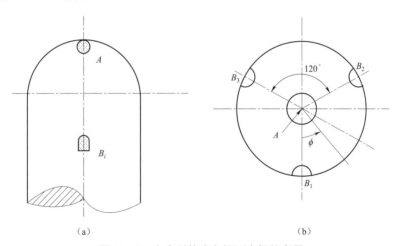

（a）   （b）

图 10−1   电容引信定向探测电极的布局

A—共用发射电极；B_i（$i=1,2,3$）—3 个不同方位的接收电极

为了说明该电极阵列可有效地实现对目标的定向探测，假定目标的物理场特性和几何特性均严格对称于其方位中心线。下面讨论两种弹目接近的典型情况，其他情况均可由此推及。

（1）当目标中心处于 AB_1 连线方位时。此时探测电极 B_1 离目标最近，与目标形成的电容变化量最大，相应地该路检波输出变化量 Δu_1 必然较大。同时，由于 B_1、B_2 离目标相对较远且相等，则 $\Delta u_2 \approx \Delta u_3$ 且 Δu_2、$\Delta u_3 <$（或 $\ll$）Δu_1，是 "$<$" 还是 "$\ll$" 视目标与 B_1、B_2、B_3 间距不同而异。由于静电场场强按照 r^3 规律衰减，当 B_1、B_2、B_3 间距较大时，一般满足 "$\ll$"。

（2）当目标中心处于 $\angle B_1 AB_2$ 平分线方位上时。此时 B_1、B_2 离目标最近且相等，而 B_3 离目标最远，则必满足 $\Delta u_1 \approx \Delta u_2$ 且 $\Delta u_3 <$（或 $\ll$）Δu_1 及 Δu_2。

依据以上两种极限情况的分析可知，对于更一般的情形，即目标处于 Φ 角方位时（$\Phi < 60°$）必然有 $\Delta U_1 > \Delta U_2 > \Delta U_3$。同理，由于接收电极分布的对称性，如果按照每 60° 划分一个方位区域，那么仅根据 3 个接收电极所获得的遇目标信号的大小即可确定目标所处的方位区域，其信息特征可使目标方位识别精度达到 30° 以内，这在后面的具体设计中可得以证明。

10.2　探测电路设计

探测电路是整个电容近炸引信系统的重要组成部分，是实现近程目标探测的核心单元，目前在电容探测器中，常用的探测模式主要有鉴频式和幅度耦合式。

鉴频式原理是把引信电极直接接入振荡回路，把极间电容作为振荡回路电容的一部分。引信遇目标时，极间等效电容改变，引起振荡回路振荡频率 f 的改变，该频率的变化经鉴频器检出电压变化形式的遇目标信号。

幅度耦合式原理是引信极间电容不仅参与振荡，遇目标时使其振荡幅度下降，更主要的是起耦合作用，即把振荡回路的振荡信号耦合给检波器。引信遇目标时，极间等效电容发生变化，导致分压耦合阻抗比改变，进而使检波输出产生规律性的变化，检测出遇目标信号。

本节采用的是幅度耦合式探测模式。依据上述探测电极的设计思想，实现该引信定向探测的探测电路原理框图如图 10-2 所示。它由电源、稳压电路、振荡电路、探测电极阵列、检波电路五部分组成。

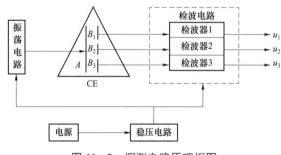

图 10-2　探测电路原理框图

基本原理是：振荡电路产生一个频率稳定且高振幅（满足灵敏度的要求）的正弦波信号加给引信电极 A，经电极 A、B_i（$i=1, 2, 3$）间的固有结构电容与电极 B_i，同弹体间的固有结构电容的分压耦合，在电极 B_i 上产生一个频率不变而幅度大大衰减了的正弦波信号。这个信号分别经第 i 个检波器进行检波，输出一个稳定的检波电压 u_{oi}，遇目标时，引信依据 B_i 离目标距离的远近产生不同的检波电压变化量 Δu_i（$i=1, 2, 3$），即为一簇检波输出的遇目标信号，该信号送信号处理电路进行识别即可完成遇目标时的目标定向识别功能。

10.2.1　振荡电路设计

振荡器是一种能自动将直流电能转换为交流电能的能量转换电路，它能产生一定频率、一定波形和一定振幅的交流信号。除直流电容引信外，电容近炸引信探测器都需要振荡器，以使探测器在电极两端建立起交变的准静电场，通过遇目标时引起电极间的电容变化量使探测输出端输出有用信号电压。

一般来说，不同模式的探测器（如调频式、幅度耦合式和电桥式等）选用的振荡器的形式也不相同。由于引信受其外形尺寸的限制，电极不可能做得太大，同时要提高定距精度必须提高引信探测灵敏度，这要求提高振荡器输出正弦波形的幅度。因为幅度耦合式电容引信是通过弹目接近过程中电极间耦合电容阻抗的改变来反映目标信号特征的，所以对振荡器输出波形的频率稳定度也有较高要求。为了满足上述条件，振荡器通常选用电容三点式振荡电路的改进形式——克拉泼振荡器，共集电极的克拉泼振荡电路及其交流等效电路分别如图 10-3 和图 10-4 所示。它具有波形好、易起振、频率稳定度好等优点，另外它保证了电路起振的振幅条件和回路电感量的相对稳定性。

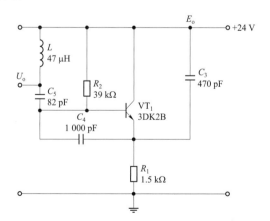

图 10-3　共集电极的克拉泼振荡电路
VT$_1$—振荡管；R_1—VT$_1$ 的发射极偏置电阻；
R_2—VT$_1$ 的基极偏置电阻；C_5—克拉泼电容；L—振荡电感

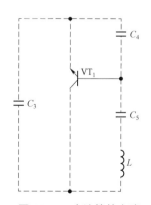

图 10-4　交流等效电路
注：C_3、C_4 与 L、C_5 共同组成振荡回路
（$C_5 \ll C_3$、C_4）

一般的 LC 振荡器，其频率稳定度在 10^{-3} 量级，而克拉泼振荡器通过减弱晶体管与振荡回路的耦合，频率稳定度可达 $10^{-4} \sim 10^{-5}$ 量级。在对共集、共基、共射三种形式的克拉泼振荡器进行分析与调试后，决定采用共集电极的克拉泼振荡器。因为共集放大电路的电压放大倍数虽然等于 1，但它的电流放大倍数大，而且其输入阻抗大，输出阻抗小，具有很强的带负载能力。最主要的是它使振荡器谐振后可显著提高电极两端的振荡幅度，使幅度足够高，足以满足引信提高探测灵敏度的要求。

1. 振荡频率 f 的确定

振荡电路的工作频率 f 是振荡电路的一个重要参量，对于图 10-4 的振荡回路工作频率 f 应满足

$$f = \frac{1}{\sqrt{\dfrac{L}{1/C_3 + 1/C_4 + 1/C_5}}} \qquad (10-1)$$

若 $C_5 \ll C_3$、C_4，

$$f = \frac{1}{2\pi\sqrt{LC_5}} \qquad (10-2)$$

对于克拉泼振荡器，克拉泼电容 C_5 应远小于 C_3、C_4，因为这样 C_3、C_4 对频率的影响就小，小于与 C_3、C_4 并联的晶体管分布电容对频率的影响，因而具有较高的频率稳定度。

为了保证振荡管能正常工作，通常要求它具有较高的灵敏度和较高的频率稳定度，故频率的选择应尽量高些。

电容近炸引信应工作在静电场或准静电场，根据电磁场理论，一般电磁场均可分为三个区，即近场区、中间场区、远场区，其中满足 $r \ll \lambda/2\pi$ 条件的才是电磁场的近场区，即静电场区。此时，电容近炸引信的场强按 r^3 衰减，其工作波长 λ 与引信最远作用距离 h_{max} 的关系应满足：

$$\lambda \gg 2\pi h_{max} \qquad (10-3)$$

式中　　$\lambda = c/f$ ——c 为电磁波在真空中的传播速度；

　　　　h_{max} ——量纲为 m。

由于电容引信的作用距离通常在 2 m 以内，则将最远作用距离选为 2 m。为使引信可靠工作在静电场，将式（10-3）中的 "$\gg$" 以 10 倍取代，则 $\lambda \approx 2\pi \times 2 \times 10 = 125$（m）。所以，$f = c/\lambda = (3 \times 10^8)/125 = 2.4$（MHz）。经调试确定工作频率 $f = 2.5$ MHz。

2. 振荡回路其他参数的选择

振荡回路是一非线性反馈回路，要进行严格的定量计算难度较大，因此采用定性分析、定量估计、辅助计算与实验调整相结合的方法。

前面已选定振荡回路的工作频率 $f = 2.5$ MHz，同时考虑到尽量减少结构电容的影响及调试时的方便，将克拉泼电容定在 80 pF 左右。则由式（10-2）可得

$$L = \frac{1}{(2\pi f)^2 C_5} = 50 \, \mu H \qquad\qquad (10-4)$$

通过调试并靠元器件标准选定：$C_5 = 82 \, pF$；$L = 47 \, \mu H$。

实际电路调试中，应注意的是电感的品质因数 Q 值的高低对振荡幅度影响很大，为尽量减少振荡回路损耗以保证足够高的振荡幅度要求电感 Q 值在 110 以上。

为了不使振荡波形产生非线性失真，且又能保证振荡幅度随温度变化尽量小，选择谐振电路的反馈系数 $F = 0.5$（$F = C_3 / C_4$，F 一般为 $0.125 \sim 0.5$）。为消除三极管结电容的影响，C_3、C_4 应尽量选大些，但电容越大其高低温下产生的变化 ΔC_3、ΔC_4 不是太大，同时不能使三极管集电极和发射极间阻抗太小，以保证振荡幅度足够高，取 $C_3 \approx 500 \, pF$，则 $C_4 = C_3 / F = 500 / 0.5 = 1\,000 \, pF$。

经调试并靠近标准选定：$C_3 = 470 \, pF$；$C_4 = 1\,000 \, pF$。

3. 晶体管 VT_1 的选择

1）晶体管的选择标准

一般情况下，采用小功率管或场效应管都能满足功率方面的要求，因此选择晶体管时主要从满足工作频率和起振条件两方面来考虑。

（1）最高工作频率 f_m 或特征频率 f_T 要足够高。

一般要求晶体管的最高工作频率 f_m 应比振荡器的最高工作频率 f_h 高 3 倍以上。有时晶体管所标参量中未给出 f_m，但给出了特征频率 f_T，对 f_T 的要求是：$f_T \geqslant (2\sim10)f_h$。

本设计中，只要 $f_T > 25 \, MHz$ 的晶体管均可使振荡器起振，但是由于晶体管特征频率 f_T 越低，晶体管的分布电容及结电容越大，对振荡频率稳定度的影响越大，所以在实际选择时要使 f_T 尽量大一些。

（2）电流放大倍数 β 要适当。

由经验可知，通常只要选择 $\beta > 30$ 的晶体管就能起振。β 超过 100 的晶体管稳定性差，β 过小的晶体管不易起振，β 过大、过小皆不适宜。

（3）结电容要小。

晶体管的结电容构成了振荡回路电容的一部分，为提高振荡频率稳定度，希望结电容越小越好。

（4）晶体管的穿透电流要小。

穿透电流 I_{ceo} 大的晶体管，热稳定性不好，工作点随温度变化大，用于振荡器时，其振幅稳定性差，所以要求选用穿透电流尽可能小的晶体管。在这方面，硅管性能比锗管好。

根据以上的选用原则，为了减少分布电容的影响，并考虑到元件的通用性、经济性及对 P_{CM} 等参量的要求，现选用 3DK2B 型 NPN 硅外延平面开关三极管，其基本参数：特征频率 $f_T > 200 \, MHz$；集电极最大允许耗散功率 $P_{CM} = 200 \, mW$；集电极最大允许电

流 $I_{CM} = 30\ mA$；发射极开路时集电极—基极间的反向击穿电压 $V_{(BR)CBO} = 30\ V$；基极开路时集电极—发射极间的反向击穿电压 $V_{(BR)CEO} = 25\ V$。

为保证低温起振，实际应用中选择 $\beta > 50$，再考虑稳定性选 $\beta \in (50, 80)$。

2）静态工作点及偏置电路

静态工作点的选择是否合理，对振荡器的影响很大，振荡器的振幅平衡是利用晶体管的非线性特性来实现的，所以振荡器工作点的设置应当兼顾以下几点：

（1）为使电路开始建立振荡时有足够大的电压增益，静态集电极电流 I_{co} 不宜过小，即工作点应选得高些，一般选 $I_{co} = (0.5 \sim 4)\ mA$。

（2）为避免波形失真降低频率稳定度，工作点应选得适当低些，以便三极管起振后容易进入截止区。同时要求振荡回路有足够高的有载 Q 值。

（3）保证低温 $-50\ ℃$ 正常起振，并且振幅不会出现大幅度下降，应增大集电极工作电流不小于 $10\ mA$。

（4）受引信体积限制，尽量减少元器件，以节省空间。

综合以上几点，设计中采用晶体管基极、发射极各用一偏置电阻的电压负反馈形式的偏置电路。各偏置元件具体参数计算如下文。

依据上述原则，设静态时振荡管的集电极电流 $I_{co} = 10\ mA$。取发射极电位 $V_{eo} \geqslant 0.5E_C$，取为 $15\ V$ 左右。依据图 10-3，有

$$R_1 = \frac{V_{eo}}{I_{co}} = \frac{15}{10} = 1.5\ (k\Omega)$$

为使可靠起振并留有余量，取管子的最小放大倍数 $\beta_{min} = 50$，由于选用的是硅管，所以 $V_{be} = 0.7\ V$。则

$$R_2 = \frac{E_C - (V_{eo} + V_{be})}{V_{eo} + V_{be}} R_1 \beta_{min} = \frac{24 - (15 + 0.7)}{(15 + 0.7)} \times 1.5 \times 50 = 39.6\ (k\Omega)$$

经电路调试并靠近标准选定：$R_1 = 1.5\ k\Omega$；$R_2 = 39\ k\Omega$。

将振荡电路接入示波器进行观察，测得其实际振荡频率为 $2.38\ MHz$，波形良好，工作稳定。最后测得 VT_1 的基极 b、发射极 e 的电压、电流数据如下：

静态时：$V_b = 16.9\ V$；$V_e = 16.1\ V$；$I_b = 0.2\ mA$；$I_e = 12.3\ mA$。

振荡时：$V_b = 12.4\ V$；$V_e = 14.5\ V$；$I_b = 0.3\ mA$；$I_e = 11.4\ mA$。

10.2.2　检波电路设计

振荡电路产生的振荡信号经探测器电极间的耦合分为 3 路，3 路信号中包含电容变化的信息，为了能把这一信息提取出来，需在后级电路中加入幅度检波电路。

一般情况下，对检波器要求检波 K_d（电压传输系数）要高，失真要小，输入电阻高以减小对前级的影响。

本电容目标方位探测系统设计中有 3 个完全相同的接收电极，相应的检波电路也有 3 路，并且要保证形式完全相同。在选择元器件时，相对应的元器件应尽可能相同，以保证检波输出所包含的目标方位信息不失真。

本节设计的检波电路如图 10-5 所示，是一种能自动钳位补偿的三极管检波器，它是将耦合电极间等效电容变化信息转化为电压信号的电路。为使检波效率提高，以提高引信探测灵敏度，采用具有放大作用的三极管检波，但三极管检波具有工作范围窄、温度适应性差等缺点。为了增强三极管检波的温度适应性，扩大其工作点工作范围，在检波管 VT_2 的基极与发射极两端之间并联一个钳位二极管 VD_1，它的作用是：由接收电极接收的正弦波信号加至检波管的基极，正半周时 VT_2 放大导通，给 C_6 充电；负半周时 VT_2 截止，C_6 通过 VD_1、R_4 放电，当 C_6 充/放电达

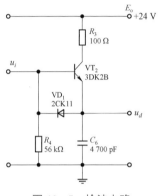

图 10-5　检波电路

到平衡时即建立起稳定的检波电压。由于将 VT_2 的 b-e 结反向并联一自动钳位二极管，当处于负半周时 VT_2 的基极电位最多只能比发射极电位（检波电压 u_d）低 0.6 V 左右，因此当高、低温振荡幅度发生较大变化时，正半周也能使得 VT_2 放大导通。换句话说，钳位二极管增强了检波器的温度适应性。

为了使检波电路结构简单，基极偏置与发射极负载共用一个电阻（R_4），C_6 为滤波电容。为满足通用性，选择 VT_2 与 VT_1 为同型号的晶体管（3DK2B），不同的是为提高检波效率和引信探测灵敏度选择 VT_2 的放大倍数 β_2 在 90～110。

由于集电极电阻 R_3 是一个负反馈电阻，它有助于检波电路稳定工作，但它不能选择过大，过大会损失检波电路灵敏度，所以选择 $R_3 = 100\ \Omega$；而经调试基极偏置与发射极负载共用电阻 $R_4 = 56\ k\Omega$。

按常规弹速，对于 2 m 的作用距离而言，由于引信遇目标时最短的持续作用时间只有 3 ms 左右，为使滤波电容 C_6 尽量不损失有用目标信息，应使 C_6 的放电时间常数 τ 满足 $\tau \ll 3$ ms，在忽略 VD_1 的正向电阻情况下，由 $\tau = R_4 C_6$ 推出，$R_4 C_6 \ll 3$ ms，将 C_6 靠近标称值选择 $C_6 = 4\ 700$ pF。则 $\tau = 56 \times 4\ 700 \approx 0.26$ (ms) $\ll 3$ ms，满足要求。

至此，检波电路的电路设计和参数选择完毕，实际应用中发现该电路具有以下优点：

（1）检波效率较二极管检波高，引信具有较高的灵敏度。

（2）该检波电路工作范围宽，跟随性好，使探测器有较强的温度适应性，在高、低温振荡器振幅发生变化时也能正常工作。

（3）电路稳定性好。

（4）所用元器件少，结构简单紧凑，节省空间。有利于减小引信体积。

10.2.3　稳压电路设计

在探测器中设置稳压电路有两方面考虑：一是引信一般采用物理或化学电池（如涡轮电极或热电池等）作为电源，而引信工作时这些电源电压的波动性将影响探测电路的可靠工作；二是探测器为幅度耦合式，对振荡幅度的稳定性要求很高，所以必须增设稳压电路，如图 10-6 所示。

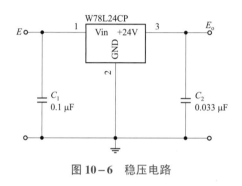

图 10-6　稳压电路

在选择集成稳压器时，应根据输出电流的大小选择适当的型号。输出电流小于 100 mA 时，可选用 W78L（或 W79L）系列，其中 W79 系列是负电源；输出电流小于 500 mA 时，可选用 W78M（或 W79M）系列；输出电流小于 1.5 A 时，可选用 W78（或 W79）系列。一般电容引信的工作电流并不大，大都低于 20 mA，同时考虑减少稳压电路体积，因而选用 W78L 系列的三端集成稳压器。针对一般导弹上电源可满足 30 V 供电的实际情况，现以稳压器的稳定输出电压 E_o=24 V 为例说明稳压电路的参量设计。对 20 V 左右的 W78L 系列稳压器稳定工作的必要条件是其输入电源电压 E 比输出电压 E_o 高至少 2.5 V，才能实现良好的稳压效果。因一般引信热电池输出电压 $E \in [28, 32]$ V，验证之：$E_{min} - E_o = 28 - 24 = 4\ V > 2.5\ V$，则满足稳压要求。

输入端接电容 C_1，是用来减小输入电压中的纹波，输出端接入电容 C_2 可以改善瞬态负载响应特性。因稳压电路的输出端直接与振荡器相连，所以应保证 $C_1 > C_2$，以使后边的高频部分能正常工作，阻抗不致太大。对于 W78L 系列的稳压器一般 C_1 选择 0.33 μF，C_2 选择 0.1 μF 左右。因为该电路输入的电源是直流电源且考虑到引信对电路体积的限制，所以将 C_1、C_2 选得适当小些。另外，电路输出与振荡器相接的 C_2 选得小些可省去高频旁路电容。若缩至其 1/3，则取 $C_1 = 0.1\ \mu F$，$C_2 = 0.033\ \mu F$。

将上述稳压电路、振荡电路及 3 路检波电路合成则可得到电容定方位探测电路，如图 10-7 所示。

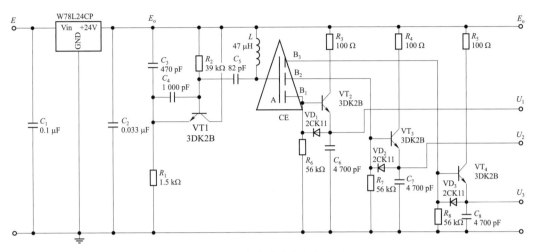

图 10 – 7　电容定方位探测电路

10.3　目标特性测试分析及定向目标识别准则的建立

要使后面的信号处理电路能够实现基于探测电路信号的目标定向识别，需要两个前提：① 弄清该探测电路的引信遇目标特性。② 依据该目标特性建立定向目标识别准则。

目标特性是指引信接近目标时，由电极形成的静电场电荷分布发生变化的规律，亦即指反映探测器极间等效电容 C_Σ 的变化规律，C_Σ 的变化规律是用检波电压的形式表示的。

在实验中，分别研究了双前电极及多接收电极阵列的电容引信在不同弹目交会条件下的目标特性，从中找出了电容近炸引信遇目标时的一般规律。并根据多接收电极阵列探测器的目标特性建立起定向目标识别准则，该准则从理论上可使电容近炸引信的目标方位识别精度不大于 30°。

通过研究引信的目标特性，可以对引信与目标不断接近过程中的相对位置、相对速度、作用距离或炸高等物理参量的变化有所了解，从而根据弹目交会过程中各种物理参量的变化，建立适合实际作战环境条件的各项准则和算法来实现最佳炸点控制和自适应实时起爆。目标特性对于在此讨论的具有定向目标识别功能的电容近炸引信而言，其作用更加明显，　因为一些能够判定目标具体方位的有关信息参量的变化规律通常都隐含在目标特性曲线中，必须通过深入分析有关的目标特性才能把这些规律性的信息提取出来。

10.3.1　双前电极电容探测器目标特性测试与分析

1. 测试条件

用接地铸铁板代替直升机、坦克等金属目标，铁板面积为 1 400 mm×1 000 mm，若模拟与坦克目标交会时的情形时，应使铁板面积与坦克的底板大小差不多，但在现有条件下只能选择与之相近的。探测模式为传统的单极发射、单极接收，进行了三种弹目交会状态下的目标特性测试，弹目交会姿态分别为 0°、30°、90° 的三种落角，得出这三种弹目交会情况下的目标特性曲线，并针对曲线特征进行目标特性分析，得出与双前电极探测电路的探测方向图、探测灵敏度、检波电压随弹目距离变化等有关的几点结论。

2. 测试方法与结果

试验装置如图 10−8 所示，用铸铁板模拟目标，引信的发射电极安装在导弹头部轴心位置，正对铸铁板的中心，接收电极安装在距发射电极约 100 mm 处，弹体中心轴线分别与铸铁板平面成 0°、30°、90°，图中绘出的是夹角为 90° 的情况。实验时，引信固定不动，铸铁板由远处（间距 $h > 2.5$ m）沿其中心与引信发射电极中心连线向引信匀速靠近，现场记录下在不同距离时与引信电极相连的检波器的检波输出电压。基于上述方法对不同测试情况下得到的数据进行整理，每种情况下选出一组具有代表性的数据（见表 10−1）绘出其目标特性测试曲线，如图 10−9～10−11 所示。图中横坐标为引信发射电极到铸铁板中心的间距；纵坐标为检波电压相对无穷远（以 $h = 2.4$ m 代替）时下降的变化量。

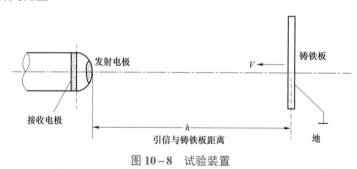

图 10−8　试验装置

表 10−1　由电容定向探测器获得的三种落角（θ）在不同弹目距离下的检波电压变化量

弹目距离 h/m	0° 落角		30° 落角		90° 落角	
	U/V	ΔU/mV	U/V	ΔU/mV	U/V	ΔU/mV
2.40	17.259	0	18.320	0	18.638	0
2.00	17.257	2	18.315	53	18.635	3
1.80	17.255	4	18.310	105	18.630	8

弹目距离 h /m	0° 落角		30° 落角		90° 落角	
	U/V	ΔU/mV	U/V	ΔU/mV	U/V	ΔU/mV
1.60	17.253	6	18.302	18	18.620	18
1.40	17.248	11	18.299	21	18.617	21
1.20	17.240	19	18.287	33	18.602	36
1.00	17.221	39	18.268	52	18.575	63
0.90	17.212	47	18.251	69	18.549	89
0.80	17.190	69	18.215	100	18.516	122
0.70	17.146	113	18.188	132	18.470	168
0.60	17.084	175	18.115	205	18.390	248
0.50	16.983	276	18.020	300	18.292	346
0.40	16.792	467	17.854	466	18.134	504
0.30	16.430	829	17.609	711	17.884	754

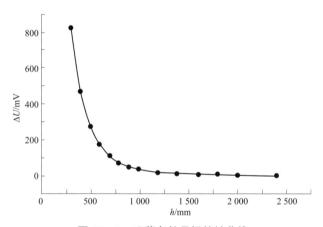

图 10-9　0° 落角的目标特性曲线

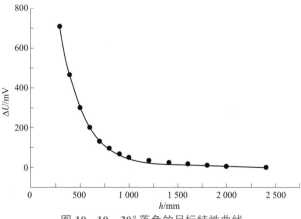

图 10-10　30° 落角的目标特性曲线

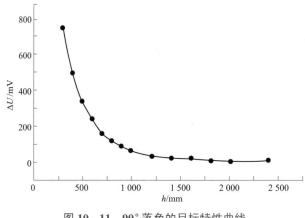

图 10−11　90°落角的目标特性曲线

为了便于综合比较三种不同弹目交会状态下的目标特性曲线，绘出图 10−12 的对比曲线。

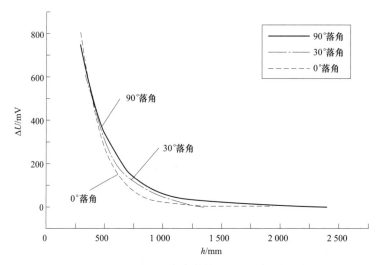

图 10−12　三种弹目交会角情况下的目标特性曲线

3. 测试数据分析

当导弹和目标渐渐接近时，由于导弹周围的准静电场发生变化，弹目间距有了感应电容，产生电容变化量ΔC，在实际应用中，这个电容变化量是由检波电压的变化来体现的。观察前面的几组曲线可得出以下几点有益结论：

（1）不同落角意味着弹目交会姿态不同，因而两电极之间产生的电容变化量ΔC大小也不相同，但是从图 10−12 可看出，即使引信从不同的方向向目标靠近时，其目标特性曲线的形状也很相近，差别不大，变化规律也趋于一致。即在不同的落角处，双前电极电容引信具有相等的探测能力，从而用实验方法验证了探测器的方向性具有对称于弹轴的各向同性特征。也即，电容引信的探测方向图为一近似球形。

（2）经折算在引信的轴向作用距离内（坐标横轴 1 000 mm 内）检波电压变化量的绝对值基本符合与弹目距离的三次方成反比的规律。

（3）引信的不同弹目交会姿态（不同等效遇靶落角）下，其垂直炸高的散布不超过 10 cm。

（4）三种交会姿态灵敏度稍有不同，其中 90° 最大，0° 最小。

此外，利用电容引信的目标特性曲线还可以近似确定引信作用距离。从不同落角时的目标特性曲线可看出，当弹目距离 $h<1\ 200$ mm 时，检波输出电压变化很快，曲线斜率增大，曲线陡直，因而可以根据目标特性曲线的变化规律把炸高确定在 1 m 左右。这只是一种粗略的方法，若想精确确定炸高，还有待于更进一步的研究。

10.3.2　多接收电极阵列目标特性测试及分析

1. 测试方法

利用 10.2 节讨论的探测电路（如图 10-7 所示）及图 10-8 所示的试验装置，进行了几种弹目交会条件下的目标特性测试，不同的是，图 10-8 中的双前电极的探测模式被 1 个发射电极、3 个接收电极代替。3 个接收电极的位置如图 10-13 所示，它们分别代表了弹目接近过程中的两种典型交会状态，即目标恰好正对某一接收电极的情况和目标处于两接收电极之间进行交会的情况。其他的弹目接近方式都介于这两者之间，因此主要讨论这两种典型情况，再从典型推及一般，从中寻求实现定向目标识别的必要准则。

2. 试验结果

（1）引信如图 10-13（a）（方式一）放置时，3 路检波输出电压及其变化量参见表 10-2。表中 ΔU_1、ΔU_2、ΔU_3 分别表示 3 个检波支路当前的检波电压（U_1、U_2、U_3）

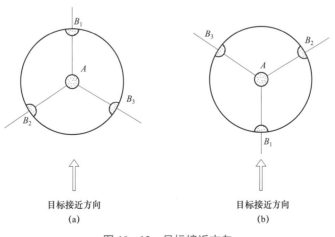

图 10-13　目标接近方向

（a）方式一；（b）方式二

与弹目相距无穷远时的检波输出电压 $U_{1\infty}$、$U_{2\infty}$、$U_{3\infty}$差值的绝对值。因为从无穷远处至 2 m 左右，检波输出变化很小，所以用间距 $h=2.6$ m 时的检波输出代替无穷远时的值。根据表 10-2 中的数据，做出以方式一［见图 10-13（a）］进行弹目交会时的目标特性曲线，如图 10-14 所示。因为目标处于电极 B_2、B_3 之间向引信接近，离 B_1 电极相对较远，从理论分析可以知道，弹目距离有一个较小的变化即能引起静电场的场强发生明显变化，所以 B_1 电极所对应的检波输出电压最小。$\Delta \bar{U}$ 为 3 路检波输出电压的平均值。

表 10-2　方式一的 3 路检波输出电压及其变化量

弹目距离/m	B_1 检波输出		B_2 检波输出		B_3 检波输出	
	U_1/V	ΔU_1/mV	U_2/V	ΔU_2/mV	U_3/V	ΔU_3/mV
2.6	17.823	—	18.490	—	18.987	—
2.2	17.823	0	18.490	0	18.986	1
1.8	17.822	1	18.486	4	18.984	3
1.6	17.819	4	18.476	10	18.980	7
1.4	17.811	12	18.464	26	18.965	22
1.2	17.806	17	18.430	60	18.928	59
1.0	17.799	24	18.350	140	18.852	135
0.8	17.789	34	18.178	312	18.680	307
0.7	17.763	60	18.011	479	18.513	474

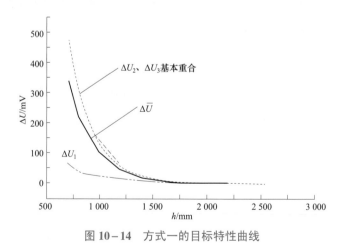

图 10-14　方式一的目标特性曲线

（2）引信如图 10-13（b）（方式二）放置时，3 路检波输出电压及其变化量参见表 10-3。

表 10-3　方式二的 3 路检波输出电压及其变化量

弹目距离/m	B_1 检波输出		B_2 检波输出		B_3 检波输出	
	U_1/V	ΔU_1/mV	U_2/V	ΔU_2/mV	U_3/V	ΔU_3/mV
2.6	17.298	—	18.040	—	18.070	—
2.2	17.290	8	18.036	4	18.070	0
1.8	17.286	12	18.030	10	18.065	5
1.6	17.274	24	18.029	11	18.059	11
1.4	17.269	29	18.028	12	18.052	18
1.2	17.257	41	18.024	16	18.050	20
1.0	17.215	83	18.000	40	18.031	39
0.8	17.073	225	17.949	91	17.987	83
0.7	16.930	368	17.884	156	17.924	146

由表 10-3 数据绘出的目标特性曲线如图 10-15 所示。

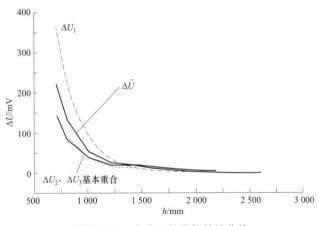

图 10-15　方式二的目标特性曲线

理论上讲，图 10-14 中的 ΔU_2 和 ΔU_3，以及图 10-15 中的 ΔU_2 和 ΔU_3 都应完全重合，之所以有些差异是因为 3 路检波器灵敏度不完全相等，且遇目标的物理几何特性相对于它的方位中心线不严格对称。

3. 数据分析

观察以上两组曲线，总结出以下特点：

（1）当弹目距离 $h > 2\ 600$ mm 时，3 路检波输出电压大致保持为一定值，没有增大或减小的趋势，变化率为 0。

（2）当 $1\ 200$ mm $< h < 2\ 600$ mm 时，3 路检波输出电压都有减小的趋势，但变化率

都不大，曲线较平缓。

（3）当间距 $h<1\ 200$ mm 时，3 路检波输出电压变化都很快，变化率增大，曲线陡直。

（4）相对越靠近目标（铸铁板）的接收电极，其输出电压的变化越明显，变化率越大。

由此可得以下两个结论：

（1）3 路检波输出电压的变化与弹目距离存在一定关系，其大小随弹目距离减小而增大，即基本符合前面分析的与弹目间距的三次方成反比的规律，但却不是一一对应的线性关系。

（2）3 个电极检波输出电压各不相同，同目标与接收电极的相对位置有关，两者越靠近，变化率越大。

从上面两种典型情况的实验分析可知，检波输出电压变化率的大小包含弹目距离和弹目相对位置信息。通过分析这两种典型的弹目交会状态，比较 3 路检波输出信号之间的关系，可以寻求实现定向目标识别的判定准则。

10.3.3　目标方位判定准则的建立

为了能够准确地判别目标方位，实现电容引信对目标的定向探测，首先应寻求在任意目标方位进行弹目交会时探测器 3 路检波电压的变化规律，通过其中所隐含的反映目标信息变化参量的比较、运算来判定目标所处的具体方位。

设弹目相距无穷远时检波输出电压为 U_∞，弹目接近过程中，两者相距某一位置时检波输出电压为 U_h，令检波电压变化量 $\Delta U=|U_\infty-U_h|$，则 ΔU 是弹目距离 h 的函数，又因为弹目接近的速度非常快，在弹目相距较远时，可视为目标在做匀速直线运动，所以 ΔU 也是时间 t 的函数，每隔一段很短时间间隔就对检波输出电压 U_h 取样一次，与 U_∞ 相减可得出一系列与时间 t 有关的不同 ΔU 值，其变化规律与检波输出电压变化率一致。参照前面对数据的分析，仅通过对 3 路检波电压变化率的比较即可提取到目标所在方位的信息。

由于 3 个接收电极为轴对称设置，只讨论目标处于从 B_1 电极开始逆时针旋转 $60°$角以内区域 D 的情况就足够了，其他情况均可由这一分析推及。具体如图 10-16（a）所示。

B_1、B_2、B_3 分别为 3 个接收电极，安置在弹体侧面。设其对应的 3 路检波输出电压变化量的绝对值分别为 ΔU_1、ΔU_2、ΔU_3，依据电容探测器的遇目标特性可知，当目标的方位中心落入 D 区域内时必有：$\Delta U_1>\Delta U_2>\Delta U_3$。

满足这一不等式是在目标的物理特性及几何特性严格对称于它的方位中心线这一假设下为前提的，且不考虑目标方位中心线于 D 域边界重合时的情形。

为了进一步确定目标方位中心线究竟落入 D 域内的哪个部位，再将图 10-16（a）

中 D 分为 D_1、D_2 两个半区，并令 $\Delta\bar{U}=\dfrac{1}{3}\sum_{i=1}^{3}\Delta U_i$，则

（1）当目标方位中心线处于 D_1 半区时，必有 $\Delta U_2 < \Delta\bar{U}$。

（2）反之，当目标方位中心线处于 D_2 半区时，必有 $\Delta U_2 > \Delta\bar{U}$。

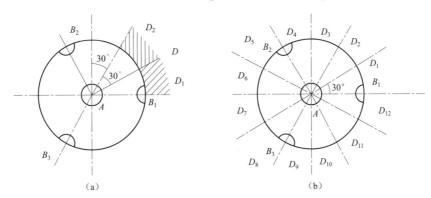

图 10-16　方位分布

（a）示意图一；（b）示意图二

因此，可得当目标方位中心线 $\overline{OL}$ 处于 D 区域时的方位判别准则为

$$\left.\begin{array}{l}\Delta U_1 > \Delta U_2 > \Delta U_3 \\ \Delta U_2 < \Delta\bar{U}\end{array}\right\}\overline{OL}\in D_1 \qquad (10-5)$$

$$\left.\begin{array}{l}\Delta U_1 > \Delta U_2 > \Delta U_3 \\ \Delta U_2 > \Delta\bar{U}\end{array}\right\}\overline{OL}\in D_2 \qquad (10-6)$$

同理，依据对称性原则，若将垂直于弹轴的平面每隔 $30°$ 均匀划分为 12 个区域 D_i（$i=1\sim12$），如图 10-16（b）所示，则目标方位中心线落入每一区域 D_i 内的判别准则一览表如表 10-4 所示。

表 10-4　目标方位判定准则一览表

目标方位区域	准则 1	准则 2
D_1	$\Delta U_1 > \Delta U_2 > \Delta U_3$	$\Delta U_2 < \Delta\bar{U}$
D_2		$\Delta U_2 > \Delta\bar{U}$
D_3	$\Delta U_2 > \Delta U_1 > \Delta U_3$	$\Delta U_1 > \Delta\bar{U}$
D_4		$\Delta U_1 < \Delta\bar{U}$
D_5	$\Delta U_2 > \Delta U_3 > \Delta U_1$	$\Delta U_3 < \Delta\bar{U}$
D_6		$\Delta U_3 > \Delta\bar{U}$
D_7	$\Delta U_3 > \Delta U_2 > \Delta U_1$	$\Delta U_2 > \Delta\bar{U}$
D_8		$\Delta U_2 < \Delta\bar{U}$

目标方位区域	准则 1	准则 2
D_9	$\Delta U_3 > \Delta U_1 > \Delta U_2$	$\Delta U_1 < \Delta \bar{U}$
D_{10}		$\Delta U_1 > \Delta \bar{U}$
D_{11}	$\Delta U_1 > \Delta U_3 > \Delta U_2$	$\Delta U_3 > \Delta \bar{U}$
D_{12}		$\Delta U_3 < \Delta \bar{U}$

依表 10-4 所列的判别准则，引信可凭 3 路检波电压变化量的不同将目标中心方位确定在 30° 范围的区域内。若对目标特性做进一步探讨，利用 ΔU_i 之间的差值信息建立目标方位判定准则 3，则引信能将目标方位中心确定在 15° 范围的区域内，这可为具有精确定向起爆功能的战斗部提供技术前提。对于配有该种电容探测器的定向战斗部而言，能显著提高弹药的引战配合效率和对目标的毁伤概率。

通过分析以上两种弹目交会的典型情况，找到了如何利用检波输出电压关系来确定目标方位的方法。需要指出的是，利用归纳出的目标判定准则确定的目标方位是一个范围，而考虑到实际情况，设目标是理想轴对称的，假如目标处于区域 D 的中心接近引信，即目标中心线正对 D_1、D_2 的分界线时 [如图 10-16（a）所示]，该如何确定目标此时的方位呢？抑或目标处于区域 D 内但十分靠近 D_2、D_3 的分界线，此时 B_1、B_2 两个电极几乎不能区分其中的差异，又该如何确定目标方位呢？而目标若不是理想对称情况时，在两区域的交界处也存在同样的问题，这就是所谓的边界条件问题。在处理边界条件问题时，上面归纳的判定准则是否还适宜呢？

经过分析认为，对于目标中心介于两区域的交界处时，依据上述判定准则所确定的目标方位依然可满足定向起爆战斗部的实际应用范围，因为 D_i、D_{i-1}（或 D_{i+1}）区域的方位角最大相差 30°。同样以图 10-16（a）中的 D_1、D_2 为例，如目标中心线正对区域边界时，既可以认为目标处于区域 D_1，也可认为目标处于区域 D_2，其他目标对称或不对称的情形亦可这样认为。因为无论在何种情形下，目标中心线相对于两区域边界的偏差都不会超过几度。对于现有的定向战斗部系统来说，破片的定向飞散角能控制在 30°～60°，则大部分破片能量集中在大于 60° 的锥形区域内。所以，无论认为目标是在哪一个区域内，总处于定向战斗部的主杀伤区，对于目标同样具有致命打击能力。即使战斗部的破片飞散角能发展到控制在 45° 的锥形区域内，仍大于 30°，也能把目标包围在其动态杀伤区。综上所述，在目标处在边界情况时，同样可用上面归纳的判定准则，只是此时可认为有两种结果，但均不影响后面的定向战斗部对目标的有效杀伤。

10.4　定向识别信号处理电路设计

10.4.1　基本方案

既要进行多路检波信号的对比与判别，又要满足信号处理的实时性要求，采用传统的模拟电路的信号处理方法难度较大，因此可采用以单片机为信号处理中心单元的技术途径。本节设计的定向识别信号处理电路原理框图如图 10-17 所示。方法为：首先将多电极电容探测器探测到的 3 路检波信号反馈至信号预处理电路进行电平调整，以适应单片机的工作电压范围和幅度变化范围。然后将处理后的检波电压信号进行模/数（A/D）转换，将转换后的数字信号反馈给由单片机构成的 DSP 信号处理单元进行目标方位中心的定向识别。最后进行精确炸点判别，控制起爆。

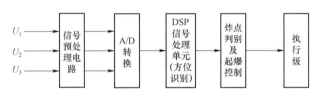

图 10-17　定向识别信号处理电路原理框图

本节讨论的电容近炸引信可用于对装甲或飞机目标进行方位识别，若该电容引信用于攻击坦克目标时，弹目交会速度不快，使用常用的 ADC0809 作为 A/D 转换器即可满足要求；若攻击运动速度较高的目标时，则需选择转换速度高的 A/D 转换器。对于一般弹速为 300 m/s 的情况，若作用距离为 1 m，则作用时间为 3 ms，对于实际应用系统通常要求精度要提高一个数量级，因而实际信号处理时间为 0.3 ms。弹目以很高速度交会过程中，仅仅根据一次数据处理即断定目标具体方位是不可靠的，至少应处理 10 个点以上，才能排除干扰信号，确定是否为正确的目标信号。如果以 10 个点计算，则进行一次数据处理的时间不应超过 0.03 ms，这就要求选择 A/D 转换器时要考虑到转换时间应小于 30 μs。

因为影响系统速度的一个主要因素是 A/D 转换器的转换速度，考虑实际的应用环境条件，选择了两种不同的信号处理电路。一是用多路转换器 ADC0809 作为 A/D 转换器，如果只是对电容引信的定向目标识别做一些原理性研究，可用这种电路作为实验电路；考虑实际的应用环境，若弹目以极高速度接近时，此时要求信号处理电路能迅速对此做出反应，因而应选择转换速度快、转换精度高的 A/D 转换器，以适应速度和精度要求。在此选择了具有广泛应用背景的 AD574A 作为 A/D 转换器，随着 A/D 转换器性能的不断改进和发展，真正用于弹上的 A/D 转换器还可以选择转换速度更高的新型号。由于 ADC0809 和 AD574A 的结构和应用条件不同，造成各自外围电路和相应软件设计也存在诸多差异。建议工程应用中基于新器件，进行针对性设计。

10.4.2 电路总图

为了对电容目标定向探测的信号处理电路有一个整体的认识，给出本节设计的该部分电路总图，如图 10-18 所示。

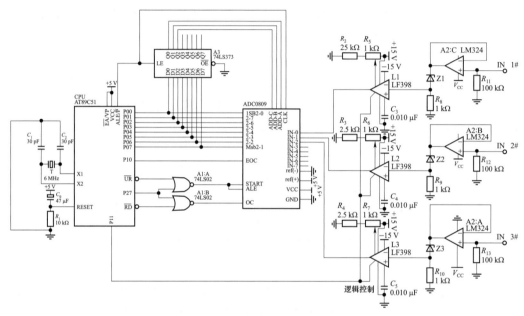

图 10-18　定向探测的信号处理电路

10.5　定向识别信号处理软件设计

硬件逻辑编程在实现目标定向识别时，主要是根据图 10-19 的程序设计逻辑框图中所要求的功能，最终判别目标所处的方位区域。

当弹上供电开始后，控制器启动，系统复位后开始执行程序。首先程序对控制器各寄存器状态进行初始化。因为判定准则是利用 3 个探测电极间电容变化量（检波电压变化量）的差值和平均值关系来确定目标方位的，而该检波电压变化量是指探测到目标对准静电场造成扰动后某一时刻的检波输出电压与静态时检波电压的差值，所以必须先对静态时的 3 路检波输出电压进行采样和 A/D 转换，转换后的数字量被保存在数据存储区内。

弹目交会过程中，控制器对 3 路检波输出电压信号不停地轮流采样，采样后的数据送入 A/D 转换器对应的 3 个通道进行 A/D 转换，这一功能是由 A/D 转换子程序完

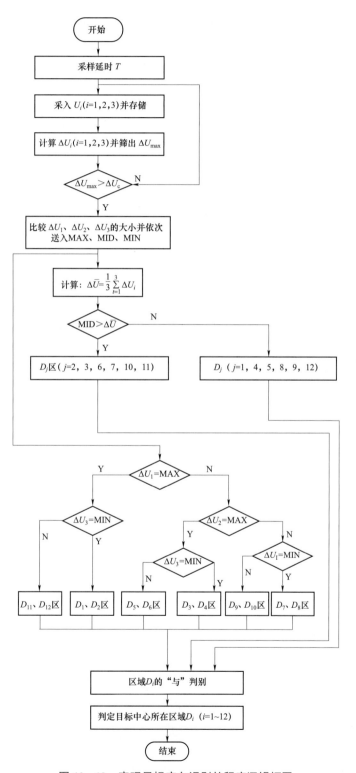

图 10-19　实现目标定向识别的程序逻辑框图

成的。经过处理后的数字量形式的检波电压与所得的基准电平比较，达到一定范围后，即可认为是所需的信号电平值。若信号电平未达到一定值，则重新进行采样和 A/D 转换，直到满足基准电平条件。

利用满足条件的检波电压数字输出量即可进行计算判断目标方位，在此用几个子程序模块完成比较判别。首先比较检波电压变化量ΔU_1、ΔU_2、ΔU_3 的大小并分别把 MAX、MIN 和 MID 赋值给它们，由各分支程序判断 3 个数之间的关系。比如，设定 3 个接收电极是按逆时针方向排列，同时按逆时针把弹轴周围空间分为 12 个区域，依次为 D_1、D_2、D_3、$\cdots$、D_{12}。若ΔU_1 为最大值，则只需判断ΔU_3 是否为最小值，当ΔU_3 为最小值时，根据 10.3 节总结的目标定向识别准则可知，目标必定出现在电极 B_1 和 B_2 之间并在靠近电极 B_1 的 60° 内，即可能处于 D_1、D_2 两区的任意一区。同理，可以对ΔU_1 不为最大值的情况进行判断，这样根据 3 路检波电压变化量的差值大小关系即可把目标范围确定在 60° 区域内，把依逆时针排列的 6 个区域分别用数字 1～6 表示，保存在数据存储区内。

把目标方位确定在 60° 范围后，其探测精度还不甚精确，若想得到更精确的目标方位，还需对检波电压变化的平均值信息进行计算，才能达到之前提出的探测精度不大于 30° 的要求。在软件设计中，通过子程序来实现，首先把 3 个检波输出电压求平均值，$\Delta \bar{U} = \frac{1}{3} \sum_{i=1}^{3} \Delta U_i$，计算均值与 3 个检波电压中间值的差值，有大于和小于两种情况（完全相等的情况出现概率极小，被涵盖其中）。如果 MID $> \Delta \bar{U}$，那么，目标可能处于 D_2、D_3、D_6、D_7、D_{10} 或 D_{11} 中的一个；反之，目标会出现在 D_1、D_4、D_5、D_8、D_9 或 D_{12} 中的一个，对这两种情况和前面判别出的 6 个区域进行逻辑"与"运算，即可确定目标中心所在区域 D_i（$i = 1, 2, \cdots, 12$）。把分成的 12 个区域分别用数字 1～12 代表，存入某一数据寄存器，如果确定了目标中心位于区域 D_3，则在数据寄存器中写入数字 3，用同样的方法可以处理其他情况。目标方位区域确定后，即可供后面的定向起爆战斗部使用。至此，在程序编制中，利用 3 路检波电压变化量的差值和均值信息即可精确确定目标方位，其方位探测精度小于 30°。

10.6　电容定向探测技术在智能雷弹引信中的应用

电容定向目标探测技术，不仅可应用于具有定向聚能的常规弹药引信中，而且可应用于某些特殊战斗背景下的非常规弹药引信。智能雷弹引信就是其中之一。

20 世纪 80 年代初期，美国研制了一种新型弹药，称之为智能雷弹。这种雷弹，由口径 155 毫米的重炮发射，具有一弹两用的特点。如目标区域有敌方坦克等装甲车辆，它就作为制导炮弹攻击此类装甲目标；若战区无合适的攻击目标，该种雷弹落到地面上，对坦克等装甲目标守株待兔，等敌方坦克等装甲目标从其上面掠过时起到反底甲地雷的作用。

20 世纪 90 年代中后期我国也开展了智能雷弹技术研究。由于智能雷弹引信多采用声或磁探测体制，存在当坦克正面靠近它尚离其一定距离（此时坦克底部尚未置于其上方）或从其旁边驶过时，雷就爆炸。由于坦克前面、侧面防御能力远强于底部，对坦克并无大碍，但雷早炸使雷群的战斗储力大大削弱。不能有效起到区域封锁的作用。为了解决智能雷提前炸的技术瓶颈，作者团队依托所承担的预研基金项目将电容定向目标探测技术应用于了智能雷弹引信上，有效解决了该问题。

本团队设计的智能雷弹电容引信原理样机模型如图 10-20 所示。其基本原理是，当智能雷被炮射布撒落地后，靠力学原理智能雷的 6 个支撑腿（间隔 60°均布）及 3 个探测器接收电极（间隔 120°均布）均自动解除束缚，在地面展开呈图中所示状，静守待战。当坦克等导体目标逼近或从其侧面经过时，3 个接收电极因离目标距离明显不同，各自对应的检波电压变化量必然差异较大（其最大、最小差值满足大于既定起爆阈值），不能满足起爆条件，故引信不启动不作用，战力保存。只有当坦克车底全部盖过 3 个接收电极，使得 3 个接收电极对应的检波电压变化量大致相当（其最大、最小差值满足小于既定起爆阈值）时，引信起爆。起爆阈值的确定基于起爆判断准则，它由坦克车底对 3 个电极全覆盖时的目标特性确定。

图 10-20　智能雷弹电容引信原理样机模型

该智能雷弹电容引信原理样机在国营惠丰机械厂靶场经动态坦克测试，靶试成功。靶试样品 3 枚，全部作用正常。当 T69 式坦克从雷边经过时，即使坦克链轨触碰到其中一个接收电极，雷也安全不启动，当坦克从雷正上方掠过、待底甲全覆盖过 3 个接收电极时，引信起爆，高速摄影机均捕捉到了引信执行级发火指示药包的火苗及黑烟。

本 章 小 结

  本章在第 4 章分析电容近炸引信探测方向性特征基础上，对利用按不同方位分布的电极阵列来实现目标定向探测进行了理论分析。以提高目标方位识别精度进而提高炸点控制精度为目的，讨论了易于其实现目标方位探测的探测电路模式、电极结构与分布方式。选择幅度耦合式电容探测模式，采用方位均布的多接收电极阵列获取目标方位信息，设计了典型目标方位探测电路。利用多路检波信号及其平均值实现了精确定距。在目标特性测试分析基础上，建立了定向目标信号识别准则，并给出了其信号处理方法，设计了定方位识别电路，实现了精确定方位及起爆控制。此外，还阐述了将电容定向探测技术应用于智能雷弹引信的原理与方法。

参 考 文 献

[1] 邓甲昊. 目标探测基本属性与广义目标探测方程 [J]. 科技导报, 2005, 23 (8): 38-41.

[2] 邓甲昊. 电容近程目标深测技术理论研究 [D]. 北京: 北京理工大学, 1998.

[3] DENG J H, SHI J S. An analysis on mechanism governing the effect of bomb length upon the sensitivity of detection of a capacitance fuze[J]. Journal of Beijing institute of technology, 1994, 3 (1): 43-51.

[4] DENG J H, ZHOU Y, CHENG S H, et al. A temperature-autocompensated detecting circuit for the capacitance fuze [J]. Journal of Beijing institute of technology, 1993, 2 (1): 74-82.

[5] DENG J H, SHI J S. The reliability design of a kind of multioption fuze [J]. Journal of Beijing institute of technology, 1996, 5 (2): 162-170.

[6] 邓甲昊, 赵玲, 白玉贤, 等. 电容近炸引信目标定方位探测技术途径研究 [J]. 探测与控制学报, 1997 (4): 26-33.

[7] 占银玉, 邓甲昊, 叶勇, 等. 基于复变函数法的准静电场电容分析与有限元仿真 [J]. 探测与控制学报, 2017 (1): 10-14.

[8] 邓甲昊, 詹毅, 施聚生. 电容探测器工作场区的理论分析 [J]. 探测与控制学报, 2000, 22 (2): 14-16.

[9] 邓甲昊, 赵玲. 电容近炸引信目标定向探测技术研究[J]. 北京理工大学学报, 1998 (2): 199-205.

[10] 邓甲昊, 周勇, 徐清泉. 耦合式电容探测器目标信号特征的理论分析 [J]. 北京理工大学学报, 1990 (3): 35-41.

[11] 邓甲昊, 周勇, 程受浩, 等. 稳定电容探测器静态输出的方法研究 [J]. 北京理工大学学报, 1993 (4): 504-510.

[12] 崔占忠, 宋世和, 徐立新. 近炸引信原理 [M]. 3版. 北京: 北京理工大学出版社, 2009.

[13] 钱显毅, 唐国兴. 传感器原理与检测技术 [M]. 北京: 机械工业出版社, 2015.

[14] 尹君, 邓甲昊, 王伟. 基于DSP的坦克顶装甲精确定距的研究 [J]. 北京理工大

学学报，2004，24（2）：158－161.

[15] 邓甲昊，李银林，施聚生. 电容近炸引信探测方向性研究 [J]. 北京理工大学学报，2000，20（2）：160－164.

[16] 叶勇. 基于平面电容传感器的运动目标近程检测技术 [D]. 北京：北京理工大学，2017.

[17] 王雨田. 控制论·信息论·系统科学与哲学 [M]. 2 版. 北京：中国人民大学出版社，1988.

[18] SHEN S M，YE Y，DENG J H. Research on high-speed object detection using a planar capacitive sensor [C]. International Conference on Machinery，Materials and Information Technology Applications，2015：1285－1290.

[19] ZHAN Y Y，DENG J H，YE Y，et al. Finite element simulation and capacitive analysis on coupling capacitor using complex variable method of quasi-electrostatic field [C]. IEEE International Conference on Mechatronics and Automation，2016：2360－2365.

[20] YE Y，DENG J H，SHEN S M，et al. A novel method for proximity detection of moving targets using a large-scale planar capacitive sensor system[J]. Sensors，2016，16（5）：699.

[21] DENG J H，ZHAN Y，SHI J S. Distributing characteristics of the charge on the Bomb body with capacitance fuze [J]. Journal of Beijing Institute of Technology，2000，9（3）：291－295.

[22] 李楠. 相邻电容传感器设计及 ECT 技术研究 [D]. 西安：西安电子科技大学，2010.

[23] NOLTINGK B E. A novel proximity gauge [J]. Journal of physics E：scientific instruments，2002，2（4）：356.

[24] SMITH J R. Field mice：extracting hand geometry from electric field measurements [J]. IBM systems journal，1996，35（3－4）：587－608.

[25] SMITH J，WHITE T，DODGE C，et al. Electric field sensing for graphical interfaces [J]. IEEE computer graphics & applications，1998，18（3）：54－60.

[26] HU X，YANG W. Planar capacitive sensors-designs and applications [J]. Sensor review，2010，30（1）：24－39.

[27] SIVAYOGAN T. Design and development of a contactless planar capacitive sensor [D]. Toronto：University of Toronto，2013.

[28] FASCHING G E，SMITH Jr N S. A capacitive system for three-dimensional imaging of fluidized beds [J]. Review of scientific instruments，1991，62（9）：2243－2251.

[29] YANG W Q. Modelling of capacitance tomography sensors [J]. IEE Proceedings-

science，measurement and technology，1997，144（5）：203－208.

［30］NOORALAHIYAN A Y，HOYLE B S. Three-component tomographic flow imaging using artificial neural network reconstruction［J］. Chemical engineering science，1997，52（13）：2139－2148.

［31］江鹏,彭黎辉,陆耿,等.基于贝叶斯理论的电容层析成像图像重建迭代算法[J].中国电机工程学报，2008，28（11）：65－71.

［32］王雷，王保良，冀海峰，等. 两相流检测 ECT 高速数据采集系统的研制［J］. 浙江大学学报：工学版，2002，36（5）：473－477.

［33］刘琳. 基于 LabVIEW 平台的 ECT 系统在气固两相流流动参数检测中应用研究［D］. 沈阳：东北大学，2009.

［34］YIN X，HUTCHINS D A. Non-destructive evaluation of composite materials using a capacitive imaging technique［J］. Composites part B：engineering，2012，43（3）：1282－1292.

［35］颜华，许含，刘丽钧. 介电常数分布对电容层析成像传感器灵敏度的影响［J］. 仪器仪表学报，2002，23（1）：45－48.

［36］CHEN D，HU X，YANG W. Design of a security screening system with a capacitance sensor matrix operating in single-electrode mode［J］. Measurement science and technology，2011，22（11）：114026.

［37］GUO R，TANG W，SHEN C，et al. High sensitivity and fast response graphene oxide capacitive humidity sensor with computer－aided design［J］. Computational materials science，2016，111：289－293.

［38］KIM Y，JUNG B，LEE H，et al. Capacitive humidity sensor design based on anodic aluminum oxide［J］. Sensors and actuators B：chemical，2009，141（2）：441－446.

［39］TRNQVIST，JOACIM. Non-contact high voltage measurements：modeling and on-site evaluation［D］. Swenden：Umea University，2012.

［40］BOBOWSKI J S，FERDOUS M S，JOHNSON T. Calibrated single-contact voltage sensor for high-voltage monitoring applications［J］. IEEE transactions on instrumentation & measurement，2015，64（4）：923－934.

［41］YU H，ZHANG L，SHEN M. Novel capacitive displacement sensor based on interlocking stator electrodes with sequential commutating excitation［J］. Sensors & actuators a physical，2015，230：94－101.

［42］MERDASSI A，YANG P，CHODAVARAPU V. A wafer level vacuum encapsulated capacitive accelerometer fabricated in an unmodified commercial MEMS process［J］. Sensors，2015，15（4）：7349－7359.

［43］ TANG J，GUO H，ZHAO M，et al. Highly stretchable electrodes on wrinkled polydimethylsiloxane substrates ［J］. Scientific reports，2015，5：16527.

［44］ BRAUN A. Application and validation of capacitive proximity sensing systems in smart environments ［J］. Journal of ambient intelligence and smart environments，2015，7（5）：693－694.

［45］ VELADI H，FROUNCHI J，DEHKHODA F. Capacitive proximity sensor design tool based on finite element analysis ［J］. Sensor review，2010，30（4）：297－304.

［46］ WANG D C，CHOU J C，WANG S M，et al. Application of a fringe capacitive sensor to small-distance measurement ［J］. Japanese journal of applied physics，2003，42（9A）：5816－5820.

［47］ ADDABBO T，FORT A，MUGNAINI M，et al. A heuristic reliable model for guarded capacitive sensors to measure displacements ［C］. Conference Record-IEEE Instrumentation and Measurement Technology Conference，2015：1488－1491.

［48］ HUANG Y，YUAN H，KAN W，et al. A flexible three-axial capacitive tactile sensor with multilayered dielectric for artificial skin applications ［J］. Microsystem technologies，2017，23（6）：1847－1852.

［49］ ELBUKEN C，GLAWDEL T，CHAN D，et al. Detection of microdroplet size and speed using capacitive sensors ［J］. Sensors & actuators a physical，2011，171（2）：55－62.

［50］ LIU X，PENG K，CHEN Z，et al. A new capacitive displacement sensor with nanometer accuracy and long range ［J］. IEEE sensors journal，2016，16（8）：2306－2316.

［51］ KIRCHNER N，LIU D，DISSANAYAKE G. Bridge maintenance robotic arm：capacitive sensor for obstacle ranging in particle laden air［C］. Proceedings of the 23rd ISARC，2006：596－601.

［52］ KIRCHNER N，HORDERN D，LIU D，et al. Capacitive sensor for object ranging and material type identification ［J］. Sensors & actuators a physical，2008，148（1）：96－104.

［53］ LI X B，LARSON S D，ZYUZIN A S，et al. Design principles for multichannel fringing electric field sensors ［J］. IEEE sensors journal，2006，6（2）：434－440.

［54］ GOODMAN D H. Aware surfaces：large-scale，surface-based sensing for new modes of data collection，analysis，and human interaction ［D］. Cambridge：Massachusetts Institute of Technology，2015.

［55］ THIELE S，DA SILVA M J，HAMPEL U. Capacitance planar array sensor for fast multiphase flow imaging［J］. IEEE sensors journal，2009，9（5）：533－540.

［56］ GROSSE PUPPENDAHL T. Capacitive sensing and communication for ubiquitous interaction and environmental perception［D］. Darmstadt：Technische Universität，2015.

［57］ NELSON A，SINGH G，ROBUCCI R，et al. Adaptive and personalized gesture recognition using textile capacitive sensor arrays［J］. IEEE transactions on multi-scale computing systems，2015，1（2）：62－75.

［58］ QIU S，HUANG Y，HE X，et al. A dual-mode proximity sensor with integrated capacitive and temperature sensing units［J］. Measurement science and technology，2015，26：105101.

［59］ LEE H K，CHANG S I，YOON E. Dual-mode capacitive proximity sensor for robot application：implementation of tactile and proximity sensing capability on a single polymer platform using shared electrodes［J］. IEEE sensors journal，2009，9（12）：1748－1755.

索　引

（毋栋　余鹤　编制）